2024年版
コンクリート技士
試験問題と解説
―付・「試験概要」と「傾向と対策」―

完全対策

編集：（東京工業大学名誉教授）大即信明　（宇都宮大学名誉教授）桝田佳寛

執筆：網野貴彦（東亜建設工業(株)）
井上田健（前・全国生コンクリート品質管理監査会議）
内田裕市（岐阜大学）
江口清（前・中部大学）
杉山知巳（ポゾリス ソリューションズ(株)）
鈴木澄江（工学院大学）
棚野博之（国立研究開発法人 建築研究所）
横関康祐（東洋大学）

技報堂出版

「コンクリート技士試験問題と解説」刊行にあたって

　コンクリートは，鋼材とならんで現代のもっとも重要な建設材料のひとつですが，鋼材と違って，監理者，施工者，製造者などの工事関係者の技術レベルによってその品質が左右されるという特徴があります。

　日本コンクリート工学会の「コンクリート技士・主任技士」の制度は，コンクリートの製造，施工等に携わっている技術者の資格を認定して，技術の向上をはかるとともに，コンクリートに対する信頼性を高め，建設産業の進歩，発展に寄与することを目的として昭和45年に創設されました。現在では，本資格を有するものは，国土交通省：土木工事共通仕様書等において「コンクリートの製造，施工，試験，検査および管理などの技術的業務を実施する能力のある技術者」と規定されているほか，土木学会「コンクリート標準示方書」，日本建築学会「建築工事標準仕様書 JASS 5 鉄筋コンクリート工事」において，「コンクリート構造物の施工に関して十分な知識および経験を有する専門技術者」と位置づけられております。また，コンクリート技士，主任技士の資格は，コンクリート診断士試験の受験資格要件の一つとなります。このように，本資格に対する評価が確実に高まっている一方で，近年，コンクリート技術者に対しては，幅広い知識と経験が，ますます求められてきています。以前にもましてコンクリートへの信頼を高めるために努力し，研鑽を重ねることを期待されています。

　本資格の取得を目指す多くの受験希望者は，技術者として日常の実務をこなしながら，限られた短い時間で受験対策をしなければなりません。

　本書は，そのような方々に，わずかな時間の積み重ねで，確実に実力を身につけていただけるように，いろいろな工夫をこらしてあります。しかも，編集，執筆には，その知識・経験とも，この分野では最高の人たちがあたっています。

　本書を活用し，試験に見事合格されるよう，期待しています。

令和6年6月

編　　者

2024年版

コンクリート技士試験問題と解説
目　次

令和5年度 問題と解答

[解答作成の注意事項]

1. この試験問題は，**四肢択一式40題**です。試験問題は，全部で13ページで，解答用紙は，**解答用紙㊟**1枚です。

2. 解答用紙の所定欄に，**受験番号**，**氏名**，**試験地**を記入して下さい。受験番号は，記入例を参照して間違いのないように記入し，マークして下さい。また，試験問題表紙の所定欄にも受験番号を記入して下さい。

3. **問題1～40は四肢択一式**で，問題ごとに正解は1つしかありません。1問につき2つ以上を解答（複数解答）すると，その問題の解答は無効になります。

   正解と考える選択肢の番号を解答用紙㊟の解答欄①②③④から1つ選び，必ずHBまたはB程度の鉛筆やシャープペンシルで黒く塗りつぶして下さい（解答用紙のマーク記入例参照）。

4. 訂正する場合は，消しゴムで完全に消してから新しく記入して下さい。

5. この解答用紙は，機械で光学的に読み取り処理しますから，記入の仕方が悪かったり，消し方が不十分な場合は，無解答や複数解答となりますので注意して下さい。

[その他の注意事項]

1. 試験監督者の「始め」の合図があるまで，試験問題の内容を見てはいけません。

2. 「始め」の合図があったら，**ただちにページ数の不足および印刷の不鮮明なところがないことを確かめて下さい。**もしあれば取り替えますから，手をあげて申し出て下さい。

3. 試験問題の内容についての質問には，お答えできません。

4. 計算機（小型無音で，四則演算程度（平方根，数値メモリは含む）までしかできないもの）の使用はさしつかえありません。ただし，前記の四則演算機能以外の関数演算，式あるいは文章等を記憶する機能や通信機能を有する機器（例えば，関数電卓，スマートフォン，携帯電話，タブレット端末，スマートウォッチ等のウェアラブル端末）は，使用を禁止します。計算用紙は配布しませんから，試験問題の余白部分を利用して下さい。

5. この試験の解答時間は，「始め」の合図があってから**2時間**です。試験開始後1時間および終了前15分間は，退室できません。

6. 試験開始1時間後から試験終了15分前までの間に中途退室を希望する人は，手をあげて，解答用紙と試験問題を試験監督者もしくは試験監督補助者に手渡してから，静かに退室して下さい。**中途退室の時は，試験問題を持ち出すことはできません。**

7. 「終り」の合図があったら，ただちに解答の作成をやめ，解答用紙を机の上に裏返しにし，試験監督者あるいは試験監督補助者が回収するまでそのまま待っていて下さい。試験終了後は，試験問題を持ち帰ることができます。（中途退室した場合も試験終了直後に申し出れば，この試験問題を受け取れます。）

問題文では，日本産業規格を「JIS」，土木学会 コンクリート標準示方書を「**土木学会示方書**」，日本建築学会 建築工事標準仕様書・同解説 JASS 5 鉄筋コンクリート工事を「**JASS 5**」と表記します。

〔問題　1〕

下表は，セメントクリンカーの主要な組成化合物であるけい酸三カルシウム（C₃S），けい酸二カルシウム（C₂S），アルミン酸三カルシウム（C₃A）および鉄アルミン酸四カルシウム（C₄AF）の特性を示したものである。表中の空欄（A）～（C）の組合せとして，**適当なものはどれか**。

略　号	特　　性			
	水和反応速度	水和熱	収　縮	化学抵抗性
C₃S	比較的速い	中	中	中
C₂S	遅　い	（　B　）	小	（　C　）
C₃A	（　A　）	大	大	小
C₄AF	かなり速い	小	小	中

	（　A　）	（　B　）	（　C　）
⑴	非常に速い	大	中
⑵	非常に速い	小	大
⑶	遅　い	中	小
⑷	遅　い	小	大

〔問題　2〕

JIS R 5211（高炉セメント）および JIS R 5213（フライアッシュセメント）の規定に関する次の記述のうち，**誤っているものはどれか**。

⑴　高炉セメント B 種では，スラグの分量（質量%）は，30 を超え 60 以下と規定されている。

⑵　高炉セメント B 種では，強熱減量の上限値が規定されている。

⑶　フライアッシュセメント B 種では，フライアッシュの分量（質量%）は，20 を超え 30 以下と規定されている。

⑷　フライアッシュセメント B 種では，強熱減量の上限値が規定されていない。

〔問題　3〕

　下表は，粗骨材のふるい分け試験結果を示したものである。この粗骨材の最大寸法と粗粒率を示した次の組合せのうち，**正しいもの**はどれか。

ふるい分け試験結果

ふるいの呼び寸法(mm)	40	25	20	15	10	5	2.5	1.2
各ふるいを通過する質量分率(%)	100	98	91	69	35	5	2	0

　⑴　最大寸法：20 mm，粗粒率：7.00
　⑵　最大寸法：25 mm，粗粒率：6.67
　⑶　最大寸法：25 mm，粗粒率：7.00
　⑷　最大寸法：20 mm，粗粒率：6.67

〔問題　4〕

　骨材の品質とコンクリートの性状に関する次の一般的な記述のうち，**適当なもの**はどれか。
　⑴　弾性係数の大きい粗骨材は，コンクリートの乾燥収縮を増加させる。
　⑵　骨材中に含まれる粘土塊は，コンクリートの強度や耐久性を向上させる。
　⑶　細骨材中に含まれる有機不純物は，量が多いとコンクリートの硬化を妨げ，強度や耐久性を低下させる。
　⑷　安定性試験による損失量の大きい粗骨材は，コンクリートの耐凍害性を向上させる。

〔問題　5〕

　JIS A 6204(コンクリート用化学混和剤)の規定に関する次の記述のうち，**誤っているもの**はどれか。
　⑴　すべての化学混和剤で，試験コンクリート中の全アルカリ量が 0.30 kg/m³ 以下となるように規定されている。
　⑵　流動化剤の試験では，スランプ 8 ± 1 cm の基準コンクリートにスランプが 18 ± 1 cm になるよう流動化剤を添加し，基準コンクリートと流動化コンクリートの各種試験結果を比較する。
　⑶　高性能減水剤には，凍結融解に対する抵抗性が規定されている。
　⑷　AE 減水剤には，標準形，遅延形，促進形がある。

〔問題 6〕

各種混和材を用いたコンクリートの性状に関する次の一般的な記述のうち，**不適当なものはどれか。**

(1) 高炉スラグ微粉末を用いると，硫酸塩に対する抵抗性が向上する。

(2) シリカフュームを用いると，材料分離に対する抵抗性が向上する。

(3) フライアッシュを用いると，中性化に対する抵抗性が向上する。

(4) 火山ガラス微粉末を用いると，長期強度が増加する。

〔問題 7〕

下図は，JIS G 3112（鉄筋コンクリート用棒鋼）に規定されている異形棒鋼の引張試験によって求められた応力-ひずみ関係の模式図である。次の記述のうち，**不適当なものはどれか。**

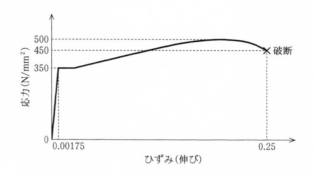

(1) 弾性係数（ヤング率）は，200 kN/mm² である。

(2) 引張強さは，500 N/mm² である。

(3) 破断伸びは，25 ％ である。

(4) 異形棒鋼の種類は，SD 390 である。

〔問題 8〕

回収水を練混ぜ水として使用する場合に関する次の記述のうち，**不適当なものはどれか。**

(1) JIS A 5308（レディーミクストコンクリート）では，上澄水は，品質試験を行わずに上水道水と混合して使用できると規定されている。

(2) スラッジ固形分が増えると，細骨材率を小さくする必要がある。

(3) スラッジ固形分が増えると，コンシステンシーを一定とするために，単位水量を増やす必要がある。

(4) スラッジ水を使用する場合，AE 剤の使用量を変えないと，空気量が減少する傾向にある。

〔問題 9〕

コンクリート分野の環境問題に関する次の一般的な記述のうち，**不適当なもの**はどれか。

(1) ポルトランドセメント製造時の1トン当たりのCO_2排出量は，おおよそ700～800 kgである。

(2) 構造物を解体して生じたコンクリート塊は，大半が再生骨材として利用されている。

(3) セメント製造時に使用されている廃棄物や産業副産物の量は，セメント1トン当たりおおよそ450～500 kgである。

(4) ポルトランドセメントの一部を高炉スラグ微粉末またはフライアッシュで置換することは，CO_2排出量の削減に有効である。

〔問題 10〕

同一スランプを得るためのコンクリートの配（調）合の修正に関する次の記述のうち，**不適当なもの**はどれか。

(1) 細骨材の粗粒率が大きくなったので，細骨材率を大きくした。

(2) 単位水量を変えずに水セメント比を大きくすることになったので，細骨材率を小さくした。

(3) 空気量を大きくすることになったので，細骨材率と単位水量を小さくした。

(4) 川砂利に代えて砕石を用いることになったので，単位水量を大きくした。

〔問題 11〕

下表に示す配（調）合条件のコンクリートを$1 m^3$製造する場合，水および細骨材の計量値として，**適当なもの**はどれか。ただし，細骨材は表面水率2.0 %の湿潤状態，粗骨材は表乾状態で使用する。また，セメントの密度は$3.15 g/cm^3$，細骨材および粗骨材の表乾密度は，それぞれ$2.60 g/cm^3$および$2.65 g/cm^3$とする。

水セメント比 (%)	空気量 (%)	細骨材率 (%)	単位セメント量 (kg/m^3)
50.0	4.5	48.0	340

(1) 水は170 kg，細骨材は842～848 kgである。

(2) 水は170 kg，細骨材は858～865 kgである。

(3) 水は153～154 kg，細骨材は842～848 kgである。

(4) 水は153～154 kg，細骨材は858～865 kgである。

〔問題 12〕

コンクリートのスランプ試験に関する次の記述のうち，JIS A 1101（コンクリートのスランプ試験方法）の規定に照らして，**誤っているもの**はどれか。

(1) スランプコーンを設置する前に，水準器を用いて平板の水平を確認した。

(2) コンクリートをスランプコーンにほぼ等しい高さで 3 層に分けて詰めた。

(3) 突固めによって試料の上面がスランプコーンの上端よりも低くなったので，少量の同じコンクリートの試料を足して上面をならした。

(4) スランプコーンを引き上げたとき，コンクリートがスランプコーンの中心軸に対して偏ったので，別の試料を用いて，再度試験を行った。

〔問題 13〕

フレッシュコンクリートの試験に関する次の記述のうち，**正しいもの**はどれか。

(1) JIS A 1150（コンクリートのスランプフロー試験方法）による試験において，コンクリートの広がりが最大と思われる直径とその直交方向の直径を測り，両直径の平均値を 5 mm 単位で丸めた値をスランプフローとした。

(2) JIS A 1128（フレッシュコンクリートの空気量の圧力による試験方法－空気室圧力方法）による試験において，圧力計に示された見掛けの空気量に骨材修正係数を加えた値を空気量とした。

(3) JIS A 1123（コンクリートのブリーディング試験方法）による試験において，ブリーディングが認められなくなるまで吸い取った水の累計容積をブリーディング量とした。

(4) JIS A 1147（コンクリートの凝結時間試験方法）による試験において，コンクリート試料を容器に 1 層で入れた。

〔問題 14〕

コンクリートの凝結性状に関する次の一般的な記述のうち，**不適当なもの**はどれか。

(1) 海砂に含まれる塩分が多くなると，凝結が早くなる。

(2) 骨材に含まれる糖類，腐植土が多くなると，凝結が遅くなる。

(3) 気温が高く湿度が低くなると，凝結が早くなる。

(4) スランプを小さくすると，凝結が遅くなる。

〔問題 15〕

コンクリートの空気量に関する次の一般的な記述のうち，**適当なもの**はどれか。

(1) エントレインドエアは，コンクリートのワーカビリティーを低下させる。

(2) 細骨材中の 0.3～0.6 mm の部分が多くなると，空気量は減少する。

(3) 単位セメント量が大きくなると，同一の空気量とするための AE 剤の使用量は増大する。

(4) セメントの一部をフライアッシュに置換すると，同一の空気量とするための AE 剤の使用量は減少する。

〔問題 16〕

コンクリートの弾性係数に関する次の一般的な記述のうち，**不適当なものはどれか。**

(1) 静弾性係数は，コンクリートの単位容積質量が小さいほど小さくなる。

(2) 静弾性係数は，圧縮強度試験における最大荷重時の応力を，最大荷重時のひずみで除して求める。

(3) 静弾性係数は，コンクリートが最も大きく，次に大きいのがモルタルであり，セメントペーストが最も小さい。

(4) 動弾性係数は，静弾性係数より大きい。

〔問題 17〕

コンクリートの力学的性質に関する次の一般的な記述のうち，**不適当なものはどれか。**

(1) 圧縮強度が高いほど，鉄筋との付着強度は高くなる。

(2) 圧縮強度が高いほど，弾性係数は大きくなる。

(3) 引張強度は，圧縮強度の $1/10 \sim 1/13$ 程度である。

(4) 曲げ強度は，圧縮強度の $1/2 \sim 1/3$ 程度である。

〔問題 18〕

鉄筋コンクリートのひび割れに関する次の一般的な記述のうち，**適当なものはどれか。**

(1) 乾燥収縮によるひび割れは，拘束が大きいと生じにくくなる。

(2) 温度ひび割れでは，鉄筋量が少ないほどひび割れ幅が小さくなる。

(3) 鉄筋の腐食によって生じるひび割れは，鉄筋の軸方向と直角に生じる。

(4) 支持点間に等分布荷重が作用する単純支持された梁の曲げひび割れは，スパン中央部に生じやすい。

〔問題 19〕

コンクリートの体積変化に関する次の一般的な記述のうち，**不適当なものはどれか。**

(1) 乾燥収縮は，部材の断面寸法が大きいほど小さくなる。

(2) 自己収縮は，水セメント比が小さいほど大きくなる。

(3) 温度変化によるひずみは，鋼材の温度変化によるひずみの $1/10$ 程度である。

(4) クリープひずみは，持続荷重が大きいほど大きくなる。

〔問題　20〕

　コンクリートの耐凍害性に関する次の一般的な記述のうち，**不適当なものはどれか。**

(1)　エントレインドエアは，耐凍害性を向上させる効果がある。

(2)　同一空気量では，気泡間隔係数を大きくすることにより，耐凍害性が向上する。

(3)　吸水率の高い軟石を骨材に用いると，耐凍害性が低下する。

(4)　気乾状態よりも湿潤状態のほうが，凍害が生じやすい。

〔問題　21〕

　コンクリートの劣化に関する次の一般的な記述のうち，**不適当なものはどれか。**

(1)　中性化は，大気の相対湿度が著しく低い環境にある構造物では進行しにくい。

(2)　エフロレッセンスは，水分供給がある構造物で発生しやすい。

(3)　塩害は，塩化物を含む凍結防止剤や海水の影響を受ける構造物で発生しやすい。

(4)　アルカリシリカ反応は，常に乾燥した構造物で発生しやすい。

〔問題　22〕

　コンクリート中の鉄筋腐食に関する次の一般的な記述のうち，**不適当なものはどれか。**

(1)　高いアルカリ性が保たれたコンクリート中の鉄筋は，不動態皮膜で覆われているので，腐食しにくい。

(2)　鉄筋の腐食が進行すると，腐食生成物による膨張圧でコンクリートにひび割れが生じる。

(3)　鉄筋の腐食は，乾湿の繰返しを受ける場合よりも，常時水中にある方が進行しやすい。

(4)　鉄筋の腐食は，コンクリートのひび割れ幅が大きいほど進行しやすい。

〔問題　23〕

　JIS A 5308（レディーミクストコンクリート）に規定される材料の計量に関する次の記述のうち，**不適当なものはどれか。**

(1)　砂と砕砂を計量する際，砂に砕砂を累加して計量した。

(2)　フライアッシュの計量値の許容差を±３％に設定した。

(3)　高性能 AE 減水剤を，容積によって計量した。

(4)　膨張材を，購入者の承認を得て袋の数で量り，１袋未満の端数は質量で計量した。

〔問題 24〕

下表は呼び強度 24 のレディーミクストコンクリートの圧縮強度試験結果である。JIS A 5308(レディーミクストコンクリート)の規定に照らして，ロット A およびロット B の合否判定を示した次の組合せのうち，**正しいもの**はどれか。

圧縮強度試験結果(N/mm²)

ロット	1回目	2回目	3回目
A	24.4	23.7	23.9
B	20.6	26.3	27.1

	A	B
(1)	合　格	合　格
(2)	合　格	不合格
(3)	不合格	合　格
(4)	不合格	不合格

〔問題 25〕

呼び方が「普通 27 15 20 N」のレディーミクストコンクリートの購入に際し，購入者が生産者と協議のうえ指定した次の事項のうち，JIS A 5308(レディーミクストコンクリート)の規定に照らして，**誤っているもの**はどれか。

(1) 骨材のアルカリシリカ反応性による区分を，「区分 A」と指定した。

(2) 骨材の種類を，「溶融スラグ骨材」と指定した。

(3) 塩化物含有量の上限値を，「0.20 kg/m³」と指定した。

(4) コンクリートの最高温度を，「35 ℃」と指定した。

〔問題 26〕

レディーミクストコンクリートの試験方法および検査に関する次の記述のうち，JIS A 5308(レディーミクストコンクリート)の規定に照らして，**誤っているもの**はどれか。

(1) コンクリートの試料をトラックアジテータから採取する場合には，30 秒の高速攪拌の後，最初に排出されるコンクリート 50〜100 L を除き，その後のコンクリート流の全横断面から採取する。

(2) 呼び方が「普通 30 21 20 N」のレディーミクストコンクリートで高性能 AE 減水剤を使用する場合，スランプの許容差は ± 2 cm である。

(3) スランプおよび空気量の一方または両方の試験結果が許容の範囲を外れた場合，新たに採取した試料による再試験を 2 回まで行うことができる。

(4) コンクリートの納入容積の試験は，荷卸し前後の運搬車の質量の差に基づく計算によって行ってもよい。

〔問題 27〕

コンクリートの運搬に関する次の記述のうち，**誤っているものはどれか。**

(1) JIS A 5308（レディーミクストコンクリート）では，練混ぜ開始から荷卸し完了までの時間の限度は 1.5 時間と規定している。

(2) 土木学会示方書では，外気温が 20 ℃ の場合，練混ぜから打終わりまでの時間の限度を 2 時間としている。

(3) JASS 5 では，高流動コンクリートについては，練混ぜから打込み終了までの時間の限度を 120 分としている。

(4) JASS 5 では，外気温が 28 ℃ の場合，練混ぜから打込み終了までの時間の限度を 90 分としている。

〔問題 28〕

コンクリートの圧送に関する次の一般的な記述のうち，**不適当なものはどれか。**

(1) 単位セメント量が小さいコンクリートを使用した場合，閉塞が生じやすい。

(2) スランプが小さいコンクリートを使用した場合，閉塞が生じやすい。

(3) ベント管やテーパ管の付近では，閉塞が生じやすい。

(4) 輸送管の径が大きい場合，閉塞が生じやすい。

〔問題 29〕

コンクリートの打込みおよび締固めに関する次の記述のうち，**不適当なものはどれか。**

(1) 外気温が 20 ℃ の場合，コールドジョイントを防ぐために打重ね時間間隔を 130 分とした。

(2) コンクリートの材料分離を防ぐために，自由落下高さを小さくし，鉛直に打ち込んだ。

(3) コンクリートを横方向に移動させるために，棒状バイブレータを使用した。

(4) 上層と下層のコンクリートを一体とするために，棒状バイブレータを下層のコンクリート中に 10 cm 程度挿入した。

〔問題 30〕

コンクリートの養生および表面仕上げに関する次の記述のうち，**適当なものはどれか。**

(1) コンクリート表面の乾燥収縮ひび割れを抑制するために，セメントペーストを表面に集めるようにこて仕上げを幾度も行った。

(2) 緻密なコンクリート表面を形成するために，ブリーディング水を処理する前に表面仕上げを行った。

(3) コンクリート表面のプラスティック収縮ひび割れを抑制するために，表面仕上げの終了直後に膜養生剤を散布した。

(4) コンクリートの沈下により鉄筋位置に発生したひび割れを取り除くために，コンクリートが固まり始めた後にタンピングや再仕上げを行った。

〔問題 31〕

コンクリートの養生に関する次の一般的な記述のうち，**適当なものはどれか**。

(1) 湿潤養生期間を長くすると，中性化速度が遅くなる。

(2) 初期の急激な乾燥が表面ひび割れの発生に及ぼす影響は小さい。

(3) 初期凍害を受けても，その後適切な温度で湿潤養生を継続すれば，強度への影響はない。

(4) 高炉セメントB種を用いたコンクリートは，普通ポルトランドセメントを用いたコンクリートよりも湿潤養生期間を短くできる。

〔問題 32〕

下図は異形鉄筋のかぶり（厚さ）とあきの模式図を示したものである。かぶり（厚さ）の値とあきの値を示した次の組合せのうち，**正しいものはどれか**。

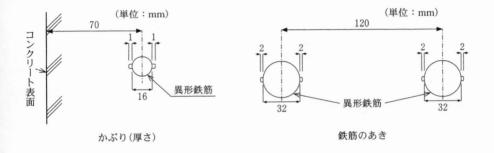

かぶり（厚さ）　　　　　　　　　　　鉄筋のあき

	かぶり（厚さ）	あ　き
(1)	61 mm	84 mm
(2)	61 mm	88 mm
(3)	62 mm	88 mm
(4)	70 mm	120 mm

〔問題 33〕

寒中コンクリート（工事）に関する次の記述のうち，**不適当なものはどれか**。

(1) 打込み時のコンクリート温度が 15 ℃ となるよう計画した。

(2) コンクリートの練上がり温度を上げるために，セメントを加熱した。

(3) マスコンクリート部材では，断熱シートを用いた断熱（保温）養生とした。

(4) 初期凍害を受けないよう，加熱養生を行う計画とした。

〔問題 34〕

マスコンクリートの温度ひび割れに関する次の一般的な記述のうち，**不適当なものはどれか。**

(1) 中庸熱ポルトランドセメントや低熱ポルトランドセメントを用いると，発熱量が低減する。

(2) 単位セメント量を小さくすると，発熱量が低減する。

(3) 外部拘束によるひび割れは，コンクリート内部の温度が下降している段階で発生しやすい。

(4) コンクリートの温度上昇時に，冷水による散水養生を行うと，表面に発生する温度応力が低減する。

〔問題 35〕

一般の水中コンクリートに関する次の一般的な記述のうち，**不適当なものはどれか。**

(1) 気中で施工する一般のコンクリートよりも細骨材率を大きくする必要がある。

(2) 静水中に打ち込むのが原則であるが，水を完全に静止させられない場合でも流速 5 cm/s 以下の状態で打ち込む必要がある。

(3) 打込み中は，閉塞を防ぐためにトレミー管あるいはポンプの配管の先端を，すでに打ち込まれたコンクリート中に挿入してはならない。

(4) 強度は，水の洗出し作用などのために，気中で打ち込まれるコンクリートに比べて低下する。

〔問題 36〕

流動化コンクリートの性質に関する次の一般的な記述のうち，**不適当なものはどれか。**

(1) スランプの経時変化は，流動化後のスランプと同じスランプを有する一般のコンクリートより小さい。

(2) ブリーディング量は，流動化後のスランプと同じスランプを有する一般のコンクリートより少ない。

(3) 乾燥収縮は，ベースコンクリートと同等である。

(4) 強度は，空気量が同じであれば，ベースコンクリートと同等である。

〔問題 37〕

下図のような荷重 P を受ける単純支持された鉄筋コンクリート梁に生じるひび割れとして，**適当なものはどれか**。ただし，自重は無視する。

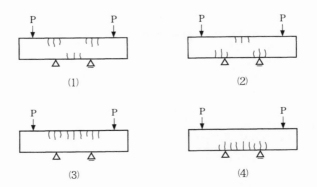

(1)

(2)

(3)

(4)

〔問題 38〕

下図のような荷重 P を受ける鉄筋コンクリート部材の引張主(鉄)筋の配置として，**不適当なもの**はどれか。

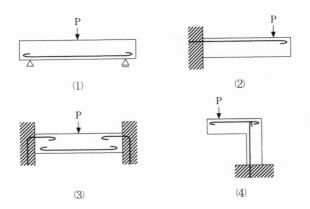

(1)

(2)

(3)

(4)

〔問題 39〕

コンクリート製品の製造に関する次の一般的な記述のうち，**適当なものはどれか**。

(1) オートクレーブ養生とは，高温高圧の飽和蒸気を用いて養生する方法である。

(2) オートクレーブ養生の後に，二次養生として常圧蒸気養生を行う。

(3) 常圧蒸気養生を行う場合は，昇温前に1日程度の前養生が行われる。

(4) 常圧蒸気養生の最高温度は，105 ℃ 程度である。

〔問題 40〕

プレストレストコンクリートに関する次の一般的な記述のうち，**適当なものはどれか**。

(1) プレストレストコンクリート梁では，プレストレスの大きさに関わらず曲げひび割れが発生する荷重は同じである。

(2) ポストテンション方式は，プレキャストコンクリート工場で同一種類の部材を大量に製造する場合に用いられることが多い。

(3) プレストレスを導入する時期が若材齢であるほど，緊張力によるコンクリートのクリープ変形を小さく抑えることができる。

(4) 外ケーブル方式の利点の一つは，PC 鋼材の点検・交換等が比較的容易に行えることである。

令和 5 年度技士　[解答]

〔問題 1 〕　2	〔問題16〕　2	〔問題31〕　1
〔問題 2 〕　3	〔問題17〕　4	〔問題32〕　1
〔問題 3 〕　4	〔問題18〕　4	〔問題33〕　2
〔問題 4 〕　3	〔問題19〕　3	〔問題34〕　4
〔問題 5 〕　3	〔問題20〕　2	〔問題35〕　3
〔問題 6 〕　3	〔問題21〕　4	〔問題36〕　1
〔問題 7 〕　4	〔問題22〕　3	〔問題37〕　3
〔問題 8 〕　1	〔問題23〕　2	〔問題38〕　4
〔問題 9 〕　2	〔問題24〕　1	〔問題39〕　1
〔問題10〕　2	〔問題25〕　2	〔問題40〕　4
〔問題11〕　4	〔問題26〕　3	
〔問題12〕　2	〔問題27〕　1	
〔問題13〕　1	〔問題28〕　4	
〔問題14〕　4	〔問題29〕　3	
〔問題15〕　3	〔問題30〕　3	

　　コンクリート技士・主任技士は，レディーミクストコンクリートおよびコンクリート製品の製造，コンクリートの工事，ならびにコンクリートの試験研究等に関する業務に携る技術者の資格を定めて，その技術の向上をはかるとともに，コンクリートに対する信頼性を高め，建設産業の進歩発展に寄与することを目的として制定された制度である。

　　コンクリート技士は，コンクリートの製造，施工，試験，検査および管理などの日常業務を実施する能力がある技術者であることが求められる，とされている。

　　コンクリート主任技士は，コンクリートの製造，工事，および研究における計画，管理，指導などを実施する能力のある高度の技術をもつ技術者が求められる，とされている。

　　試験では，上記の条件を満たす知識，技能を有しているかどうかを問うために，コンクリート技術に関連する種々の事項からまんべんなく出題されている。

　　別表に，日本コンクリート工学会による「選考の基準」を示す。

●出題形式・解答時間

・当初は四肢択一問題 50 題であったものが，平成 7 年度より四肢択一問題 40 題，○×式 20 題となり，平成 30 年からは，四肢択一問題 36 題，○×式 18 題，解答時間は 2 時間 30 分の形式となった。

・なお，令和 2～3 年度の試験は，四肢択一式 36 問のみ，解答時間は 2 時間，令和 4 年度以降は，四肢択一式 40 問のみ，解答時間 2 時間で行われている。

・四肢択一問題は正答にのみ点が与えられ，誤答および無答は零点となる。

・○×式は，正答の場合，四肢択一問題の半分の点が与えられ，無答は零点であるが，**誤答すると減点される**ので注意が必要である。

●出題分野

　　別表の過去の分野別出題頻度表を見れば明らかなように，各分野の出題頻度は，ここ数年ではほとんど変っていない。すべての分野を網羅するように出題するという方針が見てとれる。

●解答にあたって

・四肢択一問題は，適当(正しい)，不適当(誤っている)のいずれを選ぶのかを間違えずに，各肢すべてを慎重に読んでから答える。

・四肢択一問題では，誤った推論をするとその肢にたどり着くという肢が用意されていることがある。正答肢を選んだと思われた場合も，他の肢のどこが正答でないのかを十分に検討すべきである。

・○×式は，一見やさしく見えるが，比較対照する肢が与えられないので判断が難しいともいえる。十分検討してから解答すること。受験者の心理からするとすべての問題に解答しておきたくなるが，前記のように誤答は減点となる点に注意を要する。○×問題の結果は総得点に少なからず影響すると考えられる。

項　　目	内 容 と 程 度	
	コンクリート技士	コンクリート主任技士
1.　土木学会コンクリート標準示方書 (ただし, 構造設計関連の内容は除く) 日本建築学会建築工事標準仕様書 JASS 5 鉄筋コンクリート工事	内容を理解する能力。	内容を理解し応用する能力。
a.　コンクリート用材料の品質,試験および管理	JISに規定されている試験についての実施能力と結果の判定能力。 　通常使用される材料について試験し, その結果をコンクリートの配(調)合および製造管理に反映させる能力。 　材料を適切に扱う能力。	技士の能力に加え, JISに規定されている試験方法以外の試験方法についても, これを実施し, 結果を判定する能力。 　新材料についても, その使用の可否を判断し, 使用法や注意事項を立案する能力。
b.　コンクリートの配(調)合設計	通常使用されるコンクリートについて, その使用材料に応じ, 所要の性質を満たす配(調)合を定めることができる能力およびこれに必要なコンクリートの性質に関する基礎的知識。	技士の能力に加え, 特殊なコンクリートについても適切な配(調)合を定めることができる能力。
c.　コンクリートの試験	JISに規定されている試験についての実施能力と結果の判定能力。	技士の能力に加え, JISに規定されている試験方法以外の応用的試験を計画, 実施し, 試験結果からコンクリートの品質を総合的に判断する能力。
d.　プラントの計画管理	基本的計画に基づいてプラントの性能仕様を立案する能力。 　日常の管理検査をする能力。	技士の能力に加え, プラントを計画する能力。一般管理ならびに改善計画をする能力。
e.　コンクリートの製造および品質管理	定められた示方配合(計画調合)に対する現場配合(現場調合)を定める能力。 　コンクリートの性質の変化に応じ配(調)合を調整する能力。 　製造に必要な機械の適切な使用, もしくは作業員にその指示をする能力。 　コンクリートの品質管理図を作成し, その結果をコンクリートの品質管理に反映させる能力。	技士の能力に加え, コンクリート品質の変動要因を総合的にとらえ, 製造方法, 品質管理基準を立案する能力。 　異常事態に対して適切な処置を講じる能力。
f.　コンクリートの施工	施工計画に基づいて必要な施工準備を行い, 施工作業を適切に指導し, 機械器具を選定し, その適切な使用方法を指示する能力。 　施工方法とコンクリートの性質との関係についての一連の知識。	技士の能力に加え, 工事の諸条件や関連工事を総合的に検討して適切な工事計画を立案する能力。各種試験結果, 施工中の状況および, 出来上がったコンクリートを調査して, その品質を判定する能力。
g.　コンクリートに関わる環境問題	コンクリートおよびコンクリート構造物に関わる環境問題についての基礎的な知識と理解力。	コンクリートおよびコンクリート構造物に関わる環境問題についての一般的な知識と理解力。
h.　その他	コンクリートおよびコンクリート構造物に関わる基礎的な知識と理解力。	コンクリートおよびコンクリート構造物に関する一般的な知識と理解力。
2.　関係法令(たとえば建築基準法施行令のうちコンクリートの品質ならびに施工に関係する事項)およびコンクリート関係のJIS	内容についての基本的な知識。	内容および, 解説のあるものについてはそれを含めての理解。
3.　小論文		与えられた課題について, 実務経験を踏まえた内容の小論文を記述する能力。

日本コンクリート工学会

分　類　項　目	令和5年度	令和4年度	令和3年度	令和2年度	令和元年度	平成30年度
① コンクリート用材料						
①/01=セメント	1, 2, 9	1, 2, 9	1, 7	1	1, **37**	1
①/02=骨材	3, 4	3, 4	2	2, 3	2, 3, **38**	2
①/03=混和材料	5, 6	5, 6	3, 4	4, 11	4, **39**	3
①/04=水	8			6		
①/05=補強材	7	7	5	5	5, **41**	4, 5
② コンクリートの性質						
②/01=フレッシュコンクリート	12, 13, 14, 15, 20	13, 14, 15	10, 11	10	10, 11, **42, 43**	9, 10, **41**
②/02=硬化コンクリート	16, 17, 18, 19	11, 16, 17, 19, 22	12, 13, 14, 17, 34	12, 13, 16	12, 13, 14, **52**	11, 12, **42, 43, 44, 45**
③ 耐久性	21, 22	20, 21	15, 16	14, 15	15, **54**	13, 14
④ 配(調)合設計						
④/01=基本事項	10	10	9	8	8, **50**	7, **39**
④/02=配(調)合設計の計算	11	12	8	9	9	8
⑤ 製造・品質管理/検査						
⑤/01=製造		23, 24	18	7, 17	7, **44**	17, 32, **37, 38, 40**
⑤/02=品質管理	23, 24, 26	25	21	18	16, 18	15, 16, **47**
⑤/03=レディーミクストコンクリート	25	8, 26	6, 19, 20	19	6, 17, **40, 45, 46**	6, 18, **48**
⑥ 施　工						
⑥/01=運搬・打込み・締固め・打継ぎ	27, 28, 29	27, 28, 29	22, 23, 24	20, 21	19, 20, **47, 48**	19, 20, 21, 22, **49, 50, 51**
⑥/02=養生・仕上げ	30, 31	30	25	22, 23	21, 22	23
⑥/03=型枠・支保工		31	26	24	23	24, 25
⑥/04=鉄筋の加工・組立	32	32	27	25	24	26, **52**
⑥/05=寒中・暑中コンクリート	33	33	29	27, 28	26, **49**	28, 29
⑥/06=マスコンクリート	34	34	30, 31	29, 30	27, 28	30
⑥/07=高流動および流動化コンクリート	36	37	33	32	30	**46**
⑥/08=水密コンクリート						
⑥/09=水中コンクリート	35			31	29	**53**
⑥/10=海洋コンクリート		35	32			31
⑥/11=舗装・ダムコンクリート			28	26	25	27
⑥/12=プレストレストコンクリート	40	40	36	36	36	36
⑥/13=その他および各種コンクリート		36			31, **53**	
⑦ コンクリート製品	39	39	35	35	35	35
⑧ コンクリート構造の設計	37, 38	18, 38		33, 34	32, 33, 34, **51**	33, 34, **54**

平成29年度	平成28年度	平成27年度	平成26年度	平成25年度	平成24年度	平成23年度	平成22年度	平成21年度
1, 2, 41	1, 2, 41, 43, 44	1, 2, 41	1, 2, 31, 41, 48	1, 41, 44	1, 2, 41	1, 2	1, 41, 42, 58	1, 2, 41, 42
3, 59	3, 42	3	3, 4, 43, 50, 51	2, 3	3, 20, 42, 44	3, 42, 45	2, 43	3, 4, 43
4, 5, 43	4, 5, 11	4, 5, 42	5, 42, 44	4, 5, 42	4, 5, 43	4, 11, 41, 44		5, 6, 44, 45, 46
	6	7	7	43	7, 45, 48			49
6, 44		6, 44	6	6, 45	6, 46		3	7
10, 11, 12, 46, 49, 55	9, 10, 45	11, 12, 45, 47	10, 11, 52	11, 13, 46	11, 12, 52	9, 10, 43, 56	6, 7, 8, 9, 53, 54	12, 13, 14, 48
13, 14, 56, 57, 58	12, 13, 16 56, 57	13, 14, 17, 48, 49	12, 13, 14, 17, 55, 56, 58	14, 15, 16, 19, 56, 57, 59	9, 13, 14, 16, 38, 58, 59	5, 12, 13, 14, 15, 18	10, 11, 12, 13, 14	15, 16, 17, 20
	14, 15, 55, 59	15,16, 50, 51	15, 16, 57	17, 18, 58	15, 17, 18, 19	16, 17, 21	15, 16, 47, 48	18, 19, 50, 51
8, 17	7	8	8, 54	8	8, 34, 47, 51	7, 46, 47	4, 17, 44, 45, 46	9, 10, 47
9	8	9, 10	9	9, 10	10	8	5	11
18, 42, 45	17	18,19	53	20	21	19	18	21, 22
19, 20	18	20, 21, 43, 52	18, 19	21, 22, 23	22	20, 53	50	23, 53
7, 15, 47, 48	19, 20, 47, 48, 49, 50		20, 21	7, 48, 49, 50	23, 49, 50	6, 22, 49, 50, 51, 52	19, 20, 21, 22, 51	8, 24, 25, 52
21, 22, 23, 24, 54	21, 22, 23, 26, 51	22, 23, 24, 25	22, 23, 24, 45	12, 24, 25, 26, 47, 52	24, 25, 53	23, 24, 25, 54	23, 24, 52	26, 27, 54, 55, 57
25, 26	24	26		27, 51	26, 27	26	25, 55	28
27, 51	25, 52	27, 28, 53	25, 26, 49	28, 29, 53	28, 54, 55	27, 28, 58	26, 27, 56	29, 30, 56
28, 50	27, 53	29, 55	27	30	29, 56	29, 57	28, 29	31
30, 31, 52	29, 30	31, 54	29, 30, 47	32, 33	31, 32	31, 32	31, 57	32, 58
32, 53	31	32, 33	32	34, 35	33	33, 34	32, 33	33
34, 35	34, 46	36, 46	36, 46	38	37, 57	37	37	36
33	32, 54	34, 56	33	36	35		34	34
16	33	35	34	37	36	36	35	35
29	28	30	28	31, 55	30	30	30	
40	40, 60	40	40, 60	40, 60	40	40, 60	40	40
	35, 58	57, 58	35	54		35, 48, 55	36, 49	59
39	39	39, 60	39		39	39	39, 60	39
36, 37, 38, 60	36, 37, 38	37, 38, 59	37, 38, 59	39	60	38, 59	38, 59	37, 38, 60

分野別問題と解説・解答

最近 5 年の全問題

① コンクリート用材料

① /01 セメント

─〔① /01〕────────────────────────────────

　下表は，セメントクリンカーの主要な組成化合物であるけい酸三カルシウム (C₃S)，けい酸二カルシウム (C₂S)，アルミン酸三カルシウム (C₃A) および鉄アルミン酸四カルシウム (C₄AF) の特性を示したものである。表中の空欄 (A) 〜 (C) の組合せとして，**適当なものはどれか**。

略　号	特　　　　性			
	水和反応速度	水和熱	収　縮	化学抵抗性
C₃S	比較的速い	中	中	中
C₂S	遅　い	(B)	小	(C)
C₃A	(A)	大	大	小
C₄AF	かなり速い	小	小	中

	(A)	(B)	(C)
(1)	非常に速い	大	中
(2)	非常に速い	小	大
(3)	遅　い	中	小
(4)	遅　い	小	大

──────────────────────────── R.05 問題　1 ──

ポイント　セメントクリンカーの組成化合物の特性について理解していると容易。

解　説

　クリンカーの組成化合物とその特性を下表に示す。

表 1　セメントクリンカーの組成化合物とその特性 [1]

名　　　　称	分　子　式	略号	特　　　　　　　　性				
			水和反応速　度	強　　　度	水和熱	収縮	化学抵抗性
けい酸三カルシウム	$3CaO \cdot SiO_2$	C₃S	比較的速い	28 日以内の早期	中	中	中
けい酸二カルシウム	$2CaO \cdot SiO_2$	C₂S	遅　　　い	28 日以後の長期	小	小	大
アルミン酸三カルシウム	$3CaO \cdot Al_2O_3$	C₃A	非常に速い	1 日以内の早期	大	大	小
鉄アルミン酸四カルシウム	$4CaO \cdot Al_2O_3 \cdot Fe_2O_3$	C₄AF	かなり速い	強度にほとんど寄与しない	小	小	中

1) 日本コンクリート工学協会：コンクリート技術の要点 '07, p.5, 表 1.1—4, 2007

　C₃A の水和反応速度は「非常に速い」，C₂S の水和熱は「小」，C₂S の化学抵抗性は「大」。よって，組合せとして適当なものは (2) である。

[正解(2)]

〔① /01〕

JIS R 5211(高炉セメント) および JIS R 5213(フライアッシュセメント) の規定に関する次の記述のうち，**誤っているものはどれか。**

(1) 高炉セメント B 種では，スラグの分量 (質量%) は，30 を超え 60 以下と規定されている。

(2) 高炉セメント B 種では，強熱減量の上限値が規定されている。

(3) フライアッシュセメント B 種では，フライアッシュの分量 (質量%) は，20 を超え 30 以下と規定されている。

(4) フライアッシュセメント B 種では，強熱減量の上限値が規定されていない。

R.05 問題　2

ポイント　コンクリートの主要原料であるセメントの JIS 規格を理解していることが肝要。

解 説

(1) JIS R 5211(高炉セメント) では，スラグの分量 (質量%) は，A 種にあっては 5 を超え 30 以下，B 種にあっては 30 を超え 60 以下，C 種にあっては 60 を超え 70 以下と規定されている。よって，記述は正しい。

(2) JIS R 5211 では，強熱減量は，A 種 B 種および C 種で 5 %以下と規定されている。よって，記述は正しい。

(3) JIS R 5213(フライアッシュセメント) では，フライアッシュの分量 (質量%) は，A 種にあっては 5 を超え 10 以下，B 種にあっては 10 を超え 20 以下，C 種にあっては 20 を超え 30 以下と規定されている。よって，記述は誤り。

(4) JIS R 5213 では，強熱減量は A 種にあっては 5 %以下と規定されているが，B 種および C 種にあっては上限値は規定されていない。よって，記述は正しい。

[正解(3)]

― 〔① /01〕 ―

　コンクリート分野の環境問題に関する次の一般的な記述のうち，**不適当なものは
どれか。**

(1) ポルトランドセメント製造時の1トン当たりのCO_2排出量は，おおよそ
700 ～ 800 kg である。

(2) 構造物を解体して生じたコンクリート塊は，大半が再生骨材として利用され
ている。

(3) セメント製造時に使用されている廃棄物や産業副産物の量は，セメント1ト
ン当たりおおよそ 450 ～ 500 kg である。

(4) ポルトランドセメントの一部を高炉スラグ微粉末またはフライアッシュで置
換することは，CO_2排出量の削減に有効である。

R.05 問題　9

ポイント　コンクリートに関わる環境問題を構成材料も含め理解していると容易。

解説

(1) セメントは，石灰石を主原料とし，焼成時の脱炭酸反応によって，石灰石の主成分
である炭酸カルシウム $(CaCO_3)$ が酸化カルシウム (CaO) と二酸化炭素 (CO_2) に分解
され，この時多量の CO_2 を排出する。これにさらに，燃料の燃焼に伴う CO_2 排出が
加わり，セメント1tあたり約 800 kg の CO_2 が排出される。よって，記述は適当。

(2) 構造物を解体して生じたコンクリート塊の再資源化率は，98 ％を大きく超えている
が，路盤材としての使用が大半を占めている。よって，記述は不適当。

(3) セメントは，製造時に原料，混合材および熱エネルギーとして，多量の産業副産物，
産業廃棄物をセメント1tあたり約 500 kg 活用している。よって，記述は適当。

(4) ポルトランドセメントの一部を高炉スラグ微粉末またはフライアッシュなどを混和
材として置き換えることにより，化石燃料および石灰石の量を削減し，全体として
CO_2 の排出量を削減できる。よって，記述は適当。

[正解(2)]

〔① /01〕

　下図は普通ポルトランドセメント，早強ポルトランドセメント，低熱ポルトランドセメントおよび高炉セメントＢ種について，JIS R 5201(セメントの物理試験方法)によって求めた圧縮強さの試験結果の一例を示したものである。試験結果 C のセメントとして，**適当なもの**はどれか。

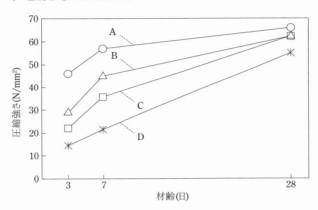

(1)　普通ポルトランドセメント
(2)　早強ポルトランドセメント
(3)　低熱ポルトランドセメント
(4)　高炉セメント B 種

R.04 問題　1

ポイント　各種セメントの特性を熟知していると容易。

解　説

　早強ポルトランドセメントは，普通ポルトランドセメントに比し，比表面積も大きく，早期強度の発現性に寄与するけい酸三カルシウム (C_3S) の含有率を多くし，早期に大きい強度 (3 日で普通ポルトランドセメントの 7 日強度に相当) が得られる。このことからAが早強ポルトランドセメントでBが普通ポルトランドセメントである。

　低熱ポルトランドセメントは，水和熱を低減するために中庸熱ポルトランドセメントに比べ，水和熱が少ないけい酸二カルシウム (C_2S) の含有率を多くし，水和熱の大きいアルミン酸三カルシウム (C_3A) の含有率を少なくしている。初期強度は小さいが，長期強度は大きい。高炉セメントは，高炉スラグ微粉末を混合したものであり，高炉スラグ微粉末の混合量により A 種 (5 ％を超え 30 ％以下)，B 種 (30 ％を超え 60 ％以下)，C 種 (60 ％を超え 70 ％以下) に区分される。B 種は，普通ポルトランドセメントに比べ，初期強度は小さいが (低熱ポルトランドセメントより大きい) 高炉スラグの潜在水硬性により長期強度は大きい。このことから C が高炉セメント B 種，D は低熱ポルトランドセメントである。

[正解(4)]

〔① /01〕

　JIS R 5210 (ポルトランドセメント) および JIS R 5211 (高炉セメント) の規定に関する次の記述のうち，**誤っているもの**はどれか。

(1) JIS R 5210 (ポルトランドセメント) では，各種ポルトランドセメントの少量混合成分の合量が規定されている。

(2) JIS R 5210 (ポルトランドセメント) では，各種ポルトランドセメントの塩化物イオンの上限値が規定されている。

(3) JIS R 5211 (高炉セメント) では，凝結時間の違いから A 種，B 種，C 種の 3 種類の高炉セメントが規定されている。

(4) JIS R 5211 (高炉セメント) では，各種高炉セメントの強熱減量の上限値が規定されている。

R.04 問題　2

ポイント　JIS R 5210-2019 (ポルトランドセメント) および JIS R 5211-2019 (高炉セメント) を理解していると容易。

解説

(1) JIS R 5210 では，少量混合成分の含量を普通ポルトランドセメント，早強ポルトランドセメント，超早強ポルトランドセメントにあっては 0 ％以上 5 ％以下，中庸熱ポルトランドセメント，低熱ポルトランドセメント，耐硫酸塩ポルトランドセメントにあっては 0 ％，と規定している。よって，記述は正しい。

(2) JIS R 5210 では，塩化物イオンを普通ポルトランドセメントにあっては 0.035 ％以下，早強ポルトランドセメント，超早強ポルトランドセメント，中庸熱ポルトランドセメント，低熱ポルトランドセメント，耐硫酸塩ポルトランドセメントにあっては 0.02 ％以下，と規定している。よって，記述は正しい。

(3) JIS R 5211 では，高炉セメントは，高炉スラグの分量により A 種 (5 ％を超え 30 ％以下)，B 種 (30 ％を超え 60 ％以下)，C 種 (60 ％を超え 70 ％以下) に区分されている。よって，記述は誤りである。

(4) JIS R 5211 では，A 種，B 種，C 種の強熱減量を 5.0 ％以下，と規定している。よって，記述は正しい。

[正解(3)]

― 〔① /01〕 ―――――――――――――――――――――――――――――

　コンクリート分野の環境問題に関する次の一般的な記述のうち，**不適当なものは**
どれか。

(1) ポルトランドセメント 1 kg を製造したときの CO_2 排出量は，人間の呼吸に
　　よる 1 日の CO_2 排出量（約 1 kg）より大きい。

(2) 構造物の解体によって発生するコンクリート塊は，現在は路盤材としての利
　　用が大半を占める。

(3) コンクリートの構成材料の製造段階，コンクリートの製造段階，コンクリー
　　ト構造物の施工段階，コンクリート構造物の解体段階，およびコンクリート
　　のリサイクル段階のうち，CO_2 排出量が最も多いのは，コンクリートの構成
　　材料の製造段階である。

(4) 石炭火力発電所からの副産物であるフライアッシュを使用する場合，石炭の
　　燃焼による CO_2 排出量は考慮されていない。

――――――――――――――――――――――――――― R.04 問題　9 ―

ポイント　コンクリート分野における環境問題を理解していることが肝要。

解　説

(1) セメントの製造に際し，化石燃料の燃焼およびセメントの主原料である石灰石の熱
　分解に伴い多量の CO_2 が発生する。セメント 1 kg あたりでは約 0.8 kg の CO_2 が排出
　される。よって，記述は不適当。

(2) 構造物を解体して生じたコンクリート塊の再資源化率は，90 % を大きく超えており，
　その大半は路盤材としての用途である。よって，記述は適当。

(3) 100 m^3 の鉄筋コンクリートを想定したケーススタディーでは，CO_2 排出量は，コン
　クリートの製造段階にあってはきわめて小さく，コンクリート構造物の構成材料の製
　造段階にあっては 85 %，コンクリート構造物の施工段階にあっては 5 %，コンク
　リート構造物の解体段階にあっては 4 %，コンクリートのリサイクル段階にあっては
　1 %，輸送段階にあっては 4 % の試算がある。したがって，CO_2 排出量がもっとも多
　いのは，コンクリートの構成材料の製造段階である。よって，記述は適当。

(4) 石炭火力発電所での石炭の燃焼による CO_2 排出量は，発電量にカウントされ，副
　産物であるフライアッシュの環境負荷はゼロとみなされる。よって，記述は適当。

[正解(1)]

〔① /01〕

セメントの組成化合物に関する次の記述中の空欄 (A) ～ (C) に当てはまる (1) ～ (4) の語句の組合せのうち，**適当なものはどれか**。ただし，けい酸三カルシウムを C_3S，けい酸二カルシウムを C_2S，アルミン酸三カルシウムを C_3A，および鉄アルミン酸四カルシウムを C_4AF と略記する。

早強ポルトランドセメントは，普通ポルトランドセメントに比べて (A) の含有率を多くすることで，初期の強度発現性を高めている。低熱ポルトランドセメントは，水和熱を下げるために (B) の含有率が中庸熱ポルトランドセメントより多く，JIS R 5210(ポルトランドセメント) では，低熱ポルトランドセメントの (B) の含有率の (C) が規定されている。

	(A)	(B)	(C)
(1)	C_3S	C_4AF	上限値
(2)	C_3S	C_2S	下限値
(3)	C_3A	C_2S	上限値
(4)	C_3A	C_4AF	下限値

R.03 問題　1

ポイント　セメントの特性と用途，JIS R 5210-2019(ポルトランドセメント) およびセメントクリンカー組成物の特性を熟知していると容易。

解 説

早強ポルトランドセメントは，普通ポルトランドセメントに比し，早期強度の発現性に寄与するけい酸三カルシウム (C_3S) の含有率を多くし，比表面積も大きくしている。

低熱ポルトランドセメントは，水和熱を低減するために中庸熱ポルトランドセメントに比し，水和熱が少ないけい酸二カルシウム (C_2S) の含有率を多くし，水和熱の大きいアルミン酸三カルシウム (C_3A) の含有率を少なくしている。JIS R 5210 では，低熱ポルトランドセメントの C_2S を 40 % 以上，C_3A を 6 % 以下と規定している。よって，正しい語句の組合せは，(2) である。

[正解(2)]

─〔① /01〕─────────────────────────────

　コンクリート分野の環境問題に関する次の一般的な記述のうち，**不適当なもの**はどれか。

(1) セメントの一部を混和材で置換することは，環境負荷低減につながる。

(2) 建設リサイクル法の施行に伴い，コンクリート塊の再資源化率は，90 %を上回っている。

(3) スラグ骨材や再生骨材の利用は，SDGs(持続可能な開発目標) の観点から重要である。

(4) ポルトランドセメントの製造の際に排出される CO_2 は，ほとんどが燃料の燃焼によるものであり，焼成時の石灰石脱炭酸によるものは少ない。

──────────────────────── R.03 問題　7 ─

ポイント　コンクリート分野における環境問題を理解していることが肝要。

解 説

(1) セメントの製造に際し，化石燃料の燃焼およびセメントの主原料である石灰石の熱分解に伴い多量の CO_2 が発生する。セメントの一部を高炉スラグ微粉末やフライアッシュなどを混和材として置き換えることにより，化石燃料および石灰石の量を削減し，全体として CO_2 の排出量を削減することができる。よって，記述は適当。

(2) 構造物を解体して生じたコンクリート塊の再資源化率は，90 %を超えている。よって，記述は適当。

(3) 天然資源の消費を減らし，資源を有効活用していくために，スラグ骨材や再生骨材等の産業副産物や産業廃棄物を積極的に利用することは，「環境の持続性確保」の観点から重要である。よって，記述は適当。

(4) セメントの製造に際し，化石燃料の燃焼およびセメントの主原料である石灰石の熱分解に伴い多量の CO_2 が発生する。よって，記述は不適当。

[正解(4)]

〔① /01〕

　JIS R 5210(ポルトランドセメント) の規定に関する次の記述のうち, **誤っている
もの**はどれか。

(1) 普通ポルトランドセメントでは, 質量で5％までの少量混合成分を用いても
　　よいことが規定されている。

(2) 早強ポルトランドセメントでは, 普通ポルトランドセメントよりも比表面積
　　の下限値が大きく規定されている。

(3) 中庸熱ポルトランドセメントでは, けい酸二カルシウム (C_2S) の上限値が規
　　定されている。

(4) 低熱ポルトランドセメントでは, 材齢91日の圧縮強さの下限値が規定され
　　ている。

R.02 問題　1

ポイント　JIS R 5210-2019(ポルトランドセメント) を熟知していると容易。

解　説

(1) JIS R 5210 では, 少量混合成分の含量を質量％で0以上5以下と規定している。よっ
て, 記述は正しい。

(2) JIS R 5210 では, 早強ポルトランドセメントの反応性を普通セメントより大きくす
るために, 比表面積を早強ポルトランドセメントにあっては $3\,300\,cm^2$ 以上, 普通ポ
ルトランドセメントにあっては $2\,500\,cm^2$ 以上と規定している。よって, 記述は正し
い。

(3) JIS R 5210 では, 中庸熱ポルトランドセメントは, 水和熱を下げるために, 水和熱
の大きいけい酸三カルシウム (C_3S) の含有量を 50 ％以下, アルミン酸三カルシウム
(C_3A) の含有量を 8 ％以下と規定している。けい酸二カルシウム (C_2S) の上限値は規
定していない。よって, 記述は誤り。

(4) 低熱ポルトランドセメントは, 水和熱を低減するために中庸熱ポルトランドセメン
トよりもさらに C_2S を多くし, C_3A を少なくしている。初期強度は小さいが, 長期強
度は大きい。JIS R 5210 では, 低熱ポルトランドセメントの圧縮強さを材齢7日にあっ
ては $7.5\,N/mm^2$ 以上, 材齢28日にあっては $22.5\,N/mm^2$ 以上, 材齢91日にあっては
$42.5\,N/mm^2$ 以上と規定している。よって, 記述は正しい。

[正解(3)]

― 〔① /01〕 ―

　ポルトランドセメントに関する次の一般的な記述のうち，**不適当なものはどれ**

か。

   (1)　けい酸三カルシウム（C_3S）が多いと，早期の強度発現は大きくなる。

   (2)　風化が進むと，強熱減量は小さくなる。

   (3)　耐硫酸塩ポルトランドセメントは，アルミン酸三カルシウム（C_3A）の含有

      率が少ない。

   (4)　中庸熱ポルトランドセメントは，マスコンクリートや高強度コンクリートに

      適している。

――――――――――――――――――――――――― R.01 問題　1 ―

ポイント　セメントクリンカーの組成化合物の特性および各ポルトランドセメント中の
クリンカー組成化合物の含有量ならびに風化について理解していると容易。

解　説

　クリンカーの組成化合物とその特性を p.28 表 1 に示す。

(1)　C_3S が多いと，早期の強度発現は大きくなる。よって，記述は適当。

(2)　風化とは，セメント粒子が空気中の湿分と反応して軽度の水和作用を受けること，
および水和作用で生成した水酸化カルシウム $(Ca(OH)_2)$ と二酸化炭素 (CO_2) とが反
応しセメントの硬化が阻害されることをいう。一般にセメントが風化すると密度が小
さくなり，強熱減量が増し，凝結に異常をもたらすほか，圧縮強さが低下する。よっ
て，記述は不適当。

(3)　JIS R 5210-2019（ポルトランドセメント）では，耐硫酸塩ポルトランドセメントは，
C_3A の含有量を 4 ％以下と規定し，硫酸塩との反応性を小さくしている。C_3A は，組
成化合物の中では，水和熱がもっとも大きく，硫酸塩等に対する化学抵抗性がもっと
も小さい。硫酸塩は，水酸化カルシウムおよびセメント中の C_3A と反応してエトリ
ンガイトを生成し，著しく膨張し，コンクリートを破壊させる。よって，記述は適当。

(4)　中庸熱ポルトランドセメントは，水和熱を下げるために，水和熱の大きい C_3S およ
び C_3A の含有量を少なくし，水和熱の小さい C_2S の含有量を多くしている。中庸熱
ポルトランドセメントは，初期強度は小さいが，長期強度は大きい。また，高強度領
域での強度発現が良好であり，さらに C_3A が少ないので，高性能 AE 減水剤が有効に
作用し，低水セメント比のコンクリートで高流動性が得やすい。以上の理由からその
低発熱性を生かしたマスコンクリート用途とともに高強度コンクリート，高流動コン
クリートに使用されている。よって，記述は適当。

[正解(2)]

問題 41 〜 60（平成 30 年以降は問題 37 〜 54）は，「正しい，あるいは適当な」記述であるか，または「誤っている，あるいは不適当な」記述であるかを判断する○×問題である。

「正しい，あるいは適当な」記述は解答用紙の◎欄を，「誤っている，あるいは不適当な」記述は⊗欄を黒く塗りつぶしなさい。

─〔① /01〕─────────────────────────────

混合セメントでは，混合材の分量が多いほど密度は大きくなる。

─────────────────────── R.01 問題　37 ─

ポイントと解説　混合セメントとして高炉・シリカ・フライアッシュの各セメント 3 種類が JIS に制定されており，それぞれの混合材の分量により A・B・C の 3 種類がある。混合材の分量は，高炉セメントにあっては，A 種は 5 を超え 30 ％以下，B 種は 30 を超え 60 ％以下，C 種は 60 を超え 70 ％以下，シリカセメントおよびフライアッシュセメントにあっては，A 種は 5 を超え 10 ％以下，B 種は 10 を超え 20 ％以下，C 種は 20 を超え 30 ％以下と規定されている。混合材の高炉スラグ，シリカ質混和材，フライアッシュの密度は，ポルトランドセメントより小さいので，混合セメントでは，混合材の分量が多くなるほど密度は小さくなる。よって，記述は誤り。

[正解(×)]

① /02　骨　材

〔① /02〕

　下表は，粗骨材のふるい分け試験結果を示したものである。この粗骨材の最大寸法と粗粒率を示した次の組合せのうち，**正しいものはどれか。**

ふるい分け試験結果

ふるいの呼び寸法 (mm)	40	25	20	15	10	5	2.5	1.2
各ふるいを通過する質量分率 (%)	100	98	91	69	35	5	2	0

(1)　最大寸法：20 mm，粗粒率：7.00
(2)　最大寸法：25 mm，粗粒率：6.67
(3)　最大寸法：25 mm，粗粒率：7.00
(4)　最大寸法：20 mm，粗粒率：6.67

R.05 問題　3

ポイント　JIS A 0203-2019 (コンクリート用語) に記載されている粗骨材の最大寸法の定義を理解しておくこと。また，JIS A 1102-2014 (骨材のふるい分け試験方法) で定義されている，骨材の粗粒率の計算方法を理解しておくこと。なお，粗粒率の計算に用いる値は，各ふるいを通過する質量分率 (%) ではなく，各ふるいにとどまる質量分率 (%) であることに留意すること。

解説

　粗骨材の最大寸法は「質量で骨材の 90 % 以上が通るふるいのうち，最小寸法のふるいの呼び寸法で示される粗骨材の寸法」なので，91 % が通過している 20 mm が最大寸法となる。

　また，粗粒率の計算は，JIS A 0203 において，「80 mm，40 mm，20 mm，10 mm，5 mm，2.5 mm，1.2 mm 及び 0.6 mm，0.3 mm，0.15 mm の各ふるいにとどまる質量分率 (%) の和を 100 で除した値とする。」と規定されているため，問題中の表から所定の各ふるいにとどまる質量分率を計算すると，「各ふるいにとどまる質量分率 (%)」は 100 % から「各ふるいを通過する質量分率 (%)」を減じた値として計算されるので，下表のとおりとなる。

ふるいの呼び寸法 (mm)	80	40	20	10	5	2.5	1.2	0.6	0.3	0.15
各ふるいにとどまる質量分率 (%)	0	0	9	65	95	98	100	100	100	100

　ここから，粗粒率は下式の通り計算される。

粗粒率 = (0 + 0 + 9 + 65 + 95 + 98 + 100 + 100 + 100 + 100)/100 = 6.67

　以上より，粗骨材の最大寸法が 20 mm，粗粒率が 6.67 となる。よって，正解は (4)。

［正解(4)］

コンクリート用材料　コンクリートの性質　コンクリートの耐久性　配(調)合設計　検査・製造・品質管理/　施工　コンクリート製品　コンクリート構造の設計

--- 〔① /02〕 ---

骨材の品質とコンクリートの性状に関する次の一般的な記述のうち，**適当なもの
はどれか**。

(1) 弾性係数の大きい粗骨材は，コンクリートの乾燥収縮を増加させる。

(2) 骨材中に含まれる粘土塊は，コンクリートの強度や耐久性を向上させる。

(3) 細骨材中に含まれる有機不純物は，量が多いとコンクリートの硬化を妨げ，
強度や耐久性を低下させる。

(4) 安定性試験による損失量の大きい粗骨材は，コンクリートの耐凍害性を向上
させる。

R.05 問題　4

ポイント　骨材の種類と品質，特性を把握し，それぞれの特性がコンクリートの性状に
及ぼす影響を理解する。

解　説

(1) 弾性係数の大きい硬い粗骨材を使用した場合，コンクリートの乾燥収縮は小さくな
る。よって，記述は不適当。

(2) 粘土塊がコンクリート中あると，その部分が弱点となり，コンクリートの強度や耐
久性を低下させる。よって記述は不適当。

(3) 骨材中に含まれる，有機不純物として知られるフミン酸やタンニン酸などは，その
量が多くなると水酸化カルシウムと結合して有機酸石灰塩を形成し，コンクリートの
凝結や硬化を妨げ，強度や耐久性を低下させる。よって，記述は適当。

(4) JIS A 1122-2014（硫酸ナトリウムによる骨材の安定性試験）は硫酸ナトリウムの結
晶圧による破壊作用を応用した骨材の安定性試験方法であり，この試験により得られ
る損失質量分率が大きくなると，コンクリートに使用した際の耐凍害性が低下する。
よって，記述は不適当。

[正解(3)]

――〔① /02〕――

　JIS A 5021 (コンクリート用再生骨材 H)，JIS A 5022 (再生骨材コンクリート M)，JIS A 5023 (再生骨材コンクリート L) および JIS A 5308 (レディーミクストコンクリート) の規定に関する次の記述のうち，**正しいものはどれか**。

　(1) 不純物量の合計の上限値は，コンクリート用再生骨材 L は 2.0 %，コンクリート用再生骨材 M は 2.0 %，コンクリート用再生骨材 H は 3.0 %である。

　(2) コンクリート用再生骨材 L とコンクリート用再生骨材 M は，混合して使用できない。

　(3) コンクリート用再生骨材 H は，JIS A 5308 (レディーミクストコンクリート) に規定される普通コンクリートに用いてもよい。

　(4) 再生骨材コンクリート M の標準品は，凍結融解の影響を受ける部材および部位に用いてもよい。

――――――――――――――――――― R.04 問題　3 ―

ポイント　JIS A 5021-2018 (コンクリート用再生骨材 H)，JIS A 5022-2018 (再生骨材コンクリート M) 附属書 A および JIS A 5023-2018 (再生骨材コンクリート L) 付属書 A にそれぞれ記載されているコンクリート用再生骨材 H，M および L のそれぞれの規格値の違いについて理解しておくこと。また，JIS A 5308-2019 (レディーミクストコンクリート)，JIS A 5022-2018 (再生骨材コンクリート M) および JIS A 5023-2018 (再生骨材コンクリート L) において規定されている，それぞれのコンクリートにおいて使用を認められている骨材の種類を理解しておくこと。

解　説

(1) JIS A 5021，JIS A 5022 付属書 A および JIS A 5023 付属書 A にコンクリート用再生骨材 H，M および L それぞれの全不純物量の上限は，2.0 %，2.0 %および 3.0 %と記載されている。よって，記述は誤り。

(2) JIS A 5023 の 8.2 骨材の項に，粗骨材，細骨材ともに再生粗骨材 L に JIS A 5022 の付属書 A に適合する再生骨材 M を混合して使用できる旨が記載されている。よって，記載は誤り。

(3) JIS A 5308 の付属書 A に，使用する骨材の種類は砕石及び砕砂，スラグ骨材，人工軽量骨材，再生骨材 H 並びに砂利及び砂とすると記載されている。よって，記述は正しい。

(4) JIS A 5022 に，再生骨材コンクリート M の凍結融解抵抗性による区分として，標準品は「凍結融解抵抗性および乾燥収縮に関する性能を特に規定しない再生骨材コンクリート M」と規定されており，乾燥収縮及び凍結融解の影響を受けにくい部材及び部位に使用できると記載されている。よって，記述は誤り。

[正解(3)]

〔① /02〕

粗骨材 A および粗骨材 B のふるい分け試験結果を下表に示す。これらの粗骨材を質量割合で 50 ％ずつ混合した場合の粗粒率として，**正しいものはどれか**。

ふるいの呼び寸法 (mm)		40	25	20	15	10	5	2.5	1.2	0.6	0.3	0.15
各ふるいを通過する質量分率（％）	粗骨材 A	100	100	94	84	56	16	6	0	0	0	0
	粗骨材 B	100	100	90	15	4	0	0	0	0	0	0

(1) 7.18

(2) 6.67

(3) 3.83

(4) 2.33

R.04 問題　4

ポイント　2 種以上の骨材を使用する場合の各骨材を混合した時の粒度分布の算出方法を理解しておく。また，粗粒率の計算方法を理解しておく。

解　説

　提示された粗骨材 A および粗骨材 B を質量割合で 50 ％ずつ混合した場合の各ふるいを通過する質量分率は，各粗骨材の各呼び寸法のふるいを通過する質量分率を 0.5 倍して足し合せて算出するため，下表のようになる。

ふるいの呼び寸法 (mm)		40	25	20	15	10	5	2.5	1.2	0.6	0.3	0.15
各ふるいを通過する質量分率（％）	粗骨材 A	100	100	94	84	56	16	6	0	0	0	0
	粗骨材 B	100	100	90	15	4	0	0	0	0	0	0
	混合品	100	100	92	49.5	30	8	3	0	0	0	0

　また，粗粒率は 80 mm，40 mm，20 mm，10 mm，5 mm，2.5 mm，1.2 mm および 0.6 mm，0.3 mm，0.15 mm の各<u>ふるいにとどまる質量分率 (%)</u> の和を 100 で除した値である。そのため，混合品の各ふるいにとどまる質量分率は，100 から各ふるいを通過する質量分率を引いた値になるので，下表のとおりとなる。

ふるいの呼び寸法 (mm)	80	40	20	10	5	2.5	1.2	0.6	0.3	0.15
混合品の各ふるいにとどまる質量分率 (%)	0	0	8	70	92	97	100	100	100	100

　各ふるいにとどまる質量分率の和を 100 で除した値は，

(0+0+8+70+92+97+100+100+100+100)/100=6.67

　よって正解は (2)。

[正解(2)]

〔① /02〕

　湿潤状態の細骨材 500.0 g を表面乾燥飽水状態 (表乾状態) に調整し，その質量を測定したところ 493.5 g であった。この表乾状態の細骨材を 105 ℃で一定の質量になるまで乾燥させた後，デシケータ内で室温まで冷やし，その質量を測定したところ 481.7 g であった。この細骨材の吸水率と表面水率の組合せとして，**適当なものはどれか。**

	吸水率 (%)	表面水率 (%)
(1)	2.39	3.8
(2)	2.39	1.3
(3)	2.45	3.8
(4)	2.45	1.3

R.03 問題　2

ポイント　骨材の湿潤状態を表す，含水率，吸水率，表面水率の定義を理解しておくことと，それぞれの計算方法を理解しておくこと。

解説　骨材の湿潤状態の定義は以下の通りである。

含水率：骨材内部に含まれる水と骨材表面に付着している水の総量の，絶乾状態の骨材質量に対する百分率

吸水率：表面乾燥飽水状態 (表乾状態) の骨材における骨材内部に含まれる全水量の，絶乾状態の骨材質量に対する百分率

表面水率：骨材表面に付着している水量の，表面乾燥飽水状態の骨材質量に対する百分率

　問題では，湿潤状態の細骨材 500.0 g を表乾状態に調整した時の質量が 493.5 g で，さらに 105 ℃で絶乾状態まで乾燥させた骨材の質量が 481.7 g となっているので，表面乾燥飽水状態の骨材における骨材内部に含まれる全水量および骨材表面に付着している水量はそれぞれ以下のように計算される。

表面乾燥飽水状態の骨材における骨材内部に含まれる全水量 = 493.5 − 481.7 = 11.8(g)

骨材表面に付着している水量 = 500.0 − 493.5 = 6.5(g)

　そのため，この細骨材の吸水率および表面水率は以下のように計算される。

吸水率 = (11.8 ÷ 481.7) × 100 = 2.45(%)

表面水率 = (6.5 ÷ 493.5) × 100 = 1.3(%)

よって，(4) の吸水率 2.45 %，表面水率 1.3 %が正しい。

[正解(4)]

〔① /02〕

骨材の品質とコンクリートの性状に関する次の一般的な記述のうち，**不適当なものはどれか**。

(1) 細骨材中の 0.3 ～ 0.6 mm の粒径の部分が増えると，コンクリートに連行される空気量は増加する。

(2) 細骨材中に有機不純物が多く含まれると，コンクリートの凝結や硬化が妨げられる。

(3) 粗骨材の弾性係数が大きいと，コンクリートの乾燥収縮は大きくなる。

(4) 粗骨材の安定性試験による損失質量が大きいと，コンクリートの耐凍害性は低下する。

R.02 問題 2

ポイント 骨材の品質は，フレッシュコンクリートおよび硬化コンクリートのさまざまな特性に影響を及ぼすので，その関係性について理解しておくこと。

解 説

(1) 細骨材中のおおむね 0.3 ～ 0.6 mm の部分が多いと，空気は連行されやすくなることが知られている。よって，記述は適当。

(2) 細骨材中にフミン酸やタンニン酸などの有機不純物の量が多いと，$Ca(OH)_2$ と結合して有機酸石灰塩を生じ，コンクリートの凝結や硬化を妨げ，強度や耐久性を低下させる。よって，記述は適当。

(3) 乾燥収縮は，骨材の弾性係数が大きく硬質なほど小さくなる。よって，記述は不適当。

(4) JIS A 1122-2014 (硫酸ナトリウムによる骨材の安定性試験方法) は，硫酸ナトリウムの結晶圧による破壊作用を応用した骨材の安定性試験方法である。この試験で得られる損失質量分率が大きいと，その骨材を用いたコンクリートの耐凍害性は低下する。よって，記述は適当。

[正解(3)]

〔① /02〕

　下表は，粗骨材のふるい分け試験結果を示したものである。この粗骨材の粗粒率として，**正しいものはどれか。**

ふるいの呼び寸法 (mm)	40	25	20	15	10	5	2.5
ふるいを通るものの質量分率 (%)	98	90	62	50	20	0	0

(1)　1.80
(2)　3.20
(3)　7.20
(4)　7.80

R.02 問題　3

ポイント　粗粒率は，規定の各ふるいにとどまる骨材の質量分率から算出することを理解しておくこと。

解　説

　JIS A 1102-2014(骨材のふるい分け試験方法) において，粗粒率は，80 mm，40 mm，20 mm，10 mm，5 mm，2.5 mm，1.2 mm および 0.6 mm，0.3 mm，0.15 mm の各ふるいにとどまる質量分率 (%) の和を 100 で除した値とすると規定している。

　設問では，ふるいを通過する質量分率が示されているので，それらの値から，既定の各ふるいにとどまる質量分率を算出する。

　ふるいにとどまる質量分率は，100 からふるいを通過した質量分率を差し引いたものになるので，下表のように算出される。

ふるいの呼び寸法 (mm)	40	25	20	15	10	5	2.5
ふるいを通るものの質量分率 (%)	98	90	62	50	20	0	0
ふるいにとどまるものの質量分率 (%)	2	10	38	50	80	100	100

　さらに，2.5 mm のふるいにとどまるものは，それよりも呼び寸法の小さなふるいにおいてもとどまるため，1.2 mm，0.6 mm，0.3 mm，0.15 mm の各ふるいにとどまる質量分率はいずれも 100 ％となる。また，40 mm のふるいをほとんど通過しているため，80 mm のふるいにとどまる質量分率は 0 ％と考えると，粗粒率は，以下の式で計算される。

$$粗粒率 = (0 + 2 + 38 + 80 + 100 + 100 + 100 + 100 + 100 + 100)/100 = 7.20$$

　よって，(3) の 7.20 が正しい。

[正解(3)]

─〔① /02〕─────────────────────────────

表乾状態の細骨材 500.0 g を質量 350.0 g のステンレス製容器に入れ，105℃で一定の質量になるまで乾燥させた後，デシケータ内で室温まで冷やし，その合計質量を測定したところ 840.5 g であった。この細骨材の吸水率として，**正しいものはどれか。**

(1) 1.90 %

(2) 1.94 %

(3) 1.98 %

(4) 2.02 %

─────────────────────────── R.01 問題　2 ─

ポイント　砂の含水状態の定義およびそれぞれの算出式を理解しておくこと。

解　説

吸水率は，次式で算出される。

吸水率 (%) = [(表乾状態の質量 − 絶乾状態の質量)/ 絶乾状態の質量] × 100

表乾状態の砂 = 500.0 g，ステンレス製容器 = 350.0 g，一定質量になるまで乾燥させた後の砂 (絶乾状態) ＋ステンレス製容器の質量 = 840.5 g

ここで，絶乾状態の砂の質量は，840.5 − 350.0 = 490.5 g となる。

よって吸水率 (%) は，以下のように計算される。

[(500.0 − 490.5)/490.5] × 100 = 1.94 %

よって，(2) が正しい。

[正解(2)]

〔① /02〕

骨材の試験方法に関する次の記述のうち，**誤っているものはどれか**。

(1) JIS A 1103（骨材の微粒分量試験方法）では，試料の絶乾質量に対する 75 μm ふるいを通過する微粒子の絶乾質量の割合を百分率で表したものを微粒分量とする。

(2) JIS A 1104（骨材の単位容積質量及び実積率試験方法）では，表乾状態の試料を用いて試験する。

(3) JIS A 1105（細骨材の有機不純物試験方法）では，容器に試料と 3.0 ％水酸化ナトリウム溶液を加えて振り混ぜ，24 時間以上静置した後の試料の上部の溶液の色と標準色液の色の濃淡を比較する。

(4) JIS A 1137（骨材中に含まれる粘土塊量の試験方法）では，24 時間吸水後の骨材粒を指で押して細かく砕くことのできるものを粘土塊とする。

R.01 問題　3

ポイント　JIS に規定されている骨材物性の試験方法を理解しておくこと。

解説

(1) JIS A 1103-2014（骨材の微粒分量試験方法）では，105 ± 5 ℃で一定質量になるまで乾燥した試料を用い，75 μm のふるいを通過した粒子の絶乾質量を測定し，試験に供した試料の絶乾質量に対する 100 分率として計算する。よって，記述は正しい。

(2) JIS A 1104-2019（骨材の単位容積質量及び実積率試験方法）では，絶乾状態の骨材(粗骨材の場合は気乾でも可)を使用して単位容積質量ならびに実積率を測定する。よって，記述は誤り。

(3) JIS A 1105-2015（細骨材の有機不純物試験方法）では，気乾状態の砂を用い，3.0％水酸化ナトリウム水溶液を加え 24 時間静置した後の試料上部の溶液の色を，標準色液の色と濃淡を目視で比較する。よって，記述は正しい。

(4) JIS A 1137-2014（骨材中に含まれる粘土塊量の試験方法）では，試料を 24 時間吸水させた後，余分な水を除き，骨材粒を指で押した時に細かく砕くことのできるものを粘度塊とするとしている。よって，記述は正しい。

[正解(2)]

問題41 〜 60（平成30年以降は問題37 〜 54）は，「正しい，あるいは適当な」記述であるか，または「誤っている，あるいは不適当な」記述であるかを判断する○×問題である。

「正しい，あるいは適当な」記述は解答用紙の○欄を，「誤っている，あるいは不適当な」記述は⊗欄を黒く塗りつぶしなさい。

〔①/02〕

表面乾燥飽水状態（表乾状態）の骨材の含水率が，その骨材の吸水率である。

R.01 問題 38

ポイントと解説　表面乾燥飽水状態における含水量が吸水量である。吸水率は，表面乾燥飽水状態における絶乾状態の骨材重量に対する含水量（＝吸水量）の百分率である。よって，記述は適当。

[正解(○)]

─〔① /03〕─

　JIS A 6204(コンクリート用化学混和剤) の規定に関する次の記述のうち，**誤って**
いるものはどれか。

　(1) すべての化学混和剤で，試験コンクリート中の全アルカリ量が $0.30\ kg/m^3$
　　　以下となるように規定されている。

　(2) 流動化剤の試験では，スランプ $8 \pm 1\ cm$ の基準コンクリートにスランプが
　　　$18 \pm 1\ cm$ になるよう流動化剤を添加し，基準コンクリートと流動化コンク
　　　リートの各種試験結果を比較する。

　(3) 高性能減水剤には，凍結融解に対する抵抗性が規定されている。

　(4) AE 減水剤には，標準形，遅延形，促進形がある。

────────────────────────── R.05 問題　5 ─

ポイント　JIS A 6204-2011 (コンクリート用化学混和) に規定されてる化学混和剤の種
類とそれぞれに求められる性能，および塩化物イオン量，全アルカリ量の上限値を理
解すること。

解　説

(1) コンクリート中にある化学混和剤由来の全アルカリ量は，$0.30\ kg/m^3$ 以下でなけれ
　　ばならない。よって，記述は正しい。

(2) 流動化剤の試験では，単位セメント量が $320\ kg/m^3$ で練上がり 15 分後におけるス
　　ランプが $8\pm1\ cm$ の基準コンクリートに対して，流動化した直後のスランプが 18 ± 1
　　cm となるように流動化剤を添加し，基準コンクリートに対して各性能を比較する。
　　よって，記述は正しい。

(3) 高性能減水剤の性能としては，減水率，凝結時間の差分，圧縮強度比および長さ変
　　化比が規定されているが，空気連行性を有しない化学混和剤のため，凍結融解に対す
　　る抵抗性は規定されていない。よって，記述は誤り。

(4) AE 減水剤には，主に凝結時間の差分の違いにより，標準型，遅延型および促進型
　　が規定されている。よって，記述は正しい。

[正解(3)]

〔① /03〕

　各種混和材を用いたコンクリートの性状に関する次の一般的な記述のうち，**不適当なものはどれか。**
　(1) 高炉スラグ微粉末を用いると，硫酸塩に対する抵抗性が向上する。
　(2) シリカフュームを用いると，材料分離に対する抵抗性が向上する。
　(3) フライアッシュを用いると，中性化に対する抵抗性が向上する。
　(4) 火山ガラス微粉末を用いると，長期強度が増加する。

R.05 問題　6

ポイント　各種混和材の特性と，それらを使用した時のコンクリートに対する効果および注意すべき点を理解しておくこと。

解　説
(1) 高炉スラグ微粉末を使用した場合，硫酸塩や海水に対する耐久性が改善されることが知られている。よって，記述は適当。
(2) シリカフュームは，SiO_2 を主成分とする平均粒径が $0.1\,\mu\mathrm{m}$，比表面積が 20 万 m^2 程度の超微粒子であり，セメントを質量で 10 〜 20 ％置換すると材料分離の小さなコンクリートを得ることができる。よって，記述は適当。
(3) フライアッシュは，ポゾラン反応の際にアルカリ成分である水酸化カルシウムを消費するため，使用していないコンクリートと比較して中性化の進行は早くなる。よって，記述は不適当。
(4) 火山ガラス微粉末は，フライアッシュと同じようなポゾラン活性を有しているため，長期にわたっての強度増進効果が期待される。よって，記述は適当。

[正解(3)]

〔① /03〕

各種混和剤に関する次の一般的な記述のうち，**不適当なものはどれか。**
(1) 流動化剤は，建設現場であと添加してコンクリートの流動性を改善する混和剤である。
(2) AE 剤は，コンクリート中にエントラップトエアを連行する混和剤である。
(3) AE 減水剤は，コンクリートの流動性を改善し，かつ凍結融解抵抗性を高める混和剤である。
(4) 高性能 AE 減水剤は，スランプ保持性能を有する混和剤である。

R.04 問題　5

ポイント　JIS A 6204-2011 (コンクリート用化学混和剤) に規定されている化学混和剤の種類とそれぞれの役割，特徴を理解しておくこと。

解説
(1) 流動化剤は，あらかじめ練混ぜられたコンクリートに添加し，これをかくはんすることによって，その流動性を増大させることを主たる目的とする混和剤で，一般的には建設現場で添加して使用する。よって，記述は適当。
(2) AE 剤により連行される気泡は，エントレインドエアと呼ばれる多数の微細な独立した空気泡であり，エントラップトエアと呼ばれる，混和剤を用いないコンクリートに練混ぜ中に自然に取り込まれる空気泡ではない。よって，記述は不適当。
(3) AE 減水剤は，空気連行性能をもち，所要のスランプを得るのに必要な単位水量を減少させることのできる化学混和剤であり，コンクリートの流動性改善と凍結融解抵抗性の向上が期待できる。よって，記述は適当。
(4) 高性能 AE 減水剤は，空気連行性をもち，AE 減水剤よりも高い減水性能および良好なスランプ保持性能をもつ化学混和剤である。よって，記述は適当。

[正解(2)]

〔① /03〕

各種混和材の効果に関する次の一般的な記述のうち，**不適当なものはどれか。**

(1) 高炉スラグ微粉末は，骨材のアルカリシリカ反応を抑制する効果がある。

(2) 膨張材は，コンクリートの収縮ひび割れを抑制する効果がある。

(3) フライアッシュは，コンクリートの初期強度を向上させる効果がある。

(4) シリカフュームは，コンクリートを緻密にする効果がある。

R.04 問題　6

ポイント　各種混和材料について，その種類と特徴を理解しておくこと。

解　説

(1) コンクリート中のポルトランドセメントの一部を高炉スラグ微粉末と置換して使用すると，ポルトランドセメント量が減少することによりセメントの水和生成物である水酸化カルシウムの生成量が減少し，さらに高炉スラグ微粉末の潜在水硬性により水酸化カルシウムが消費される。その為コンクリート中のアルカリ量が減少し，骨材のアルカリシリカ反応を抑制することができる。よって，記述は適当。

(2) 膨張材は，水和反応によりエトリンガイトや水酸化カルシウムの結晶を生成することでコンクリートを膨張させる作用を有する混和材であり，乾燥収縮や自己収縮を補償し，ひび割れを低減する目的で使用される。よって，記述は適当。

(3) フライアッシュのポゾラン反応はポルトランドセメントの水和反応と比較して遅いため，ポルトランドセメントをフライアッシュにより置換したコンクリートは初期強度発現性が低下する。よって，記述は不適当。

(4) シリカヒュームは平均粒径が $0.1\,\mu\mathrm{m}$ 程度の超微粒子であり，セメント粒子の間に充填されセメントペーストを緻密化する。よって，記述は適当。

[正解(3)]

─〔① /03〕──────────────

　JIS A 6204(コンクリート用化学混和剤) の規定に関する次の記述のうち，**誤って
いるものはどれか。**
　(1) AE 剤には，空気量の経時変化量が規定されている。
　(2) 硬化促進剤には，材齢 1 日の圧縮強度比が規定されている。
　(3) AE 減水剤には，凍結融解に対する抵抗性が規定されている。
　(4) 高性能 AE 減水剤には，スランプの経時変化量が規定されている。

────────────────────── R.03 問題　3 ──

ポイント　JIS A 6204-2011(コンクリート用化学混和剤) に規定されている化学混和剤の
種類とそれぞれに要求されている性能およびそれらの規格値を把握しておくこと。

解　説

(1) AE 剤には，減水率，凝結時間の差分，材齢 7 日と 28 日における圧縮強度比，長さ
変化比および凍結融解に対する抵抗性の規格値が規定されているが，空気量の経時変
化は規定されていない。よって，記述は不適当。
(2) 硬化促進剤についてのみ，材齢 1 日および 5 ℃における材齢 2 日の圧縮強度比が規
定されている。よって，記述は適当。
(3) AE 減水剤には凝結時間の違いにより標準型，遅延型および促進型が規定されてお
り，そのいずれにも凍結融解に対する抵抗性が 60 ％以上であることが規定されてい
る。よって，記述は適当。
(4) 高性能 AE 減水剤は，空気連行性をもち，AE 減水剤よりも高い減水性能および良
好なスランプ保持性能をもつ化学混和剤と定義されており，その規格には重力式ミキ
サにより毎分 2 回転で 60 分間かくはんを継続した後のスランプの変化量が 6 cm 以
下であることが規定されている。よって，記述は適当。

[正解(1)]

〔① /03〕

各種混和材に関する次の一般的な記述のうち，**不適当なものはどれか。**

(1) フライアッシュは，未燃炭素含有量が多いほど，AE 剤のコンクリートへの空気連行性を低下させる。

(2) 石灰石微粉末は，コンクリートの流動性の改善を目的として使用することがある。

(3) 高炉スラグ微粉末は，アルカリシリカ反応によるコンクリートの膨張を増加させる。

(4) シリカフュームは，マイクロフィラー効果及びポゾラン反応によって，コンクリートを緻密にする。

R.03 問題　4

ポイント　コンクリートに各種混和材を使用した場合の特徴を理解しておくこと。

解説

(1) 未燃炭素は多孔質であり，含有率が大きくなるほど未燃炭素に吸着する AE 剤量が増大し，空気連行性が低下する。よって，記述は適当。

(2) 石灰石微粉末は流動性の改善や水和熱低減を目的として使用されている。よって，記述は適当。

(3) 高炉スラグ微粉末を使用するとアルカリシリカ反応に対する抑制効果が大きいことが知られている。よって，記述は不適当。

(4) シリカフュームは SiO_2 を主成分とする平均粒径 $0.1\,\mu$m 程度の完全球形をした超微粒子で，コンクリートに添加するとマイクロフィラー効果やポゾラン反応により硬化体を緻密化し，高強度化，高耐久性化に寄与することが知られている。よって，記述は適当。

[正解(3)]

〔① /03〕

各種混和材料に関する次の一般的な記述のうち，**不適当なものはどれか**。

(1) 高性能 AE 減水剤の中には，収縮低減性能を有するものがある。

(2) 収縮低減剤には，コンクリートの乾燥収縮を低減する効果のほかに，自己収縮を低減する効果もある。

(3) 膨張材によるコンクリートの膨張作用は，エトリンガイトや水酸化カルシウムの結晶を生成することで生じる。

(4) 高炉スラグ微粉末を混和したコンクリートの自己収縮は，高炉スラグ微粉末の比表面積が大きいほど小さくなる。

R.02 問題 4

ポイント 各種混和材料には，使用量の大小により混和剤と混和材とに区別される。それぞれの種類と特徴，効果などを理解しておくこと。

解 説

(1) 高性能 AE 減水剤と収縮低減剤を一液化した高性能 AE 減水剤 (収縮低減タイプ) が各混和剤メーカーより市販されている。よって，記述は適当。

(2) 収縮低減剤は，セメント硬化体中に存在する水の表面張力を低下し，水の蒸発に伴い発生する毛細管張力を減少することにより，乾燥収縮や自己収縮を低減する効果を発揮する。よって，記述は適当。

(3) 膨張材は，セメントと水と一緒に練混ぜると，水和反応によりエトリンガイトや水酸化カルシウムの結晶を生成し，その結晶成長によってコンクリートを膨張させる。よって，記述は適当。

(4) 高炉スラグ微粉末を混和したコンクリートでは，高炉スラグ微粉末の比表面積が大きくなると自己収縮が大きくなることが指摘されている。よって，記述は不適当。

[正解(4)]

〔① /03〕

コンクリート $1\,m^3$ 当たりの AE 剤の使用量を一定とした場合における空気量の変化に関する次の一般的な記述のうち，**適当なものはどれか。**

(1) 単位セメント量が多くなると，空気量は増大する。

(2) 比表面積の大きなセメントを使用すると，空気量は増大する。

(3) 細骨材率が小さくなると，空気量は増大する。

(4) コンクリートの温度が低いほど，空気量は増大する。

R.02 問題 11

ポイント AE コンクリートにおいて，空気連行性に影響を及ぼす諸因子について理解しておくこと。

解 説

(1) 単位セメント量が増加すると空気量は減少する。よって，記述は不適当。

(2) セメントの粉末度が大きくなると，すなわち比表面積が大きくなると空気量は減少する。よって，記述は不適当。

(3) 細骨材率が小さくなると空気量は減少する。よって，記述は不適当。

(4) コンクリート温度が低いほど空気量は増大する。よって，記述は適当。

[正解(4)]

〔① /03〕

　　各種混和材を用いたコンクリートに関する次の一般的な記述のうち，**不適当なも**
のはどれか。
- (1) 石灰石微粉末を用いたコンクリートは，石灰石微粉末のポゾラン反応により，長期強度が増大する。
- (2) シリカフュームを用いた水結合材比の小さいコンクリートは，シリカフュームのマイクロフィラー効果により流動性が向上する。
- (3) 高炉スラグ微粉末を用いたコンクリートは，高炉スラグ微粉末の潜在水硬性により，組織が緻密化する。
- (4) フライアッシュを用いたコンクリートは，フライアッシュ中の未燃炭素含有量が多いと，AE 剤による空気連行性が低下する。

R.01 問題　4

ポイント　各種混和材を使用した場合のコンクリートの特性を理解しておくこと。

解　説

(1) 石灰石微粉末は，とくに高流動コンクリートで所要の材料分離抵抗性を確保するために使用されていて，化学活性が低いため粉体量の増大による水和熱の増加を抑制することができる。よって，記述は不適当。

(2) シリカフュームは平均粒径が $0.1\,\mu$m 程度の超微粒子で，セメント粒子の間に充填されマイクロフィラー効果によって流動性を向上することができるため，とくに水セメント比が 20 ％以下の超高強度コンクリートの流動性を改善するために使用される。よって，記述は適当。

(3) 高炉スラグ微粉末は潜在水硬性を有しているので，コンクリートの組織が緻密化され，硫酸塩に対する抵抗性の向上，アルカリシリカ反応の抑制，長期強度の増進，塩化物イオンの浸透の抑制などの効果を期待して使用される。よって，記述は適当。

(4) フライアッシュは石炭火力発電所で微粉炭を燃焼した際に生成する副産物であり，ポゾラン反応を有しているので，アルカリシリカ反応の抑制，長期強度の増進等が期待できる。その一方で，未燃炭素の含有率が大きいと AE 剤の吸着が増大し，空気連行性が低下するため AE 剤の使用量を増やす必要がある。よって，記述は適当。

[正解(1)]

問題 41 〜 60 (平成 30 年以降は問題 37 〜 54) は,「正しい,あるいは適当な」記述であるか,または「誤っている,あるいは不適当な」記述であるかを判断する○×問題である。

「正しい,あるいは適当な」記述は解答用紙の◎欄を,「誤っている,あるいは不適当な」記述は⊗欄を黒く塗りつぶしなさい。

〔① /03〕

JIS A 6204 (コンクリート用化学混和剤) において,化学混和剤中の全アルカリ量は,試験コンクリート 1m³ 当たりの化学混和剤の使用量と,コンクリート中の化学混和剤の全アルカリ量の積として規定されている。

R.01 問題 39

ポイントと解説 JIS A 6204-2011 (コンクリート用化学混和剤) において,化学混和剤中の全アルカリ量は付属書 B「化学混和剤中に含まれるアルカリ量の試験方法」によって測定して求める値であり,この化学混和剤中の全アルカリ量とコンクリート 1 m³ 当りの化学混和剤使用量から,化学混和剤によるコンクリート中の全アルカリ量を算出するとしている。

$$R_m = m_a \times (R_a/100)$$

ここに,R_m:コンクリート中の全アルカリ量 (kg/m³),m_a:1 m³ 当りの化学混和剤の使用量 (kg/m³),R_a:化学混和剤中の全アルカリ量 (%)

よって,記述は不適当。

[正解(×)]

① /04　水

〔① /04〕

　回収水を練混ぜ水として使用する場合に関する次の記述のうち，**不適当なものは**
どれか。

(1) JIS A 5308 (レディーミクストコンクリート) では，上澄水は，品質試験を行
わずに上水道水と混合して使用できると規定されている。

(2) スラッジ固形分が増えると，細骨材率を小さくする必要がある。

(3) スラッジ固形分が増えると，コンシステンシーを一定とするために，単位水
量を増やす必要がある。

(4) スラッジ水を使用する場合，AE 剤の使用量を変えないと，空気量が減少す
る傾向にある。

R.05 問題　8

ポイント　回収水をコンクリートの練混ぜ水に使用する際に注意すべきことを理解して
おくこと。また，JIS A 5308-2019 (レディーミクストコンクリート) のほかに，JASS 5
や土木学会示方書にも，回収水の使用に関する規定が記されているので，把握してお
くこと。

解　説

(1) JIS A 5308-2019 では，付属書 C「レディーミクストコンクリートの練り混ぜに用い
る水」において，上澄水を含む回収水は所定の品質に適合していなければならないと
規定されている。よって，記述は不適当。

(2) 細骨材率は，スラッジ固形分が 1 ％増えるごとに約 0.5 ％小さくする必要がある。
よって，記述は適当。

(3) 単位水量は，スラッジ固形分が 1 ％増えるごとに約 1 〜 1.5 ％増やす必要がある。
よって，記述は適当。

(4) スラッジ水を使用した場合，空気量が減少する傾向にあるため，AE 剤の添加量を
調整する必要がある。よって，記述は適当。

[正解(1)]

─〔① /04〕─

　回収水を練混ぜ水として使用する場合に関する次の記述のうち，**適当なものはどれか。**

(1) スラッジ固形分が多いので，コンクリートの細骨材率を大きくした。

(2) スラッジ固形分が多いので，コンクリートの単位水量および単位セメント量を減少させた。

(3) 上澄水を，品質試験を行わずに上水道水と混合して使用した。

(4) 上澄水を，中和処理せずそのまま品質試験に使用した。

R.02 問題　6 ─

ポイント　回収水を練混ぜ水として使用する場合の注意事項を理解しておくこと。

解　説

(1) 日本コンクリート工学会・回収水利用委員会では，回収水を利用する際の注意事項の一つとして，細骨材率はスラッジ固形分 1 ％につき約 0.5 ％小さくするとしている。よって，記述は不適当。

(2) 同注意事項の一つに，水セメント比，コンシステンシーを一定とするためには，スラッジ固形分率 1 ％につき単位水量，単位セメント量をそれぞれ 1 〜 1.5 ％増すとしている。よって，記述は不適当。

(3) JIS A 5308-2019 (レディミクストコンクリート) 付属書 C において，上澄水を含む回収水の品質は，所定の試験方法によって試験をしたとき，定められた規格に適合していなければならないとしている。よって，記述は不適当。

(4) 同付属書において，回収水の試験を行うときの試料に関して，「上澄水は，レディーミクストコンクリート工場の上澄水貯水槽で試料瓶に満たし，上面に空気がない状態にして清浄な栓で密封しておき，採取後 7 日以内に試験を行う。」と記載されており，中和処理は求められていない。よって，記述は適当。

[正解(4)]

① /05　補 強 材

① /05　補強材

コンクリート用材料

コンクリートの性質

コンクリートの耐久性

配(調)合設計

製造・品質管理／検査

施　工

コンクリート製品

コンクリート構造の設計

〔① /05〕

　下図は，JIS G 3112(鉄筋コンクリート用棒鋼) に規定されている異形棒鋼の引張
試験によって求められた応力—ひずみ関係の模式図である。次の記述のうち，**不適
当なものはどれか**。

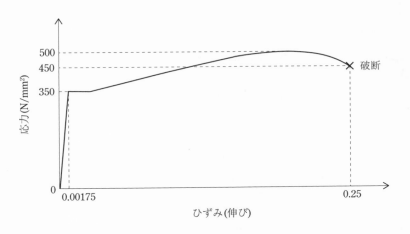

(1) 弾性係数 (ヤング率) は，200 kN/mm² である。

(2) 引張強さは，500 N/mm² である。

(3) 破断伸びは，25 % である。

(4) 異形棒鋼の種類は，SD 390 である。

R.05 問題　7

ポイント　鉄筋の力学特性と応力-ひずみ曲線の関係を理解しておく。

解 説

(1) ヤング率は応力-ひずみ曲線の傾きであり，この問題では，350/0.00175 = 200 ×
10³N/mm² = 200 kN/mm² であり，記述のとおりである。

(2) 引張強さは応力-ひずみ曲線の最大応力度であるから記述のとおりである。

(3) 破断伸びは破断時のひずみであるから記述のとおりである。

(4) 異形棒鋼の種類に表記されている数値は降伏強度 (N/mm²) を表している。降伏強
度は応力-ひずみ曲線が初期の直線から折れ曲がり，棚状になったときの応力である。
図の降伏強度は350N/mm² であり，記述は不適当である。

[正解(4)]

〔① /05〕

鉄筋に関する次の一般的な記述のうち，**適当なものはどれか。**

(1) 鉄筋の引張強さは，PC 鋼材の引張強さとほぼ同等である。

(2) 鉄筋の破断時の伸びは，PC 鋼材の破断時の伸びよりも大きい。

(3) 鉄筋の熱膨張係数は，コンクリートの熱膨張係数の 5 ～ 10 倍程度である。

(4) 鉄筋のヤング係数は，コンクリートのヤング係数とほぼ同等である。

R.04 問題 7

ポイント 鋼材の基本的な特性を理解しておく。

解　説

(1) PC 鋼材の引張強さは，PC 鋼棒で 1 000 ～ 1 200 N/mm^2，PC 鋼より線では 1 700 ～ 1 900 N/mm^2 であり，通常の鉄筋の引張強さの 2 ～ 3 倍以上である。

(2) JIS では通常の鉄筋の伸びは 16 ～ 18 % 以上とされているのに対して，PC 鋼材は 3.5 ～ 5 % とされており，この記述は正しい。

(3) 鉄筋とコンクリートの熱膨張係数は同程度であり，これは鉄筋コンクリートが成立するための条件の一つである。もし熱膨張係数が大きく異なっていると，鉄筋コンクリートが温度変化を受けた場合に，荷重が作用しなくても温度による伸び縮みの差を打ち消すように鉄筋とコンクリートが互いに拘束し合い，応力が発生してしまう。

(4) 鉄筋のヤング係数は 200 kN/mm^2 程度であるのに対し，普通強度のコンクリートのヤング係数は 20 ～ 30 kN/mm^2 程度であり，コンクリートのヤング係数に対する鉄筋のヤング係数の比率 (ヤング係数比) は 7 ～ 10 であり，大きく異なる。

[正解(2)]

〔① /05〕

JIS G 3112 (鉄筋コンクリート用棒鋼) の規定に関する次の記述のうち,**誤っているものはどれか。**

(1) 記号 SR は丸鋼,SD は異形棒鋼を表す。

(2) 異形棒鋼には表面に突起があり,軸線方向の連続した突起をリブといい,軸線方向以外の突起を節という。

(3) SD 295 A の引張強さは,SR 295 と同じである。

(4) SD 295 A の引張強さの下限値は,295 N/mm^2 である。

R.03 問題 5

ポイント 鋼材の基本的な特性を理解しておく。

解 説

(1) ～ (3) は,記述のとおりである。記号 (SR,SD) の後ろの数値は降伏点を N/mm^2 の単位で表している。よって,(4) の記述が誤りである。

[正解(4)]

─〔① /05〕─────────────────────────────────

鋼材に関する次の一般的な記述のうち，**不適当なものはどれか。**

(1) 鉄筋の弾性係数（ヤング係数）は，鉄筋の降伏点の大小によらずほぼ一定である。

(2) 鉄筋の降伏開始時のひずみは，鉄筋の降伏点の大小によらずほぼ一定である。

(3) PC 鋼材は，明瞭な降伏点を示さない。

(4) PC 鋼材に引張応力を与え一定の長さに保つと，時間の経過とともにその引張応力は減少する。

──────────────────────── R.02 問題　5 ─

ポイント　鋼材の基本的な特性を理解しておく。

解　説

(1) 鉄筋の弾性係数は，鋼材種 (降伏点) によらずほぼ同等である。

(2) 降伏開始時のひずみは降伏点の応力を弾性係数で除すことで求められる。(1) のことから降伏開始時のひずみは，降伏点に比例することになり，この記述は不適当である。

(3) 記述の通りである。鉄筋においても高強度鉄筋になると降伏点が不明瞭になり，降伏棚 (降伏伸び) も小さくなる傾向がある。

(4) この現象をリラクセーションと呼び，プレストレストコンクリート部材において PC 鋼材の緊張力を決定する際にはこの現象を考慮する必要がある。

[正解(2)]

―〔① /05〕――――――――――――――――――――――――――――――

鉄筋に関する次の一般的な記述のうち，**不適当なものはどれか。**

(1) 鉄筋の熱膨張係数（線膨張係数）は，コンクリートとほぼ同等である。

(2) 鉄筋の破断時の伸びは，炭素含有量が多いほど小さい。

(3) 鉄筋とコンクリートとの付着強度は，鉄筋の降伏点が大きいほど大きい。

(4) 鉄筋の弾性係数（ヤング係数）は，降伏点の大小によらず $200\,\text{kN/mm}^2$ 程度である。

――――――――――――――――――――――――――――― R.01 問題　5 ―

ポイント　鋼材の基本的な特性を理解しておく。

解説

(1) 鉄筋とコンクリートの熱膨張係数は，いずれも $10\times10^{-6}/℃$ (温度が 1 ℃変化するとひずみで 10×10^{-6} の長さ変化を生じる) 程度でほぼ同じである。熱膨張係数が同程度であることは，鉄筋コンクリートが成立するための条件の一つである。

(2) 鉄筋 (鋼材) の力学的性質は炭素含有量によって変化し，この記述は適当である。

(3) 付着強度は鉄筋の表面形状 (丸鋼と異型鉄筋)，径，コンクリートの強度などに依存するが，鉄筋の降伏点とは関係ない。

(4) 弾性係数と熱膨張係数は鋼材の種類によらずほぼ同等である。

[正解(3)]

問題 41 〜 60（平成 30 年以降は問題 37 〜 54）は，「正しい，あるいは適当な」記述であるか，または「誤っている，あるいは不適当な」記述であるかを判断する○×問題である。

「正しい，あるいは適当な」記述は解答用紙の◎欄を，「誤っている，あるいは不適当な」記述は⊗欄を黒く塗りつぶしなさい。

〔① /05〕

SD 345 の鉄筋は，引張強さの下限値が 345 N/mm^2 である。

R.01 問題　41

ポイントと解説　異径鉄筋の種類を表す記号である SD 345 の数字は引張強さではなく，降伏点を表している。

［正解(×)］

コンクリート用材料

コンクリートの性質

コンクリートの耐久性

配(調)合設計

製造・品質管理／検査

施　工

コンクリート製品

コンクリート構造の設計

② コンクリートの性質

② /01　フレッシュコンクリート

─〔② /01〕────────────────────

　コンクリートのスランプ試験に関する次の記述のうち，JIS A 1101(コンクリート
のスランプ試験方法) の規定に照らして，**誤っているものはどれか。**

(1) スランプコーンを設置する前に，水準器を用いて平板の水平を確認した。

(2) コンクリートをスランプコーンにほぼ等しい高さで3層に分けて詰めた。

(3) 突固めによって試料の上面がスランプコーンの上端よりも低くなったので，
少量の同じコンクリートの試料を足して上面をならした。

(4) スランプコーンを引き上げたとき，コンクリートがスランプコーンの中心軸
に対して偏ったので，別の試料を用いて，再度試験を行った。

────────────────── R.05 問題　12 ─

ポイント　JIS A 1101-2020(コンクリートのスランプ試験方法) に記載されている，正し
いスランプ試験の方法を理解しておくこと。

解　説

(1) スランプコーンは，水準器を用いて水平を確認し設置した平板上に置くことが規定
されている。よって，記述は正しい。

(2) 試料は，ほぼ等しい量の3層に分けてスランプコーンに詰めることが規定されてい
る。よって，記述は誤り。

(3) 突固めによって試料の上面がスランプコーンの上端よりも低くなった場合は，少量
の同じコンクリートの試料を足して上面をならすと規定されている。よって，記述は
正しい。

(4) コンクリートがスランプコーンの中心軸に対して偏ったり，くずれたりして形が不
均衡になった場合は，別の試料を用いて再試験することが規定されている。よって，
記述は正しい。

[正解(2)]

―〔② /01〕―

フレッシュコンクリートの試験に関する次の記述のうち，**正しいものはどれか。**

(1) JIS A 1150(コンクリートのスランプフロー試験方法) による試験において，コンクリートの広がりが最大と思われる直径とその直交方向の直径を測り，両直径の平均値を 5 mm 単位で丸めた値をスランプフローとした。

(2) JIS A 1128(フレッシュコンクリートの空気量の圧力による試験方法―空気室圧力方法) による試験において，圧力計に示された見掛けの空気量に骨材修正係数を加えた値を空気量とした。

(3) JIS A 1123(コンクリートのブリーディング試験方法) による試験において，ブリーディングが認められなくなるまで吸い取った水の累計容積をブリーディング量とした。

(4) JIS A 1147(コンクリートの凝結時間試験方法) による試験において，コンクリート試料を容器に 1 層で入れた。

R.05 問題　13

ポイント　コンクリートの試験方法は，それぞれ JIS に規定されているので，それらについて正しい試験方法を理解しておくこと。

解　説

(1) JIS A 1150-2020(コンクリートのスランプフロー試験方法) では，スランプフローは，コンクリートの広がりが最大と思われる直径と，その直交する方向の直径とを 1 mm 単位で測定した両直径の平均値を 5 mm または 0.5 cm 単位に丸めて表示することが規定されている。よって，記述は正しい。

(2) JIS A 1128-2019(フレッシュコンクリートの空気量の圧力による試験方法－空気室圧力方法) では，コンクリートの空気量は，圧力計で示されるコンクリートの見掛けの空気量 (%) から，別途測定した骨材修正係数の値を差し引いて算出することが規定されている。よって，記述は誤り。

(3) JIS A 1123-2012(コンクリートのブリーディング試験方法) では，ブリーディング量は，最終時まで累計したブリーディングによる水の容積をコンクリート上面の面積で除した値として算出することが規定されている。よって，記述は誤り。

(4) JIS A 1147-2019(コンクリートの凝結時間試験方法) では，試験に用いる試料は，採取したコンクリート試料を公称目開き 4.75 mm の網ふるいでふるったモルタル分とすることが規定されいる。よって，記述は誤り。

[正解(1)]

〔② /01〕

コンクリートの凝結性状に関する次の一般的な記述のうち，**不適当なものはどれか**。

(1) 海砂に含まれる塩分が多くなると，凝結が早くなる。

(2) 骨材に含まれる糖類，腐植土が多くなると，凝結が遅くなる。

(3) 気温が高く湿度が低くなると，凝結が早くなる。

(4) スランプを小さくすると，凝結が遅くなる。

R.05 問題 14

ポイント コンクリートの凝結特性に影響を及ぼす要因について整理し，理解しておくこと。

解 説

(1) 海水や海砂に含まれる塩分には，コンクリートの凝結を促進する効果があるため，その量が多くなると凝結は早くなる。よって，記述は適当。

(2) 糖類や腐葉土のような有機物はコンクリートの凝結を遅延させる効果があるため，その量が多くなると凝結は遅くなる。よって，記述は適当。

(3) 高温環境下，低湿度環境下のほか，日射や風などがある環境では凝結は早くなる。よって，記述は適当。

(4) 同じセメントを使用した場合，スランプが小さい方が凝結は早くなる。よって，記述は不適当。

[正解(4)]

―〔② /01〕―

コンクリートの空気量に関する次の一般的な記述のうち，**適当なものはどれか。**

(1) エントレインドエアは，コンクリートのワーカビリティーを低下させる。

(2) 細骨材中の 0.3 ～ 0.6 mm の部分が多くなると，空気量は減少する。

(3) 単位セメント量が大きくなると，同一の空気量とするための AE 剤の使用量は増大する。

(4) セメントの一部をフライアッシュに置換すると，同一の空気量とするための AE 剤の使用量は減少する。

―――――――――――――――――――――――――― R.05 問題　15 ―

ポイント　コンクリート中に連行される空気に関して，エントラップドエアとエントレインドエアの違いを理解し，それぞれがコンクリートの性質に及ぼす影響を把握しておくこと。

解説

(1) AE 剤などを使用してエントレインドエアをコンクリートに導入すると，連行空気泡によるボールベアリングのような作用によりワーカビリティーは向上する。よって，記述は不適当。

(2) 細骨材のうち，粒径が 0.3 ～ 0.6 mm の部分が多いと空気は連行されやすくなるため，空気量は増大する。よって，記述は不適当。

(3) 単位セメント量が増加すると，セメント表面に吸着される AE 剤量も増加するため，同一量の空気を連行するために必要な AE 剤量は増加する。よって，記述は適当。

(4) フライアッシュの未燃炭素は AE 剤を吸着する性質があるため，フライアッシュを使用したコンクリートでは同一の空気量とするために必要な AE 剤量は増加する傾向にある。よって，記述は不適当。

[正解(3)]

──〔② /01〕────────────────────────────

コンクリートの耐凍害性に関する次の一般的な記述のうち，**不適当なものはどれか**。

(1) エントレインドエアは，耐凍害性を向上させる効果がある。

(2) 同一空気量では，気泡間隔係数を大きくすることにより，耐凍害性が向上する。

(3) 吸水率の高い軟石を骨材に用いると，耐凍害性が低下する。

(4) 気乾状態よりも湿潤状態のほうが，凍害が生じやすい。

────────────────────── R.05 問題　20 ──

ポイント　凍害が発生するメカニズムとその対策を整理し，理解しておくこと。

解 説

(1) コンクリート中に連行されたエントレインドエアは，自由水が凍結する際に発生する膨張圧を緩和する作用があるため，耐凍害性を向上させる効果がある。よって，記述は適当。

(2) 同一空気量においては，より微細な空気泡が多数連行され，気泡間隔係数が小さくなる方が耐凍害性は向上する。よって，記述は不適当。

(3) 吸水率の高い軟石は，凍結時に骨材自身も膨張し，コンクリート表面のモルタル部分を弾き飛ばすポップアウトを生じることがある。よって，記述は適当。

(4) 凍害はコンクリート中にある水分が凍結する際の膨張圧によって引き起こされるため，凍結する水分の多い湿潤状態の方が凍害は生じやすくなる。よって，記述は適当。

[正解(2)]

―〔② /01〕――――――――――――――――――――――――――

コンクリートの材料分離に関する次の一般的な記述のうち，**不適当なものはどれ**
か。

(1) 単位水量が大きいほど，材料分離が生じやすくなる。

(2) 単位セメント量が大きいほど，材料分離が生じやすくなる。

(3) 細骨材の粗粒率が大きいほど，材料分離が生じやすくなる。

(4) 粗骨材の最大寸法が大きいほど，材料分離が生じやすくなる。

――――――――――――――――――――――――――― R.04 問題　13 ―

ポイント　コンクリートの材料分離が生じやすくなる条件を理解しておくこと。

解　説

(1) 単位水量が多く，スランプの大きいコンクリートは材料分離を引き起しやすくなる。
よって，記述は適当。

(2) コンクリート中の粉体量が多くなると材料分離抵抗性は高くなるため，単位セメン
ト量が大きいほど，材料分離は生じにくくなる。よって，記述は不適当。

(3) 細骨材の粗粒率が小さくなるほど細骨材中の細粒分が増加するため，コンクリート
の粘性が増加し材料分離が生じにくくなる。よって，記述は適当。

(4) 粗骨材の粒径が大きいほど材料分離は生じやすくなる。よって，記述は適当。

[正解(2)]

〔② /01〕

コンクリートの凝結に関する次の一般的な記述のうち，**適当なものはどれか。**

(1) 細骨材を，砕砂から糖類や腐植土などの有機物を含む砂に変更すると，凝結は遅くなる。

(2) コンクリートの練上がり温度が高くなると，凝結は遅くなる。

(3) セメントを，普通ポルトランドセメントから早強ポルトランドセメントに変更すると，凝結は遅くなる。

(4) 水セメント比を小さくすると，凝結は遅くなる。

R.04 問題 14

ポイント コンクリートの凝結時間に影響を及ぼす要因とその特性を理解しておくこと。

解 説

(1) 糖類や腐葉土などの有機物は，凝結を遅延させることが知られている。よって，記述は適当。

(2) コンクリートの練上がり温度が高くなると，凝結は早くなる。よって，記述は不適当。

(3) 早強ポルトランドセメントは構成成分の中で水和反応が比較的早い C_3S 量が多いセメントであり，普通ポルトランドセメントより凝結時間は早くなる。よって，記述は不適当。

(4) 同じセメントを使用した場合，スランプが小さいほど，水セメント比が小さいほど凝結時間は早くなる。よって，記述は不適当。

[正解(1)]

―〔② /01〕―

コンクリートの空気量に関する次の一般的な記述のうち，**不適当なものはどれか**。

(1) 比表面積の大きいセメントを使用すると，同じ空気量を得るための AE 剤量が少なくなる。

(2) 細骨材率が大きくなると，練混ぜ直後の空気量は増大する。

(3) コンクリートの温度が低いと，練混ぜ直後の空気量は増大する。

(4) 空気量が同じとき，径の小さい空気泡の割合が大きいと，気泡間隔係数は小さくなる。

―――――――――――――――――――――――――――― R.04 問題　15 ―

ポイント　コンクリートの空気連行性に影響を及ぼす要因とその特性を理解しておくこと。

解説

(1) 比表面積の大きなセメントを使用すると，セメント表面に吸着する AE 剤量が多くなり空気連行性が低下するため，同じ空気量を得るための AE 剤量は多くなる。よって，記述は不適当。

(2) 細骨材率を大きくすると，連行される空気量は増大する。よって，記述は適当。

(3) コンクリート温度が低いと，空気量は増大する。よって，記述は適当。

(4) 空気量が同じで径の小さな空気泡の割合が多いと，気泡の数が多くなり隣接する気泡間の距離が短くなるため，気泡間隔係数は小さくなる。よって，記述は適当。

[正解(1)]

〔②/01〕

コンクリートのスランプに関する次の一般的な記述のうち，**適当なものはどれか。**

(1) 単位水量が大きくなると，スランプは小さくなる。

(2) コンクリートの温度が低いと，時間の経過に伴うスランプの低下量は大きくなる。

(3) 普通骨材の代わりに人工軽量骨材を使用しコンクリートの単位容積質量が小さくなると，スランプは大きくなる。

(4) 空気量が増加すると，スランプは大きくなる。

R.03 問題 10

ポイント 使用材料，配合，環境温度などがスランプに及ぼす影響を理解しておくこと。

解説

(1) 練混ぜ水は，唯一，コンクリートに使用する材料の中で流動性を有する材料なので，単位水量が大きくなればスランプは大きくなる。よって，記述は不適当。

(2) コンクリートの温度が低いと，セメントの水和反応が遅延する傾向にあり，経時に伴うスランプの低下量は小さくなる。よって，記述は不適当。

(3) 人工軽量骨材を使用した軽量コンクリートでは単位容積質量が小さくなると，スランプ試験においてコンクリートに作用する自重が軽くなるため，普通骨材を使用した場合と比較してスランプは小さくなる。よって，記述は不適当。

(4) 連行空気泡は，コンクリートの変形に抵抗せずに，ボールベアリングのような作用をするため，空気量が増加するとスランプは大きくなる。よって，記述は適当。

［正解(4)］

― 〔② /01〕 ―

コンクリートの凝結に関する次の一般的な記述のうち，**不適当なものはどれか。**
(1) 凝結が遅くなると，ブリーディング量は小さくなる傾向にある。
(2) コンクリート温度が低くなると，凝結は遅くなる傾向にある。
(3) 遅延形の混和剤を用いて凝結を遅らせることは，コールドジョイントを防止するために有効である。
(4) コンクリートの凝結時間は，コンクリートを 5 mm の網ふるいでふるって粗骨材を除去したモルタルを用いて，貫入抵抗試験によって求められる。

―――――――――――――――――――――――――――――――― R.03 問題　11 ―

ポイント　凝結時間に影響を及ぼす諸因子および凝結時間の変動がコンクリートの特性に及ぼす影響について理解しておくこと。

解　説
(1) 凝結が遅延するとブリーディングを発生できる期間が長くなるので，ブリーディング量は大きくなる。よって，記述は不適当。
(2) コンクリート温度が低くなると，セメントの水和反応が遅延するため，凝結は遅くなる。よって，記述は適当。
(3) コールドジョイントとはすでに打込まれたコンクリートの凝結が進んだ後に，その上に新しいコンクリートを打込んだ時に生じる一体性のない継目であるため，遅延型の混和剤を用いて凝結を遅らせることは，コールドジョイントの防止に有効である。よって，記述は適当。
(4) JIS A 1147-2019 (コンクリートの凝結時間測定方法) に，凝結時間はコンクリート試料を 5 mm の網ふるいでふるったモルタルを試料として貫入抵抗試験装置により貫入試験を行い測定することが記載されている。よって，記述は適当。

[正解(1)]

〔②/01〕

　フレッシュコンクリートのブリーディング量に関する次の一般的な記述のうち，**不適当なものはどれか。**

(1) セメントの比表面積が大きくなると，ブリーディング量は多くなる。

(2) エントレインドエアが多くなると，ブリーディング量は少なくなる。

(3) 細骨材の粗粒率が大きくなると，ブリーディング量は多くなる。

(4) コンクリートの凝結時間が長くなると，ブリーディング量は多くなる。

R.02 問題　10

ポイント　ブリーディングの発生に影響を及ぼす諸因子について理解しておくこと。

解　説

　ブリーディングは，打込み後のコンクリートで，比重の大きいセメント粒子や骨材が沈降し，比重の小さい水は微細な粒子を伴い上昇する現象のことである。

(1) セメントの粉末度が大きいほど，すなわち比表面積が大きいほどブリーディング量は少なくなる。よって，記述は不適当。

(2) AE 剤によりエントレインドエアを導入することは，ブリーディング量を低減するのに効果的である。よって，記述は適当。

(3) 細骨材の粒度が粗いほど，すなわち粗粒率が大きいほどブリーディング量は増加する。よって，記述は適当。

(4) 凝結時間が長くなるほど，ブリーディング量は増大する。よって，記述は適当。

[正解(1)]

―〔② /01〕――――――――――――――――――――――――――――

　一般のコンクリートの材料分離に関する次の一般的な記述のうち，**不適当なも
のはどれか。**

　(1) 粗骨材の最大寸法が小さいほど，分離しやすい。

　(2) 細骨材の粗粒率が大きいほど，分離しやすい。

　(3) 単位セメント量が少ないほど，分離しやすい。

　(4) スランプが大きいほど，分離しやすい。

――――――――――――――――――――――――――　R.01 問題　10 ―

ポイント　フレッシュコンクリートの材料分離について理解しておくこと。

解 説

(1) 骨材径が大きいほど，骨材を分離させようとする重力がより強く作用するため，材
　料分離が生じやすくなる。逆に粗骨材の最大寸法が小さくなると分離はしにくくなる。
　よって，記述は不適当。

(2) 細骨材の粗粒率が大きいほど，細骨材中の細粒分の量が少なくなるため，材料分離
　が生じやすくなる。よって，記述は適当。

(3) 同一単位水量において単位セメント量が少なくなると，水セメント比が大きくなり
　材料分離が生じやすくなる。よって，記述は適当。

(4) 単位水量が多くスランプの大きいコンクリートは分離しやすい。よって，記述は適
　当。

[正解(1)]

─〔② /01〕─────────────────────

　AE 剤を用いたコンクリートに関する次の一般的な記述のうち，**不適当なものはどれか。**

(1) エントレインドエアが多いと，ワーカビリティーは改善する。

(2) エントレインドエアが多いと，ブリーディング量は減少する。

(3) エントレインドエアが少ないと，気泡間隔係数は小さくなる。

(4) エントレインドエアが少ないと，耐凍害性は低下する。

────────────────── R.01 問題　11 ─

ポイント　AE 剤などにより連行されるエントレインドエアがコンクリートに及ぼす作用について理解すること。

解　説

　エントレインドエアは，AE 剤などの空気連行性を有するコンクリート用化学混和剤によって導入される，気泡径が 100 ～ 300 μm 程度の独立した微小な空気泡である。

(1) エントレインドエアが増加すると，微細連行空気泡によるボールベアリングのような効果によってコンクリートのワーカビリティーは改善する。よって，記述は適当。

(2) エントレインドエアが増加すると，単位水量が減じられる効果とともに空気泡の浮力により骨材の沈降が抑制されることにより，ブリーディング量は減少する。よって，記述は適当。

(3) エントレインドエアが減少すると，硬化体中に分布する気泡数が少なくなり，気泡間の距離は長くなる傾向になるため，気泡間隔係数は大きくなる。よって記述は不適当。

(4) エントレインドエアが減少すると，コンクリート内部の水が凍結したときに発生する膨張圧を緩和する効果が小さくなるため，耐凍害性が低下する。よって，記述は適当。

[正解(3)]

　問題 41 〜 60（平成 30 年以降は問題 37 〜 54）は，「正しい，あるいは適当な」記述であるか，または「誤っている，あるいは不適当な」記述であるかを判断する〇×問題である。

　「正しい，あるいは適当な」記述は解答用紙の◎欄を，「誤っている，あるいは不適当な」記述は⊗欄を黒く塗りつぶしなさい。

〔② /01〕

　粗骨材を実積率の小さいものに変えると，同等のワーカビリティーを確保するための細骨材率は小さくなる。

— R.01 問題　42 —

ポイントと解説　単位粗骨材かさ容積を一定として，同一水セメント比で同等のワーカビリティーにおいてコンクリートの調合設計をした場合，粗骨材の実積率が小さくなると，実際の粗骨材容積が減少し細骨材容積が増加するため，細骨材率は大きくなる。よって，記述は誤り。

[正解(×)]

〔② /01〕

　コンクリートの凝結時間は，網ふるいでふるって粗骨材を除去したモルタルを用いた貫入抵抗試験により求める。

— R.01 問題　43 —

ポイントと解説　コンクリートの凝結時間試験方法は JIS A 1147-2019（コンクリートの凝結時間試験方法）によって規定されており，その中で凝結試験に供する試料はコンクリート試料を公称目開き 4.75 mm の網ふるいでふるったモルタル分とすると規定されている。よって記述は適当。

[正解(〇)]

コンクリート用材料　コンクリートの性質　コンクリートの耐久性　配（調）合設計　製造・品質管理／検査　施工　コンクリート製品　コンクリート構造の設計

─〔② /02〕────────────────────────────

　コンクリートの弾性係数に関する次の一般的な記述のうち，**不適当なものはどれ**

か。

　(1) 静弾性係数は，コンクリートの単位容積質量が小さいほど小さくなる。

　(2) 静弾性係数は，圧縮強度試験における最大荷重時の応力を，最大荷重時のひ
　　　ずみで除して求める。

　(3) 静弾性係数は，コンクリートが最も大きく，次に大きいのがモルタルであり，
　　　セメントペーストが最も小さい。

　(4) 動弾性係数は，静弾性係数より大きい。

──────────────────────────── R.05 問題　16 ─

ポイント　弾性係数には動弾性係数と静弾性係数の２種類があり，コンクリートにおけ
る動弾性係数の測定方法は JIS A 1127（共鳴振動によるコンクリートの動弾性係数，
動せん断弾性係数及び動ポアソン比試験方法），静弾性係数の測定方法は JIS A 1149
（コンクリートの静弾性係数試験方法）で定められている。

解　説

(1) コンクリートの静弾性係数（$E_{1/3}$：ヤング係数）と圧縮強度（F_c）および単位容積
　　質量（ρ：気乾単位容積質量）の関係は，一般的な強度の範囲ではおよそ**図1**に示
　　すようなもので，圧縮強度が同じ場合でも単位容積質量が小さいほど小さくなる。
　　よって，記述は適当。

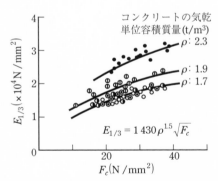

図1　ヤング係数（割線弾性係数）と圧縮強度との関係[1]

1)　奥島，小坂：材料，15-157，1966

(2) コンクリートの静弾性係数は JIS A 1149 において，"供試体の応力－ひずみ曲線に
　　おいて，最大荷重の 1/3 に相当する応力点と供試体の縦ひずみ 50×10^{-6} のときの
　　応力点とを結ぶ線分の勾配として与えられる割線静弾性係数"，と定められている。
　　よって，記述は不適当。

(3)　一般的に，骨材の弾性係数（静弾性係数）はセメントペーストの弾性係数よりも大きいため，骨材（細骨材）とセメントペーストとの複合体であるモルタルの弾性係数はセメントペーストよりも大きくなる。さらにモルタルに粗骨材を加えたコンクリートの弾性係数はモルタルよりも大きくなる。以上から弾性係数の大小関係は，コンクリート ＞ モルタル ＞ セメントペーストとなる。よって，記述は適当。

(4)　コンクリートの動弾性係数は，コンクリートを弾性体と仮定し，その縦共振振動数や伝搬速度を測定して理論的に求めた弾性係数である。一方，静弾性係数は，圧縮強度試験から得られた応力度をひずみ度で除して求めた弾性係数である。

　　JIS A 1149 では，最大荷重の 1/3 に相当する応力点と供試体の縦ひずみ 50×10^{-6} の応力点を結ぶ線分の勾配，と規定している。動弾性係数と静弾性係数を比較した場合，動弾性係数は静弾性係数よりも一般に 10 ～ 40 ％程度大きい値を示す。よって，記述は適当。

[正解(2)]

─〔② /02〕────────────────────────

コンクリートの力学的性質に関する次の一般的な記述のうち，**不適当なものはどれか。**

(1) 圧縮強度が高いほど，鉄筋との付着強度は高くなる。

(2) 圧縮強度が高いほど，弾性係数は大きくなる。

(3) 引張強度は，圧縮強度の 1/10 ～ 1/13 程度である。

(4) 曲げ強度は，圧縮強度の 1/2 ～ 1/3 程度である。

─────────────────────── R.05 問題 17 ─

ポイント コンクリートの力学特性として，圧縮強度と曲げ強度，引張強度，支圧強度，せん断強度などとの比較や影響を出題する傾向がある。例年類似の試験問題が出題されているので，圧縮強度とその他の強度特性との関係を確認しておくことが重要である。

解 説

(1) コンクリートと鉄筋の付着強度は，**図1** に示すようにコンクリートの圧縮強度に比例して高くなる。よって，記述は適当。なお，配筋方向や鉄筋の種類（表面状態）によっても大きく異なる。

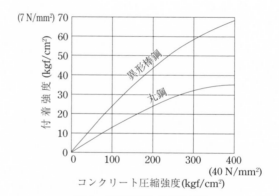

図1 圧縮強度と付着強度[1]

1) 日本コンクリート工学協会：コンクリート技術の要点 '07，p.62，2007

(2) コンクリートの弾性係数（静弾性係数）と圧縮強度の関係は，一般的な強度の範囲ではおよそ**図2**に示すようなものである。気乾単位容積質量によっても異なるが，その比率は圧縮強度が大きくなると小さくなる。また，高強度・超高強度コンクリートの範囲では，**図2**に示すよりもその比率が小さくなる。よって，記述は適当。

　なお，コンクリートの静弾性係数は JIS A 1149（コンクリートの静弾性係数試験方法）において，"供試体の応力－ひずみ曲線において，最大荷重の 1/3 に相当する応

力点と供試体の縦ひずみ 50×10^{-6} のときの応力点とを結ぶ線分の勾配として与えられる割線静弾性係数"，と定められている。

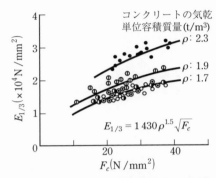

図2　割線弾性係数と圧縮強度との関係[2]
2)　奥島，小坂：材料，15-157，1966

(3) 引張強度は，一般に圧縮強度の 1/10 ～ 1/13 で，**図3**に示すようにその比率は圧縮強度の増加とともに緩やかに低下する。よって，記述は適当。

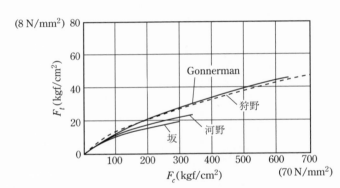

図3　圧縮強度 F_c と引張強度 F_t との関係[3]
3)　近藤・坂：コンクリート工学ハンドブック，朝倉書店，1965

(4) コンクリートの曲げ強度は，一般に圧縮強度の 1/5 ～ 1/8 程度である。よって，記述は不適当。

なお，**図4**に示すようにその比率は圧縮強度の増加にともなって緩やかに低下する。また，試験時の載荷力方法によって強度が異なり，中央集中載荷方式による強度の方が，3等分点載荷方式による強度よりも大きな値となる。

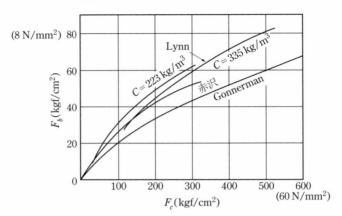

図4 曲げ強度 F_b と圧縮強度 F_c との関係 [4]

4) 近道・坂コンクリート工学ハンドブック, 朝倉書店, 1965

［正解(4)］

〔② /02〕

鉄筋コンクリートのひび割れに関する次の一般的な記述のうち，**適当なものはど
れか。**

(1) 乾燥収縮によるひび割れは，拘束が大きいと生じにくくなる。

(2) 温度ひび割れでは，鉄筋量が少ないほどひび割れ幅が小さくなる。

(3) 鉄筋の腐食によって生じるひび割れは，鉄筋の軸方向と直角に生じる。

(4) 支持点間に等分布荷重が作用する単純支持された梁の曲げひび割れは，スパ
ン中央部に生じやすい。

R.05 問題　18

ポイント　最近のひび割れに関する問題については，コンクリートの化学・力学特性に
かかわるものが多いが，過去には構造にかかわる出題も多かった。柱，梁への荷重状
態とそれによってせん断力や曲げモーメントがどのように発生するのか，一度確認し
ておくとよい。

解　説

(1) 乾燥収縮によるひび割れは，乾燥収縮が周囲の拘束によって妨げられることで発生
する現象である。拘束力が大きい箇所で発生しやすく，たとえば扉，窓などの開口隅
角部では周辺部よりも鉄筋量が多く拘束力が大きくなるためひび割れが発生しやすい。
よって，記述は不適当。

(2) 温度ひび割れの発生する要因は，内部拘束と外部拘束である。ひび割れの発生を少
なくする対策としては，内部拘束の場合はコンクリート表面と内部の温度差を小さく
すること，外部拘束の場合はコンクリート部材全体の温度降下勾配を小さくすること
が重要である。いずれの場合も鉄筋量とは異なる。よって，記述は不適当。

(3) 鉄筋が腐食し，錆が発生して鉄筋の体積が膨脹することによって発生するひび割れ
は鉄筋に沿って生じやすい。よって，記述は不適当。

(4) 梁の曲げひび割れは曲げモーメントが大きい箇所で発生する。**図 1** に示すように単
純支持された梁において，その支持点間（A 点，B 点）に全荷重（W）を等分布で作
用させた場合，曲げモーメント（M）はスパン中央部（支持点中央部）で最も大きく
なる。なお，図中の Q はせん断力，M は曲げモーメントである。よって，記述は適当。

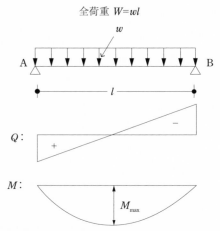

全荷重 $W=wl$

w

A B

l

Q：

$+$

$-$

M：

M_{max}

図1　梁に荷重を作用させた場合のせん断力と曲げモーメントの様子

〔② /02〕

　コンクリートの体積変化に関する次の一般的な記述のうち，**不適当なものはどれ**か。

　(1) 乾燥収縮は，部材の断面寸法が大きいほど小さくなる。

　(2) 自己収縮は，水セメント比が小さいほど大きくなる。

　(3) 温度変化によるひずみは，鋼材の温度変化によるひずみの 1/10 程度である。

　(4) クリープひずみは，持続荷重が大きいほど大きくなる。

―――――――――――――――――――――――― R.05 問題　19 ――

ポイント　鉄筋コンクリートは，コンクリートと鉄筋の温度によるひずみ量がほぼ等しいことを利用している。

解　説

(1) 直方体で形成されることが多い一般的な建設部材では，体積が同一の場合，部材の断面寸法が大きいほど表面積は小さくなる。外気に接する表面積が小さくなると乾燥量も小さくなるので，乾燥収縮も小さくなる。よって，記述は適当。

(2) 自己収縮とは，セメントの水和反応により凝結始発以降に発生する，巨視的な体積減少の現象をいう。自己収縮におよぼす調（配）合の要因としては，結合材量（単位セメント量を含む），水結合材比（水セメント比を含む），化学混和剤の種類や添加率などがあげられる。高流動コンクリートや高強度コンクリートなどの単位セメント量や結合材量が多く，水結合材比（水セメント比）が小さいコンクリートでは自己収縮が大きくなる。よって，記述は適当。

(3) 温度変化によるひずみの割合は，一般に熱膨張係数で表すことが多い。普通の強度のコンクリートの熱膨張係数は常温で $7 \sim 13 \times 10^{-6}$/℃で，鋼材の約 11×10^{-6}/℃とほぼ等しい。よって，記述は不適当。なお，コンクリートの熱特性値は，水セメント比や材齢などには影響を受けず，主に骨材の特性や量によって変化する。

(4) クリープに影響をおよぼす要因の一つに持続荷重の大きさがある。持続荷重が大きくなるとクリープひずみが大きくなる。よって，記述は適当。また，持続荷重中の湿度や部材断面寸法が小さい場合，セメントペースト量や水セメント比が大きい場合に，クリープひずみは大きくなる。

[正解(3)]

――〔② /02〕――――――――――――――――――――――――

　コンクリートの圧縮強度の試験結果が，平均値 33.0 N/mm²，標準偏差 3.0 N/mm² の正規分布を示した。このとき圧縮強度に関する次の記述のうち，**不適当なものはどれか。**

(1) 試験結果の変動係数は，9.1 % である。

(2) 1 回の試験結果が 24.0 N/mm² を下回る確率は，ほぼ 3 % である。

(3) 1 回の試験結果が 28.1 N/mm² を下回る確率は，ほぼ 5 % である。

(4) 10 回の試験結果の平均値が 33.0 N/mm² を下回る確率は，ほぼ 50 % である。

――――――――――――――――――――――――――― R.04 問題　11 ―

ポイント　コンクリートの品質管理を行う上で必要な統計に関する出題である。母集団が正規分布を示す場合 (**図 1** を参照) において，その集合の中のある値が平均値 (μ) ± 標準偏差 (σ) の範囲に入る確率は約 68.3 %，$\mu \pm 2\sigma$ の範囲に入る確率は約 95.4 %，$\mu \pm 3\sigma$ の範囲に入る確率は約 99.7 % である。また，変動係数は標準偏差を平均値で割って求める。

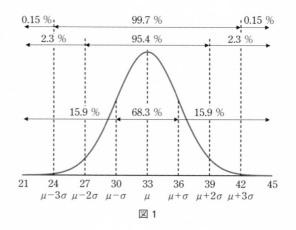

図 1

解　説

(1) 変動係数は下記の式 1 によって算出される。よって，記述は適当。

　　　変動係数 ＝ 標準偏差 ÷ 平均値 × 100(%)

　　　　　　　＝ 3.0(N／mm²) ÷ 33.0(N／mm²) × 100(%)

　　　　　　　≒ 9.1(%)

(2) 24.0 N／mm² は，平均値 (μ：33.0 N／mm²) － 3 × 標準偏差 (σ：3.0 N／mm²) に相当する。対象となる集合が正規分布を示す場合，平均値 ± 3 × 標準偏差の範囲にある確率は**図 1** に示すように約 99.7 % となるため，24.0 N／mm² を下回る確率は約

0.15 ％となる。よって，記述は不適当。

(3) 28.1 N／mm^2 は，平均値 μ：33.0 N／mm^2) − 1.63× 標準偏差（σ：3.0 N／mm^2) に相当する。対象となる集合が正規分布を示す場合，平均値 ±1.63× 標準偏差の範囲にある確率は約 89.7 ％となるため，28.1 N／mm^2 を下回る確率は約 5.2 ％（≒(100 − 89.7) ÷ 2) となる。よって，記述は適当。

(4) 出題では，この母集団（コンクリートの圧縮強度試験結果）は平均値 33.0 N／mm^2，標準偏差 3.0 N/mm^2 の正規分布を示すものとされている。この 10 回の試験結果からなる標本の統計量（平均値，標準偏差，確率分布など）も母集団と同じと考えると，標本の平均値である 33.0 N／mm^2 を下回る確率もほぼ 50 ％と考えることができる。よって，記述は適当。

コンクリート用材料

コンクリートの性質

コンクリートの耐久性

配（調）合設計

製造・品質管理／検査

施　工

コンクリート製品

コンクリート構造の設計

[正解(2)]

―〔② /02〕―――――――――――――――――

　コンクリートの力学的性質に関する次の一般的な記述のうち，**不適当なものはど
れか。**
 (1) 圧縮強度への骨材の強度の影響は，コンクリートの強度が高いほど小さくな
　　る。
 (2) 疲労強度は，静的破壊強度より低い。
 (3) 動弾性係数は，供試体に縦振動を与え，その一次共鳴振動数を測定すること
　　で求められる。
 (4) クリープひずみは，単位粗骨材量が大きいほど小さくなる。

――――――――――――――――――― R.04 問題　16 ―

ポイント　人工軽量骨材や軽石などの低強度骨材を使用したコンクリートは，圧縮強度
が大きく低下するだけでなく，水比セメントを小さく (＝セメント水比を大きく) し
ても圧縮強度の増加が小さい。コンクリートの200万回疲労強度は，静的破壊強度
(≒圧縮強度) の 55 〜 65 ％程度といわれている。弾性係数には動弾性係数と静弾性係
数の2種類があり，その測定方法として，動弾性係数は JIS A 1127 (共鳴振動による
コンクリートの動弾性係数，動せん断弾性係数及び動ポアソン比試験方法)，静弾性係
数は JIS A 1149 (コンクリートの静弾性係数試験方法) が定められている。コンク
リートのクリープに影響を及ぼす要因としては，水セメント比，載荷時の材齢，載荷
応力，養生方法，骨材の比重や容積などがあり，これらの要因とその影響を理解して
おくことが重要である。

解　説

(1) **図 1** に示すように，一般的に使用される砂利などの骨材を使用したコンクリートの
　場合は，セメント水比の増加 (水セメント比の減少) にほぼ比例して圧縮強度が高く
　なる。一方，人工軽量骨材や火山礫などの比較的軟質の骨材を使用したコンクリート
　の場合，圧縮強度が比較的小さい範囲では，セメント水比の増加に比例して圧縮強度
　も増大するが，一定程度まで増大すると，それ以上セメント水比を大きくしても圧縮
　強度の増大は小さくなる。よって，記述は不適当。

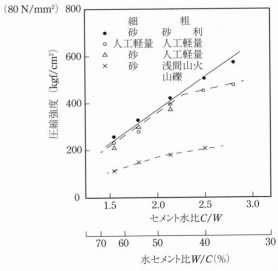

（80 N/mm²）

図1　圧縮強度と水セメント比 (セメント水比) との関係 [1]

1)　村田二郎：人工軽量骨材コンクリート，セメント協会，1967

(2) 最大圧縮応力 (≒圧縮強度) よりも低い応力であっても，その応力載荷が繰り返し行われることで破壊に至る場合がある。この現象を疲労または疲労破壊と呼ぶ。繰返し応力の大きさ (上限応力という) と破壊するまでの繰返し回数 (疲労寿命という) とは，およそ直線関係にあり，これを S-N 線図 (**図2**) と呼ぶ。ある繰返し回数 (○○回) に耐えられる応力を○○回疲労強度と呼び，一般的な強度のコンクリートの場合，200 万回疲労強度は静的な破壊強度 (≒圧縮強度) の 55 ～ 65 ％程度といわれている。よって，記述は適当。

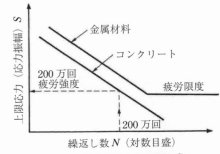

図2　疲労限界と疲労強度 [2]

2)　日本コンクリート工学協会：コンクリート技術の要点 '07，p.63，2007

(3) コンクリートの動弾性係数は，コンクリートを弾性体と仮定し，その縦共振振動数や伝搬速度を測定して理論的に求めた弾性係数である。一方，静弾性係数は，圧縮強度試験から得られた応力度をひずみ度で除して求めた弾性係数である。よって，記述は適当。

(4) コンクリートは骨材 (細骨材および粗骨材) とセメントペーストによって構成されている。セメントペーストと比較して骨材はクリープが小さいため，骨材の量 (たとえば単位粗骨材量) が多くなるほどコンクリートのクリープは小さくなる。よって，記述は適当。

[正解(1)]

〔② /02〕

コンクリートの力学的性質に関する次の一般的な記述のうち，**不適当なものはどれか。**

(1) 圧縮強度が高いほど，ヤング係数は大きくなる。

(2) 圧縮強度が高いほど，クリープ係数は大きくなる。

(3) 圧縮強度が高いほど，曲げ強度は高くなる。

(4) 圧縮強度が高いほど，鉄筋との付着強度は高くなる。

R.04 問題 17

ポイント 圧縮強度と他の強度特性との比較や影響を問う出題は多い。圧縮強度とヤング係数 (弾性係数)，クリープ係数，曲げ強度，付着強度などとの関係を整理，確認しておくことが重要である。

解説

(1) コンクリートのヤング係数 (静弾性係数) と圧縮強度の関係は，一般的な強度の範囲ではおよそ**図1**に示すようなものである。気乾単位容積質量によっても異なるが，その比率は圧縮強度が大きくなると小さくなる。また，高強度・超高強度コンクリートの範囲では，図1に示すよりもその比率が小さくなる。よって，記述は適当。

なお，コンクリートの静弾性係数は JIS A 1149 (コンクリートの静弾性係数試験方法) において，"供試体の応力−ひずみ曲線において，最大荷重の 1/3 に相当する応力点と供試体の縦ひずみ $50×10^{-6}$ のときの応力点とを結ぶ線分の勾配として与えられる割線静弾性係数"，と定められている。

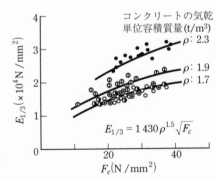

$$E_{1/3} = 1\,430\,\rho^{1.5}\sqrt{F_c}$$

図1 ヤング係数 (割線弾性係数) と圧縮強度との関係[1]

1) 奥島，小坂：材料，15-157，1966

(2) コンクリートのクリープに影響を及ぼす要因としては，調・配合，材齢，載加応力，養生方法，材料特性などがある。一般に圧縮強度が大きくなる (調・配合が富になる) ほど，クリープ係数は小さくなる。よって，記述は不適当。

(3) 普通コンクリートの範囲において，コンクリートの曲げ強度は圧縮強度の1/5 〜 1/8 程度である。またその割合は，圧縮強度が高くなってもほとんど変らない。よって，記述は適当。

(4) コンクリートと鉄筋の付着強度は，p.84 図 1 に示すように圧縮強度の圧縮強度に比例して高くなる。よって，記述は適当。なお，配筋方向や鉄筋の種類 (表面状態) によっても大きく異なる。

[正解(2)]

〔② /02〕

コンクリートの乾燥収縮に関する次の一般的な記述のうち，**適当なものはどれか。**

(1) 乾燥収縮とは，凝結の始発以後にセメントの水和により生じる体積減少をいう。

(2) 骨材量が多いほど，乾燥収縮は小さくなる。

(3) コンクリート部材の断面寸法が大きいほど，乾燥収縮は大きくなる。

(4) 水セメント比が同一であれば単位水量が大きいほど，乾燥収縮は小さくなる。

R.04 問題 19

ポイント コンクリートの体積減少には，乾燥収縮と自己収縮の2種類がある。乾燥収縮に影響を及ぼす要因としてもっとも大きいのが単位水量だが，その他にセメント量，骨材品質，空気量，養生方法，部材寸法などがある。これらの影響要因とその関連性を整理，確認しておくとともに，自己収縮との違いも確認しておくことが重要である。

解 説

(1) コンクリートの体積減少には，主に乾燥収縮と自己収縮の2種類がある。乾燥収縮は，乾燥によって硬化体の毛細管空隙中の水分が減少・失われることで発生する毛細管張力(メニスカス)が原因で，主としてセメントペースト部分の収縮によって生じる。一方，自己収縮は，セメントの水和により凝結始発以後に巨視的に生じる体積減少をいう。よって，記述は不適当。

(2) コンクリートは骨材とセメントペーストで構成されている。骨材量が多くなると，相対的に単位セメント量および単位水量が少なくなり，コンクリートの乾燥収縮に影響を及ぼす要因の影響が減少する。よって，記述は適当。

(3) 直方体で形成されることが多い一般的な建設部材では，体積が同一の場合，部材の断面寸法が大きいほど表面積は小さくなる。外気に接する表面積が小さくなると乾燥量も小さくなるので，乾燥収縮も小さくなる。よって，記述は不適当。

(4) コンクリートはセメントペースト(セメント＋水)と骨材で構成されている。水セメント比が同じで単位水量が大きいほど，乾燥収縮への影響が大きいセメントペースト量が大きくなるが，乾燥収縮への影響が小さい骨材量は小さくなる。この結果，相対的に乾燥収縮は大きくなる。よって，記述は不適当。

[正解(2)]

〔②/02〕

コンクリートの水密性および耐火性に関する次の一般的な記述のうち，**不適当な
ものはどれか。**

(1) 粗骨材の最大寸法が大きいほど，ブリーディングによる骨材下面の水膜が大
きくなり，透水係数が増大する。

(2) AE 剤により導入される空気は，通常の空気量の範囲内であれば，水密性に
影響を及ぼさない。

(3) 火災時の急激な加熱による爆裂現象は，コンクリートの組織が緻密なほど起
こりにくい。

(4) 火災を受けたコンクリートでは，圧縮強度よりもヤング係数の方が，低下が
著しい。

R.04 問題 22

ポイント　コンクリートの水密性は透水係数 (K_c) で表され，一般に水セメント比が小
さいほど，粗骨材の最大寸法が小さいほど，十分な締固めと湿潤養生を行った場合，
水密性の高い (透水係数が小さい) コンクリートとなる。また，火災等によるコンク
リートの爆裂は，コンクリート組織が緻密なほど，含水率が高いほど，加熱が急なほ
ど発生する可能性が高くなる。また加熱による低下の度合いは圧縮強度よりも弾性係
数の方が大きい。

解 説

(1) コンクリートの水密性に影響を及ぼす要因としては，施工による要因とコンクリー
トの物性による要因の 2 種類がある。施工による要因としては，材料分離やひび割れ
など施工欠陥によるものがある。その他に使用材料の種類，水セメント比，粗骨材の
最大寸法，養生方法などがある。水密性を評価する指標としては次の透水係数 (K_c)
があり，この数値が大きくなると水密性が低下する。

$$Q = K_c \times A \times \frac{\Delta H}{L}$$

ここに，Q：流量 (cm^3/s)，K_c：透水係数 (cm/s)，
　　　　A：流れの断面積 (cm^2)，ΔH：流入，流出の水頭差 (cm)，
　　　　L：供試体の流れ方向の長さ (cm)

　図 1 は水セメント比と透水係数との関係を骨材最大寸法別に示したもので，一般
に粗骨材の最大寸法が大きくなると骨材下面の水隙が大きくなり (水の通り道が大き
くなり)，同一の水セメント比のコンクリートでも透水係数が大きくなり水密性が低
下する。よって，記述は適当。

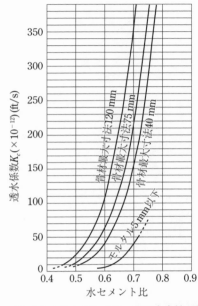

図1　水セメント比とコンクリートの水密性の関係 [1]
1)　Bureau of Reclamation：Concrete Manual 8th ed.，1977

(2) AE剤は，エントレインドエアと呼ばれる微小な独立した気泡をコンクリート中に一様に分布させるために使用する化学混和剤である。エントレインドエアはボールベアリングのような作用によってコンクリートをワーカブルで材料分離を少なくし，ブリーディングや沈降による水密性の向上に効果がある。また，適当量存在する事で，自由水の凍結による膨張圧の緩和や移動を助け，凍結融解に対する抵抗性を高める効果がある。

　なお，空気量が1％増加すると単位水量が約2～4％減少し，ワーカビリティーの向上とそれに伴う水密性の向上が期待できるが，逆に強度は5％程度低下する。**図2**に示すように，空気量が一般的な範囲 (たとえば JIS A 5308 (レディーミクストコンクリート) の場合，4.5±1.5％) であれば，単位水量低減によるワーカビリティーの向上と強度低下が相殺され，耐久性の向上に役立つが，これを超えると強度低下による影響の方が大きくなり，耐久性が低下する。よって，記述は適当。

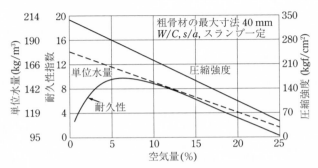

図2　コンクリートの空気量と単位水量，圧縮強度および耐久性指数の関係 [2]

　2)　岡田・六車：コンクリート工学ハンドブック，朝倉書店

(3) コンクリートが急激に加熱されると，ペースト中の水分が気化し，その膨張圧の急激な増大により爆裂を起すことがある。この現象は，コンクリートの組織が緻密なほど，含水率が高いほど，加熱が急なほど発生する可能性が高くなる。よって，記述は不適当。

(4) 火災等によってコンクリートが高温にさらされると，骨材とセメントペーストとの熱膨張の差による組織のゆるみ，セメントペースト中の結合水の脱水，水酸化カルシウムなどの水和物の分解，骨材の変質などによって圧縮強度や弾性係数が低下する。なお，**図3**に示すように，加熱による低下の度合いは，圧縮強度よりも弾性係数の方が大きい。よって，記述は適当。

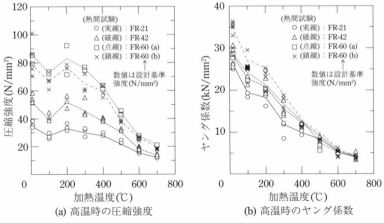

(a) 高温時の圧縮強度　　　　　　(b) 高温時のヤング係数

図3　加熱温度と圧縮強度・ヤング係数の関係 [3]

3)　安部・古村・戸祭・黒羽・小久保：高温時における高強度コンクリートの力学的特性に関する基礎的研究，
日本建築学会構造系論文集，第515号，pp.163-168，1999.1

[正解(3)]

〔② /02〕

コンクリートの圧縮強度に関する次の一般的な記述のうち，**不適当なものはどれ**か。

(1) 供試体のキャッピング面の凹凸の強度の試験値に及ぼす影響は，凸の場合の方が大きい。

(2) 円柱供試体の直径が同じ場合，供試体の高さが低いほど，強度の試験値は大きくなる。

(3) 養生温度が高いほど，初期材齢における強度は小さくなるが，長期材齢における強度は大きくなる。

(4) 試験時の載荷速度を速くすると，遅い場合より強度の試験値は大きくなる。

R.03 問題　12

ポイント　コンクリートの強度発現は，材齢初期の養生条件によって大きく影響を受ける。通常型枠脱型までは，常温かつ湿潤状態で養生することが重要である。初期養生温度が高い場合，材齢 4 週までの圧縮強度は温度が高いほど大きくなるが，4 週以降の強度発現速度が低下するため，長期材齢では逆に強度が小さくなる。

解説

(1) コンクリートの圧縮強度試験に使用する供試体の作り方は JIS A 1132-2020(コンクリートの強度試験用供試体の作り方) に規定されており，供試体載荷面の平面度は直径の 0.05 ％以内とされている。圧縮強度に及ぼすキャッピング面の凹凸の影響は，凸の場合に大きく，平滑であった場合と比較して 30 ％程度低下する場合もある。よって，記述は適当。

(2) 圧縮強度試験を行った際のコンクリートの見掛けの圧縮強度は，使用する供試体の形状や寸法によって異なり，一般的に，**表 1** に示すような関係になることが知られている。たとえば，材齢 28 日の時，直径と高さが 6 インチ (約 15 cm) の円柱供試体 (直径に対する高さの比が 1.0) を使用した見掛けの圧縮強度と，直径が 6 インチで高さが 12 インチ (約 30 cm) の円柱供試体 (直径に対する高さの比は 2.0) を使用した見掛けの圧縮強度との比率はおよそ 1.12：1.0 となり，載荷面の直径に対する高さの比が小さくなると，見掛けの圧縮強度は大きくなる。よって，記述は適当。

表1　各供試体の強度比 [1]

材齢	円柱供試体(in)			立方体(in)		柱体 (in)	
	$\phi 6 \times 6$	$\phi 6 \times 12$	$\phi 8 \times 16$	6	8	6×12	8×16
7 日	0.67	0.51	0.48	0.72	0.66	0.48	0.48
28 日	1.12	1.00	0.95	1.16	1.15	0.93	0.92
3 月	1.47	1.49	1.27	1.55	1.42	1.27	1.27
1 年	1.95	1.70	1.78	1.90	1.74	1.68	1.60

1 inch = 2.5 cm
1)　H. F. Gonnerman：Proc. of ASTM, 1925

(3)　初期材齢の養生温度が 50 ℃ 程度までの範囲では，**図1**に示すように，養生温度が高くなるほど材齢 28 日程度までの圧縮強度は高くなる。しかし，材齢の初期に養生温度が高いと長期材齢では水和を妨げる要因となる水和物が生成され，**図2**に示すように，材齢経過に伴う強度増進が小さくなる。よって，記述は不適当。

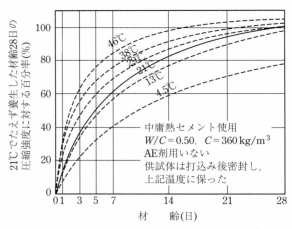

図1　養生温度と圧縮強度との関係 [1]
1)　Bureau of Reclamation : Report No. C-310, March, 1946

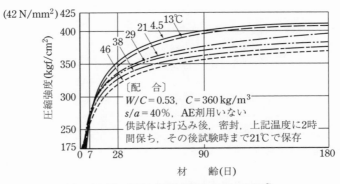

図2　初期の温度が圧縮強度に及ぼす影響 [2]

2)　Bureau of Reclamation : Report No. C-310, March, 1946

(4)　**図3**に示すように，コンクリート試験時に載荷速度を早くすると圧縮強度は大きい値を示す。そのため，JIS A 1108-2018(コンクリートの圧縮強度試験方法) では，荷重を加える速度を，毎秒 0.6 ± 0.4 N／mm^2 になるように規定している。よって，記述は適当。

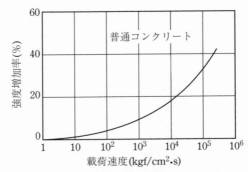

図3　載荷速度と強度増加率との関係 [3]

3)　日本コンクリート工学協会: コンクリート技術の要点 '07, p.59, 2007

［正解(3)］

〔②/02〕

コンクリートの変形性状に関する次の一般的な記述のうち，**適当なものはどれか。**
(1) 圧縮試験により求められる応力―ひずみ関係は，破壊時まで直線状となる。
(2) コンクリートの動弾性係数は，静弾性係数よりも 10 ～ 40 ％程度大きい。
(3) 鉄筋コンクリートの設計に用いられる弾性係数は，接線弾性係数である。
(4) コンクリートの圧縮時のポアソン比は，1/2 程度である。

R.03 問題 13

ポイント コンクリートの動弾性係数は，コンクリートを弾性体と仮定し，その縦共振振動数や伝搬速度を測定して理論的に求めた弾性係数である。一方，静弾性係数は，圧縮強度試験から得られた応力度をひずみ度で除して求めた弾性係数である。そのため，動弾性係数は静弾性係数よりも一般に 10 ～ 40 ％程度大きい値を示す。

解説

(1) コンクリートは骨材 (細骨材および粗骨材) とセメントペーストから構成される複合体で，完全な弾性体ではない。セメントペーストや骨材自体の強度よりも，これら相互の界面部分がもっとも脆弱で，外力を受けるとこの界面に微細なひび割れが発生し，図 1 の「イ」に示すように，応力 – ひずみ曲線は載荷のごく初期には直線的であるが，応力の増加とともにひび割れが発生し，曲線的な挙動を示す。よって，記述は不適当。

なお，**図 1** の「ア」は骨材に，「ウ」はモルタル，「エ」はセメントペーストの応力 – ひずみ曲線に相当する曲線である。

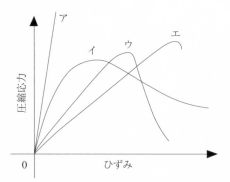

図 1 コンクリートや骨材の圧縮応力－ひずみ曲線 [1]
1) 平成 29 年度コンクリート技士試験問題より

(2) コンクリートの動弾性係数は，コンクリートを弾性体と仮定し，その縦共振振動数や伝搬速度を測定して理論的に求めた弾性係数である。一方，静弾性係数は，圧縮強度試験から得られた応力度をひずみ度で除して求めた弾性係数である。

　JIS A 1149-2017(コンクリートの静弾性係数試験方法)では，最大荷重の1/3に相当する応力点と供試体の縦ひずみ50×10⁻⁶の応力点を結ぶ線分の勾配，と規定している。動弾性係数と静弾性係数を比較した場合，動弾性係数は静弾性係数よりも一般に10〜40%程度大きい値を示す。よって，記述は適当。

(3)　静弾性係数とは応力度をひずみ度で除した値で表されるが，**図2**に示すように計算に使用する応力度とひずみ度の違いによって次の3種類が定義されている。なお，初期弾性係数は初期接線弾性係数と同意である。

・初期弾性係数 (E_i)：応力 0(N/mm²) 時における接線
・割線弾性係数 (E_c)：ある応力におけるひずみの点と，応力0時の点を結んだ接線
・接線弾性係数 (E_t)：ある応力時における接線

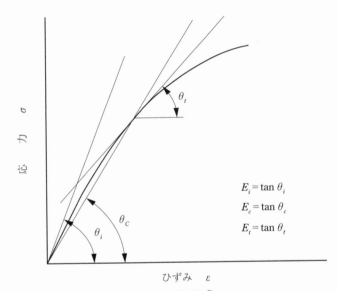

$$E_i = \tan \theta_i$$
$$E_c = \tan \theta_c$$
$$E_t = \tan \theta_t$$

図2　弾性係数 [2]

2)　日本コンクリート工学協会：コンクリート技術の要点 '07.p.63，2007

　JIS A 1149 では，3.1 項においてコンクリートの静弾性係数を以下のように定義し，7b) 項において式1によって算出し有効数字3桁に丸める，と規定されている。
　「3.1　静弾性係数　供試体の応力−ひずみ曲線において，最大荷重の1/3に相当する応力点と供試体の縦ひずみ50×10⁻⁶のときの応力点とを結ぶ線分の勾配として与えられる割線静弾性係数。」

$$E_c = \frac{S_1 - S_2}{\varepsilon_1 - \varepsilon_2} \times 10^{-3} \qquad\qquad 式1$$

ここに, E_c：各供試体の静弾性係数 (kN/mm²)

S_1：最大荷重の 1/3 に相当する応力 (N/mm²)

S_2：供試体の縦ひずみ $50×10^{-6}$ のときの応力 (N/mm²)

ε_1：S_1 の応力によって生じる供試体の縦ひずみ

ε_2：$50×10^{-6}$

よって，記述は不適当。

(4) ポアソン比はポアソン数 (m) の逆数で，普通の強度のコンクリートの場合は 1/5 ～ 1/7 程度である。

なお，ポアソン数 (m) は，縦方向ひずみ (ε_l) を横方向ひずみ (ε_t) で除した値である。コンクリートの場合，材齢や配 (調) 合材料，強度，応力状態などによって異なる。一般に，普通の強度のコンクリートでは 5 ～ 7，高強度コンクリートでは 3 ～ 5 程度である。

よって，記述は不適当。

［正解(2)］

コンクリート用材料

コンクリートの性質

コンクリートの耐久性

コンクリートの配(調)合設計

製造・品質管理／検査

施　工

コンクリート製品

コンクリート構造の設計

〔② /02〕

コンクリートの体積変化に関する次の一般的な記述のうち，**適当なものはどれか**。

(1) 単位水量を大きくすると，乾燥収縮によるひび割れは発生しにくくなる。

(2) 自己収縮は，高流動コンクリート，高強度コンクリートなどセメント量 (結合材量) が多いコンクリートでは小さくなる。

(3) 載荷時材齢が若いほど，クリープひずみは大きくなる。

(4) コンクリートの熱膨張係数を 10×10^{-6}/℃とすると，高さ 1 m のコンクリート角柱の温度が 20℃から 40℃に上昇した場合，その高さは 2 mm 程度高くなる。

R.03 問題　14

ポイント　クリープとは，持続荷重のもとで時間の経過とともにひずみが増大する現象で，コンクリートの配 (調) 合，材料品質，材齢 (載荷開始時期)，載荷応力・温度・湿度などによって影響を受ける。一般に，載荷開始時期が早いほど，クリープは大きくなる。

解　説

(1) コンクリートの乾燥収縮は，主にセメントペーストの収縮によって生じる現象であり，単位水量やセメント量による影響が大きいが，その他に骨材の品質，空気量，養生方法，部材の大きさなどが要因としてあげられる。このうち，もっとも影響が大きいのが単位水量であるが，その他の要因についてはそれぞれ以下のような特徴がある。

・単位水量が大きいほど，乾燥収縮は大きくなる。

・水セメント比が同一の場合，単位セメント量が多いほど，乾燥収縮は大きくなる。

・単位水量が同一の場合，単位セメント量が多いほど，乾燥収縮は大きくなる。

・粗骨材の弾性係数が大きいほど，最大寸法が大きいほど，乾燥収縮が小さくなる。

よって，記述は不適当。

(2) 自己収縮とは，セメントの水和反応により凝結始発以後に生じる巨視的な体積減少で，結合材の量や水結合材比，混和材の種類や置換量，添加量などによる影響が大きい。高強度コンクリートや高流動コンクリート，マスコンクリートなど結合材量が多く，水結合材比 ($\fallingdotseq$ 水セメント比) の小さいコンクリートでは自己収縮ひずみが大きくなる。よって，記述は不適当。

(3) クリープとは，コンクリートなどに荷重が持続的に作用した場合に時間の経過とともにひずみが増大する現象をいう。荷重と時間との関係は**図1**に示すように，弾性ひずみ (ε_0) とクリープひずみ (ε_c) に大別される。なお，コンクリートのクリープに影響を及ぼす要因としては，水セメント比，載荷時の材齢，載荷応力，養生方法，骨材の比重・容積などがあり，載荷時の材齢が若いほどクリープひずみは大きくなる。よって，記述は適当。

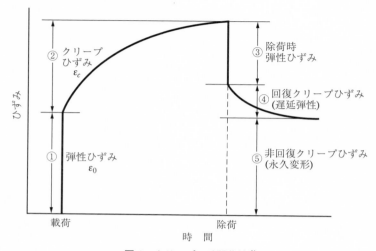

図1 クリープ―時間曲線 [1)]

1) 日本コンクリート工学協会: コンクリート技術の要点 07, p.64, 2007

(4) 熱膨張係数は，温度が1℃上昇した時の膨張ひずみ度で表され，式1によって求めることができる。

$$a = \frac{\dfrac{\Delta L}{L}}{(T_2 - T_1)}$$ 式1

ここに，a ：熱膨張係数 ($1 / ℃$)

ΔL ：熱膨張量 (mm)

L ：基長 (mm)

T_1 ：変化前の温度 (℃)

T_2 ：変化後の温度 (℃)

式1を変化させると，

$$\Delta L = a \times (T_2 - T_2) \times L$$ 式2

$= 10 \times 10^{-6} \times (40 - 20) \times 1\,000$

$= 0.2$ （単位 mm）

よって，記述は不適当。

なお，コンクリートの熱特性値は，水セメント比や材齢などには影響を受けず，主に骨材の特性や量によって変化する。普通の強度のコンクリートの熱膨張係数は常温で $7 \sim 13 \times 10^{-6}$ /℃で，鋼材の約 11×10^{-6} /℃とほぼ等しい。

［正解(3)］

〔②/02〕

コンクリートの水密性に関する次の一般的な記述のうち，**不適当なものはどれか。**

(1) 水セメント比が大きいほど，水密性は低下する。

(2) 同じ水セメント比のコンクリートとモルタルを比べると，透水係数はモルタルの方が大きくなる。

(3) フライアッシュや高炉スラグ微粉末を適切に用いれば，透水係数を小さくできる。

(4) 材料分離やひび割れは，コンクリートの水密性を損なう要因となる。

R.03 問題　17

ポイント　コンクリートの水密性に影響を及ぼす要因としては，水セメント比や粗骨材の最大寸法，施工・養生方法などがある。一般に，水セメント比が小さいほど，粗骨材の最大寸法が小さいほど，十分な締固めと湿潤養生を行った場合，水密性の高い(透水係数が小さい)コンクリートとなる。

解　説

(1) 図1は水セメント比と透水係数との関係を骨材最大寸法別に示したもので，粗骨材の最大寸法が同じ場合，水セメント比が大きくなると透水係数 (K_c) が大きくなり，水密性が低下する。よって，記述は適当。

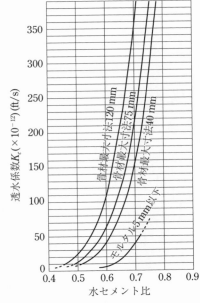

図1　水セメント比とコンクリートの水密性の関係[1]

1) Bureau of Reclamation: Concrete Manual 8th ed., 1977

(2) **図 1**に示すように，水セメント比が同じ場合はモルタルよりも粗骨材を含んだコンクリートの方が透水係数は大きくなる。また，粗骨材の最大寸法が大きいほど，透水係数は大きくなり，水密性が低下する。よって，記述は不適当。

(3) コンクリートの水密性に影響を及ぼす要因としては，水セメント比，粗骨材の最大寸法，施工方法および養生方法があげられる。水密性を高めるもっとも効果のある方法は，水セメント比を小さくすることであるが，小さすぎて十分な締固めができないと逆に水密性を低下させてしまうことになる。また，フライアッシュなどの良質なポゾラン材料を使用することも水密性を高める効果がある。よって，記述は適当。

(4) 施工中の材料分離や早期材齢でのひび割れは，著しく水密性を低下させる。よって，記述は適当。

[正解(2)]

〔② /02〕

　高さ 200 mm，断面積 8 000 mm^2 のコンクリート円柱供試体に，軸方向荷重 80
kN を作用させたときに軸方向の変形 (縮み) が 0.1 mm であった。さらに破壊する
まで荷重を増大させた結果，最大荷重は 240 kN となり，このときの軸方向の変形
(縮み) が 0.4 mm であった。このコンクリート供試体の圧縮強度およびヤング係数
のおおよその値を示した次の組合せのうち，**適当なものはどれか**。

	圧縮強度 (N/mm^2)	ヤング係数 (N/mm^2)
(1)	30	2.0×10^4
(2)	10	2.0×10^4
(3)	10	1.5×10^4
(4)	30	1.5×10^4

R.03 問題　34

ポイント　コンクリートの圧縮強度および弾性係数の算出方法は，JIS A 1108-2018(コ
ンクリートの圧縮強度試験方法) および JIS A 1149-2022(コンクリートの静的弾性係
数試験方法) に規定されている下記式 1，式 2 による。コンクリート特性値の測定方
法や算出方法の多くは JIS によって規定されているので，整理しておくことが重要で
ある。

解説

　コンクリートの圧縮強度は，JIS A 1108 に基づき，つぎの式 1 によって算出し，四
捨五入を行って有効数字 3 桁に丸める。

$$f_c = \frac{P}{\pi \times \left(\dfrac{d}{2}\right)^2}$$　　　　　　　　　式 1

ここに，f_c：圧縮強度 (N／mm^2)

　　　　P：最大荷重 (N)

　　　　d：供試体の直径

　　　　$\pi \times \left(\dfrac{d}{2}\right)^2$：供試体の断面積 (mm^2)

$$f_c = \frac{240}{8\,000} \times 1\,000 = 30(\text{N／mm}^2)$$

　つぎに，コンクリートのヤング係数は，JIS A 1149 において「供試体の応力－ひず
み曲線において，最大荷重の 1/3 に相当する応力と供試体の縦ひずみ 50×10^{-6} のと
きの応力とを結ぶ線分のこう配として与えられる割線静弾性係数」と定義されており，

つぎの式 2 によって算出し，四捨五入を行って有効数字 3 桁に丸める。

$$E_C = \frac{S_1 - S_2}{\varepsilon_1 - \varepsilon_2} \times 10^{-3} \qquad\qquad 式 2$$

ここに，E_C：各供試体の静弾性係数 (kN/mm²)

S_1：最大荷重の 1/3 に相当する応力 (N/mm²)

S_2：供試体の縦ひずみ 50×10^{-6} のときの応力 (N/mm²)

ε_1：応力によって生じる供試体の縦ひずみ

ε_2：50×10^{-6}

設問では，S_2 が示されていない。そこで，荷重 0 から最大荷重の 1/3 までの応力－ひずみ曲線を直線と仮定して計算する。

$$E_C = \frac{\dfrac{80}{8\,000} \times 1000 - 0}{\dfrac{0.1}{200} - 0} \times 10^{-3} = \frac{10}{0.0005} \times 10^{-3} = 20\,(\text{kN/mm}^2) = 2.0 \times 10^4\,(\text{N/mm}^2)$$

よって，正解は (1)。

[正解(1)]

〔② /02〕

コンクリートの強度に関する次の一般的な記述のうち，**不適当なものはどれか。**

(1) 圧縮強度は，試験時に湿潤状態にある供試体を乾燥させると，湿潤状態の場合より大きく計測される。

(2) 曲げ強度は，試験時に供試体の表層が乾いていると，濡れている場合より大きく計測される。

(3) コンクリートと鉄筋の付着強度は，水平に配置された鉄筋に比べて鉛直に配置された鉄筋のほうが大きい。

(4) 圧縮強度に及ぼす粗骨材の最大寸法の影響は，水セメント比が小さくなるほど大きくなる。

R.02 問題　12

ポイント　一般に，コンクリートの強度試験を行う際，供試体が乾燥状態にあると，湿潤状態にある場合よりも見掛けの強度が大きくなり，最近の試験問題でも類似の問題がよく出題される傾向にある。ただし，見掛けの強度が変るのは，供試体全体が均一かつ適度に乾燥 (結合水を除く) している場合である。供試体表層部やごく一部が乾いているだけでは，強度は変化しない。

解説

(1) 一般的なコンクリートは，骨材と結合材であるセメントペーストからなる多孔質の複合材料で，コンクリートが均一かつ適度 (化学的に結合した水分は除く) に乾燥すると，セメントペースト中の毛細管水やゲル水が蒸発する。その結果，各種水和物の距離が縮まって毛細管張力が大きくなり，見掛けの圧縮強度や曲げ強度は大きくなる。図1は，圧縮強度試験を行う際に供試体を乾燥させた場合と，濡れたままの状態で試験をした場合とを比較したもので，乾燥させた場合は見掛けの圧縮強度が大きくなっている。よって，記述は適当。

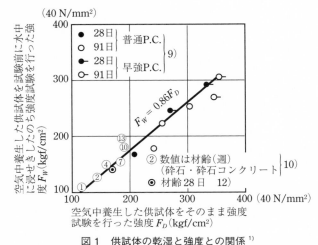

図1 供試体の乾湿と強度との関係[1]

1) 日本コンクリート工学協会：コンクリート技術の要点 ’07，p.60，2007

(2) 上記 (1) で解説したように，コンクリートを均一かつ適度に乾燥させると，見掛けの圧縮強度や曲げ強度は大きくなる。しかし，供試体表層の乾燥程度では，毛細管水やゲル水の蒸発はごくわずかで，強度が増大するまでには至らない。よって，記述は不適当。

(3) 一般的に，図2に示すように，鉄筋の付着強度は鉄筋の種類 (丸鋼，異形)，配置方向 (水平，垂直) や配置場所 (上端，下端) によって異なる。

　たとえば，水平に配置された鉄筋の場合，コンクリートのブリーディングによって下部にわずかな空隙が発生する。また，異形鉄筋ではリブの凹部分にコンクリート未充填箇所が発生しやすい。このように，鉛直に配置された鉄筋と比較し，水平に配置された鉄筋の場合は，その周囲のコンクリートが不足して付着面積が減少し，付着強度が小さくなる。よって，記述は適当。

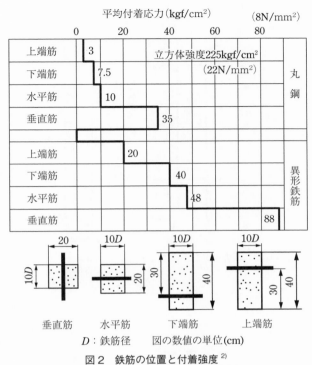

図2　鉄筋の位置と付着強度 [2]

2)　近藤，坂：コンクリート工学ハンドブック，朝倉書店，1965

(4) 一般的に，フレッシュコンクリート中では粗骨材の下面に水隙 (ブリーディング等) が発生 (鉄筋でも同様の現象が生じる) するが，粗骨材の最大寸法が大きくなると水隙も大きくなり (水の通り道が大きくなり)，硬化とともにこの水隙中の水分が移動・乾燥し，空隙となって微細な欠陥となる。その結果，図3に示すように，水セメント比が同じコンクリートでも，粗骨材の最大寸法が大きくなると圧縮強度が小さくなり，この傾向は富調合ほど顕著である。よって，記述は適当。

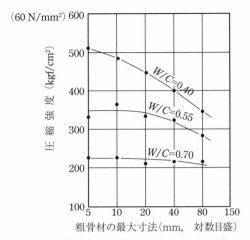

図3　粗骨材の最大寸法と圧縮強度の関係[3]

3)　樋口芳朗，村田二郎，小林春雄：コンクリート工学（Ⅰ）施工，彰国社

[正解(2)]

─〔② /02〕────

　　コンクリートの乾燥収縮ひずみに関する次の一般的な記述のうち，**適当なもの
はどれか。**
　　(1)　単位水量が大きいほど，小さくなる。
　　(2)　周囲の相対湿度が低いほど，小さくなる。
　　(3)　セメントペースト量が多いほど，小さくなる。
　　(4)　断面寸法が大きいほど，小さくなる。

────────────────── R.02 問題　13 ──

ポイント　乾燥収縮に影響する要因としては，単位水量，セメント量とその性質，骨材
の品質，空気量，養生方法，部材の大きさ等がある。もっとも影響の大きいのは単位
水量である。その他，粗骨材の弾性係数が大きいほど，最大寸法が大きいほど乾燥収
縮が小さくなる。また，乾燥収縮は主にセメントペースト部分の収縮で生じるため，
セメントペースト量が多いと収縮量も大きくなる。供試体の形状によっても影響を受
け，体積が同一であれば表面積の大きいものほど乾燥収縮は大きい。

解　説
(1)　コンクリートの乾燥収縮は，主にセメントペーストの収縮によって生じる現象であ
　　り，単位水量やセメント量による影響が大きいが，その他に骨材の品質，空気量，養
　　生方法，部材の大きさなどが要因としてあげられる。このうち，もっとも影響が大き
　　いのが単位水量であるが，その他の要因についてはそれぞれ以下のような特徴がある。
　　　・単位水量が大きいほど，乾燥収縮は大きくなる。
　　　・水セメント比が同一の場合，単位セメント量が多いほど，乾燥収縮は大きくなる。
　　　・単位水量が同一の場合，単位セメント量が多いほど，乾燥収縮は大きくなる。
　　　・粗骨材の弾性係数が大きいほど，最大寸法が大きいほど，乾燥収縮が小さくなる。
　　　よって，記述は不適当。
(2)　相対湿度が低いほどコンクリート中の自由水や毛細管水，ゲル水などの乾燥(蒸発)
　　速度は早くなり収縮する速度も速くなる。また，蒸発量も多くなり，収縮量も多くな
　　る。
　　　よって，記述は不適当。
(3)　(1)で記したように，コンクリートの乾燥収縮は主にセメントペーストの収縮に
　　よって生じる現象で，水セメント比が同じ場合は単位セメント量が多いほど(図1参
　　照)，単位セメント量が同じ場合は水セメント比が大きいほど，単位水量が同じ場合
　　は単位セメント量が多いほど，すなわちセメントペースト量が多いほど，大きくなる。
　　　よって，記述は不適当。

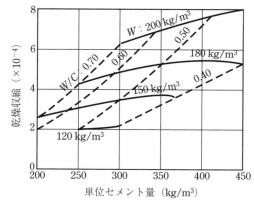

図1　コンクリートの単位セメント量・水量と乾燥収縮 [1]
1)　ACI, ACI Manual of Concrete Inspection 7th ed., 1957

(4) コンクリートやモルタルの乾燥収縮は，これらの中の水分が蒸発してセメントペースト等の組織が収縮する現象である。断面寸法の大きい部材は，単位面積あたりの表面積の割合が小さいため，断面寸法の小さい部材よりも水分の蒸発する量は少なくなる。そのため，乾燥収縮ひずみは小さくなる。

　　よって，記述は適当。

〔② /02〕

　各種コンクリートに関する次の一般的な記述のうち，**不適当なものはどれか。**

(1) コンクリートを300℃に熱した場合，弾性係数（ヤング係数）よりも圧縮強度の低下が著しい。

(2) 鉄鉱石等を粗骨材に用いて単位容積質量を大きくしたコンクリートは，放射線遮蔽用コンクリートに適する。

(3) コンクリートの水密性を確保するには，適切な水セメント比とするとともに，材料分離やひび割れなどの初期欠陥を防止することが重要である。

(4) 高強度コンクリートでは，火災時の急激な加熱によって表面が爆裂を起こすことがある。

―――――――――――――――――――――――― R.02 問題　16 ―

ポイント　コンクリートの水密性に影響を及ぼす要因としては，施工による要因とコンクリートの物性による要因の2種類があり，最近はこのいずれかを問う問題が多い。

解説

(1) 火災時のように100℃をこえる高温化において圧縮強度や弾性係数は大きく低下し，弾性係数の低下の割合は，圧縮強度の低下の割合よりも大きい。図1(a) に示すように，普通コンクリートの圧縮強度は，加熱温度が300℃に達すると常温時の80～90 %，500℃では50～60 %まで低下する。一方，図1(b) に示すように，弾性係数では300℃で常温時の40 %程度，500℃では10～20 %にまで低下する。よって，記述は不適当。

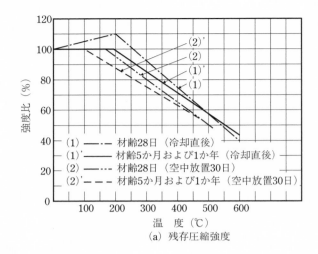

（a）残存圧縮強度

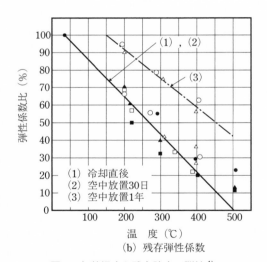

（b）残存弾性係数

図1　加熱温度と残存強度・弾性 [1]

1)　日本コンクリート工学協会：コンクリート便覧, 技報堂出版, 1976

(2) 原子力発電所や医療用放射線施設では，X線やガンマ線，中性子線などの人体に有害な放射線が発生する。放射線遮蔽用コンクリートはこれら放射線を遮蔽することを目的とした特殊仕様のコンクリートである。一般的には，壁厚を厚くする，磁鉄鉱や砂鉄などの鉄鉱石 (重量骨材) 等を使用する方法がある。また，中性子線は水分やホウ素などに吸収されやすいため，これらを多く含む蛇紋岩などが使用される。よって，記述は適当。

(3) コンクリートの水密性を確保するための方法として，配・調合においては，水セメント比を小さくする，粗骨材の最大寸法を小さくすることが重要である。また施工においては，材料分離やひび割れなどの初期結果を防止することが重要である。よって，記述は適当。

(4) 火災時のコンクリートの爆裂の要因の一つは，コンクリート中に発生する水蒸気圧である。とくに，コンクリートの組織が緻密で水蒸気の移動や蒸発が起りにくい水セメント比の小さい高強度コンクリートなどは，火災時など急激な加熱を受けると，コンクリート中の水分の膨張圧が急激に高まり，爆裂を生じる可能性が高い。

　なお，ポリプロピレン繊維等を混入すると，高温下で繊維が気化してコンクリート中に空隙が形成され，その空隙に水蒸気が移動することで蒸気圧の上昇が抑制され，爆裂しにくくなる。よって，記述は適当。

[正解(1)]

〔② /02〕

　コンクリートの圧縮強度に関する次の一般的な記述のうち，**不適当なものはど
れか。**

(1) 水中養生した供試体の表層が乾いていると，濡れている場合よりも圧縮強度
　　は大きくなる。

(2) 円柱供試体の直径に対する高さの比が小さいと，圧縮強度は小さくなる。

(3) 水セメント比が同一の場合，粗骨材の最大寸法が大きくなると，圧縮強度は
　　小さくなる。

(4) 水セメント比が小さくなると，圧縮強度は骨材の強度の影響を受けやすくな
　　る。

R.01 問題　12

ポイント　試験によって得られる圧縮強度は，供試体の形状，寸法，乾湿状態によって
異なり，柱型よりも円柱型，寸法比 (高さ/直径) の小さいものほど，大きくなる。

解　説

(1) p.114 図 1 に示すように，圧縮強度試験を行う際に供試体を乾燥させると，濡れた
ままの状態で試験をした場合よりも，見掛けの圧縮強度は大きくなる。よって，記述
は適当。

(2) 圧縮強度試験を行った際のコンクリートの見掛けの圧縮強度は，使用する供試体の
形状や寸法によって異なり，一般的に，表 1 に示すような関係になることが知られて
いる。たとえば，材齢 28 日の時，直径と高さが 6 インチ (約 15 cm) の円柱供試体 (直
径に対する高さの比が 1.0) を使用した見掛けの圧縮強度と，直径が 6 インチで高さ
が 12 インチ (約 30 cm) の円柱供試体 (直径に対する高さの比は 2.0) を使用した見掛
けの圧縮強度との比率はおよそ 1.12：1.0 となり，載荷面の直径に対する高さの比が
小さくなると，見掛けの圧縮強度は大きくなる。よって，記述は不適当。

表 1　各供試体の強度比 [1]

材齢	円柱供試体(in)			立方体(in)		柱体 (in)	
	$\phi 6 \times 6$	$\phi 6 \times 12$	$\phi 8 \times 16$	6	8	6×12	8×16
7 日	0.67	0.51	0.48	0.72	0.66	0.48	0.48
28 日	1.12	1.00	0.95	1.16	1.15	0.93	0.92
3 月	1.47	1.49	1.27	1.55	1.42	1.27	1.27
1 年	1.95	1.70	1.78	1.90	1.74	1.68	1.60

1 inch = 2.5 cm
1)　H. F. Gonnerman：Proc. of ASTM, 1925

(3) 一般的に，フレッシュコンクリート中では粗骨材の下面に水隙 (ブリーディング等) が発生 (鉄筋でも同様の現象が生じる) するが，粗骨材の最大寸法が大きくなると水隙も大きくなり (水の通り道が大きくなり)，硬化とともにこの水隙中の水分が移動・乾燥し，空隙となって微細な欠陥となる。その結果，図 1 に示すように，水セメント比が同じコンクリートでも，粗骨材の最大寸法が大きくなると圧縮強度が小さくなり，この傾向は富調合ほど顕著である。よって，記述は適当。

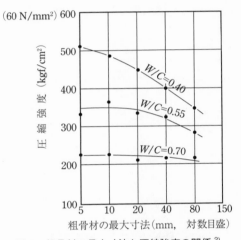

図 1　粗骨材の最大寸法と圧縮強度の関係 [2]
2)　樋口芳朗，村田二郎，小林春雄：コンクリート工学 (I) 施工，彰国社

(4) 一般的に，普通コンクリートの強度領域 (水セメント比が比較的大きい領域) では，
骨材の強度がコンクリートの圧縮強度に影響を及ぼすことはほとんどない。しかし，
図2に示すように，人工軽量骨材や火山礫などの強度の小さい骨材 (粗骨材) を使用
した場合は，セメント水比と圧縮強度の関係は，連続した直線関係とはならない。以
上から，強度の小さい骨材を使用した場合，水セメント比を小さく (セメント水比を
大きく) しても，圧縮強度の増加が見込めない場合がある。よって，記述は適当。

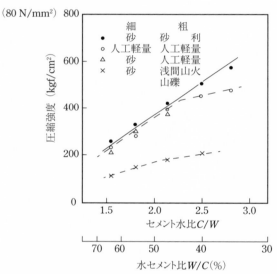

図2　圧縮強度と水セメント比との関係 [3]

3)　村田二郎: 人工軽量骨材コンクリート，セメント協会，1967

[正解(2)]

〔②/02〕

　下図は，円柱供試体の圧縮応力と縦ひずみの計測結果である。JIS A 1149（コンクリートの静弾性係数試験方法）の規定に照らして，静弾性係数 Ec の求め方として，**正しいものはどれか。**

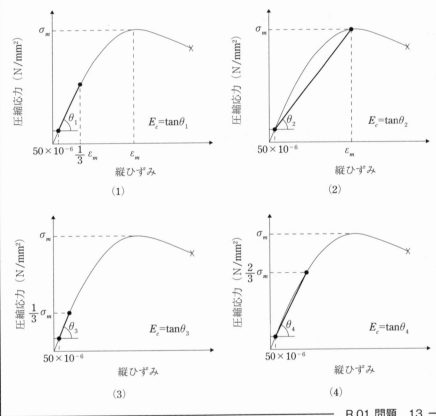

ポイント　静弾性係数は，計算に使用する応力度とひずみ度の違いによって，初期弾性係数 (E_i)，割線弾性係数 (E_c)，接線弾性係数 (E_t) の 3 種類が定義されており，JIS A 1149-2017(コンクリートの静弾性係数試験方法) では，最大荷重の 1/3 に相当する応力点と供試体の縦ひずみが 50×10^{-6} のときの応力点とを結ぶ線分の勾配として，定義されている。

解　説

静弾性係数とは応力度をひずみ度で除した値で表されるが，p.105 図 2 に示すように

計算に使用する応力度とひずみ度の違いによって次の 3 種類が定義されている。なお，初期弾性係数は初期接線弾性係数と同意である。

・初期弾性係数 (E_i)：応力 0(N/mm²) 時における接線
・割線弾性係数 (E_c)：ある応力におけるひずみの点と，応力 0 時の点を結んだ接線
・接線弾性係数 (E_t)：ある応力時における接線

JIS A 1149 では，3.1 項においてコンクリートの静弾性係数を以下のように定義し，7b) 項において式 1 によって算出し有効数字 3 桁に丸める，と規定されている。

「3.1　静弾性係数　供試体の応力－ひずみ曲線において，最大荷重の 1/3 に相当する応力点と供試体の縦ひずみ 50×10^{-6} のときの応力点とを結ぶ線分の勾配として与えられる割線静弾性係数。」

$$E_c = \frac{S_1 - S_2}{\varepsilon_1 - \varepsilon_2} \times 10^{-3}$$

ここに，　E_c：各供試体の静弾性係数 (kN/mm²)

S_1：最大荷重の 1/3 に相当する応力 (N/mm²)

S_2：供試体の縦ひずみ 50×10^{-6} のときの応力 (N/mm²)

ε_1：S_1 の応力によって生じる供試体の縦ひずみ

ε_2：50×10^{-6}

よって，正解は (3)。

［正解(3)］

〔② /02〕

　　コンクリートの乾燥収縮ひずみおよび自己収縮ひずみに関する次の一般的な記述のうち，**不適当なもの**はどれか。

(1) 水セメント比が同一の場合，単位水量が多いほど，乾燥収縮ひずみは大きくなる。

(2) 単位水量が同一の場合，単位セメント量が多いほど，自己収縮ひずみは大きくなる。

(3) 壁部材の厚さが大きいほど，乾燥初期の乾燥収縮ひずみは大きくなる。

(4) コンクリートから水分が蒸発しない場合でも，セメントの水和反応によって自己収縮ひずみが生じる。

R.01 問題　14

ポイント　乾燥収縮に影響を及ぼす要因としては，単位水量，単位セメント量，骨材の品質 (弾性係数，最大寸法)，空気量，養生方法，部材寸法などがある。

解　説

(1) コンクリートの乾燥収縮は，主にセメントペーストの収縮によって生じる現象であり，単位水量やセメント量による影響が大きいが，その他に骨材の品質，空気量，養生方法，部材の大きさなどが要因としてあげられる。このうち，もっとも影響が大きいのが単位水量であるが，その他の要因についてはそれぞれ以下のような特徴がある。よって，記述は適当。

・単位水量が大きいほど，乾燥収縮は大きくなる。

・水セメント比が同一の場合，単位セメント量が多いほど，乾燥収縮は大きくなる。

・単位水量が同一の場合，単位セメント量が多いほど，乾燥収縮は大きくなる。

・粗骨材の弾性係数が大きいほど，最大寸法が大きいほど，乾燥収縮は小さくなる。

(2) 自己収縮とは，セメントの水和反応により凝結始発以降に発生する，巨視的な体積減少の現象をいう。自己収縮に及ぼす調 (配) 合の要因としては，結合材量，水結合材比，化学混和剤の種類や添加率などがあげられる。高流動コンクリートや高強度コンクリートなどの単位セメント量や結合材量が多く，水結合材比が小さいコンクリートで発生する。よって，記述は適当。

(3) コンクリートやモルタルの乾燥収縮は，これらの中の水分が蒸発してセメントペースト等の組織が収縮する現象である。断面寸法の大きい部材は，単位面積当りの表面積の割合が小さいため，断面寸法の小さい部材よりも水分の蒸発する量は少なくなる。そのため，乾燥収縮ひずみは小さくなる。よって，記述は不適当。

(4) 自己収縮は，凝結始発以降に発生する巨視的な体積減少の現象であり，コンクリートからの水分の蒸発によって発生する乾燥収縮とは発生の機構が異なる。よって，記述は適当。

[正解(3)]

問題 41 〜 60（平成 30 年以降は問題 37 〜 54）は、「正しい、あるいは適当な」記述であるか、または「誤っている、あるいは不適当な」記述であるかを判断する○×問題である。

「正しい、あるいは適当な」記述は解答用紙の◎欄を、「誤っている、あるいは不適当な」記述は⊗欄を黒く塗りつぶしなさい。

〔② /02〕

　JIS A 1149（コンクリートの静弾性係数試験方法）によると、ひずみ測定器の検長は、コンクリートに用いた粗骨材の最大寸法の 3 倍以上かつ供試体の高さの 1/2 以上としなければならない。

R.01 問題　52

ポイントと解説　JIS A 1149-2017（コンクリートの静弾性係数試験方法）の 3.3 項および 4.2 項で、ひずみ測定器を以下のように規定している。

　3.3　ひずみ測定器　供試体の縦ひずみを検出するための測定器の総称。

　　　なお、縦ひずみの検出センサーには、ひずみゲージ、差動トランス式変位計などを用いる。

　4.2　ひずみ測定器　ひずみ測定器は、供試体の縦ひずみ（ひずみ度）を 10×10^{-6} 以下の精度で測定できるものとする。また、ひずみ測定器の検長は、コンクリートに用いた粗骨材の最大寸法の 3 倍以上かつ供試体の高さの 1/2 以下とする。

　よって、記述は不適当。

[正解(×)]

コンクリート用材料

コンクリートの性質

コンクリートの耐久性

配(調)合設計

製造・品質管理／検査

施　工

コンクリート製品

コンクリート構造の設計

③ コンクリートの耐久性

③ コンクリートの耐久性

〔③〕

コンクリートの劣化に関する次の一般的な記述のうち，**不適当なものはどれか。**

(1) 中性化は，大気の相対湿度が著しく低い環境にある構造物では進行しにくい。

(2) エフロレッセンスは，水分供給がある構造物で発生しやすい。

(3) 塩害は，塩化物を含む凍結防止剤や海水の影響を受ける構造物で発生しやすい。

(4) アルカリシリカ反応は，常に乾燥した構造物で発生しやすい。

R.05 問題 21

ポイント コンクリート構造物に生じる各種劣化や変状に関する知識を問う問題。出題頻度も多いので，しっかりと理解しておきたい。

解 説

(1) 中性化の進行は，一般に大気中の相対湿度が 60 % 程度のときに速くなると言われている。これは，コンクリートが著しく乾燥していると炭酸化反応に必要な水分が少なくなり，逆に湿潤状態にあると二酸化炭素がコンクリート中に侵入しにくく中性化の進行が遅くなるためである。よって，記述は適当。

(2) エフロレッセンスとは，セメント硬化体中のカルシウムイオン，アルカリ金属イオン，硫酸イオン等を含む水が表面ににじみ出し，水の蒸発に伴って表面に析出したものである。この変状は，水分供給のある環境に置かれる構造物で目地など透水しやすい部位で生じやすい。よって，記述は適当。

(3) 塩化物イオンがコンクリート中に供給される経路には，練混ぜ時に使用材料から供給される場合 (とくに海砂を用いた場合) と，構造物の環境により外部から浸透される場合がある。後者の場合は，主に塩化物イオンを含む凍結防止剤や海水が供給源となることが多い。よって，記述は適当。

(4) アルカリシリカ反応は，反応性骨材，水酸化アルカリ，水分の 3 つが同時に存在して発生する．常に乾燥を受けコンクリート中の水分が少ない状態となった構造物では，アルカリシリカ反応は進行しにくくなる．よって，記述は不適当。

[正解(4)]

〔③〕

　コンクリート中の鉄筋腐食に関する次の一般的な記述のうち，**不適当なものはどれか。**

　(1) 高いアルカリ性が保たれたコンクリート中の鉄筋は，不動態皮膜で覆われているので，腐食しにくい。

　(2) 鉄筋の腐食が進行すると，腐食生成物による膨張圧でコンクリートにひび割れが生じる。

　(3) 鉄筋の腐食は，乾湿の繰返しを受ける場合よりも，常時水中にある方が進行しやすい。

　(4) 鉄筋の腐食は，コンクリートのひび割れ幅が大きいほど進行しやすい。

R.05 問題　22

ポイント　塩害による鉄筋腐食の発生機構から腐食速度に及ぼす要因など，幅広に知識が問われている。塩害は出題頻度も多いので，知識として身につけておきたい。

解　説

(1) コンクリート中の細孔溶液は高アルカリであり，コンクリート中にある鉄筋表面には不動態皮膜 (鉄の酸化物またはオキシ水酸化物等の腐食抑制作用のある薄膜) が生成されるので，一般にコンクリート中の鋼材は腐食しにくい。よって，記述は適当。

(2) 鉄筋の腐食が進行すると錆が生成されるが，その錆の体積はもとの鉄筋よりも 2 ～ 3 倍程度大きいため，その膨張圧によりかぶりコンクリートに鉄筋に沿ったひび割れが発生しやすくなる。よって，記述は適当。

(3) コンクリート中の鉄筋腐食には酸素と水が必要である。乾湿の繰返しを受ける環境では酸素と水が同時に供給されるため鉄筋腐食が進行しやすい。一方，常時水中にある環境では酸素の供給はほとんどないため腐食は進行しにくい。よって，記述は不適当。

(4) コンクリートのひび割れは，塩化物イオン，酸素，水が容易に供給される経路となり，ひび割れ幅が大きいほどその供給量は大きくなる。とくに，鉄筋位置までひび割れが到達している場合，鉄筋の腐食速度が速くなる傾向がある。よって，記述は適当。

[正解(3)]

〔③〕

コンクリートの中性化に関する次の一般的な記述のうち，**不適当なものはどれか。**

(1) 大気中で中性化が進行する場合，中性化深さは経過時間の平方根に比例する。

(2) コンクリートにフェノールフタレイン溶液を噴霧すると，中性化していない
部分が赤紫色に呈色する。

(3) 中性化は，コンクリート中の炭酸カルシウムが水酸化カルシウムに変化する
ことで生じる。

(4) 中性化の進行は，周辺空気中の二酸化炭素濃度が高いほど速くなる。

R.04 問題 20

ポイント 中性化に関する知識を問う問題。中性化に関する出題は頻度が高いので，劣
化のメカニズム等について十分に理解しておくのがよい。

解 説

(1) 大気中にあるコンクリートの中性化深さは，一般に中性化環境に暴露されている期
間を t とすると，$\sqrt{t}$ に比例するといわれている。よって，記述は適当。

(2) 中性化深さは，一般にフェノールフタレイン 1 ％エタノール溶液を，コンクリート
のはつり面や構造体から採取したコアの割裂面に噴霧して調べる。中性化していない
部分は赤紫色に着色され，中性化した部分は着色されない。よって，記述は適当。

(3) コンクリートの中性化とは，大気中の二酸化炭素がコンクリート内に侵入し，コン
クリート中の水酸化カルシウムと二酸化炭素が反応して炭酸カルシウムに変化し，コ
ンクリートの pH を低下させる現象である。よって，記述は不適当。

(4) 中性化の進行は，一般の大気中環境では，周辺の二酸化炭素濃度が高いほど，湿度
が低いほど，温度が高いほど，速くなる傾向がある。よって，記述は適当。

[正解(3)]

〔③〕

コンクリート構造物の耐久性に関する次の一般的な記述のうち，**適当なものはどれか。**

(1) コンクリートへの各種イオンの侵入は，ひび割れや施工不良が無ければ生じない。

(2) 練混ぜ時のコンクリート中の塩化物イオンの総量が $0.30\ \mathrm{kg/m^3}$ 以下であれば，外部からの塩化物イオンの侵入を防ぐことで，塩化物イオンによって構造物の所要の性能が失われることはない。

(3) アルカリシリカ反応によって生じるひび割れは，部材の拘束状態によらず亀甲状となる。

(4) コンクリートのすり減り抵抗性は，水セメント比が小さいほど低下する。

R.04 問題　21

ポイント　コンクリート構造物に生じる各種劣化について幅広に知識を問う問題。基本的な内容を問うているので，しっかりと理解しておきたい。

解説

(1) コンクリートは，連続した微細な空隙を有する多孔質物質であり，この空隙を通って気体(酸素，二酸化炭素等)，イオン(塩化物イオン等)，水分等の浸透や移動が生じ，ひび割れや施工不良が無くても各種物質の侵入は生じる。よって，記述は不適当。

(2) 土木学会示方書，JASS 5，JIS A 5308-2019(レディーミクストコンクリート) では，塩化物イオン総量が $0.3\ \mathrm{kg/m^3}$ 以下であれば，外部からの塩化物イオンの侵入を防ぐことで，構造物の所要の性能は失われないとしている。よって，記述は適当。

(3) アルカリシリカ反応によるひび割れは，鉄筋量が少なく拘束の小さい部材では亀甲状となりやすく，鉄筋量が多く拘束の大きい部材ではその鉄筋に沿うひび割れが発生する。すなわち，部材の拘束状態によってひび割れ発生パターンは異なる。よって，記述は不適当。

(4) コンクリートのすり減りは，表面に近いモルタル部分から生じる。すり減りに対する抵抗性を高めるためには，水セメント比の小さな配(調)合とすることが有効である。よって，記述は不適当。

[正解(2)]

〔③〕

コンクリートの耐久性に関する次の一般的な記述のうち，**適当なものはどれか。**

(1) アルカリシリカ反応によるコンクリートのひび割れは，湿潤状態にある場合のほうが気乾状態にある場合よりも進行しにくい。

(2) 中性化の進行は，コンクリートが著しく乾燥している場合や飽水状態の場合には遅くなる。

(3) 空気量が同一の場合，気泡間隔係数が大きいほど凍害を生じにくい。

(4) 凍害によるコンクリートの劣化は，凍結融解の繰返しの影響は受けない。

R.03 問題　15

ポイント　アルカリシリカ反応，中性化および凍害が進行しやすくなるコンクリートの空隙構造，含水状態，環境作用に関する知識を問う問題。十分に理解しておくべき内容である。

解　説

(1) アルカリシリカ反応は，反応性骨材，水酸化アルカリ，水分の３つの条件が同時に揃ったときに発生および進行する。条件の一つである水分が多くなる湿潤状態にある場合，気乾状態にある場合よりも，アルカリシリカ反応が進行しやすくなる。よって，記述は不適当。

(2) 中性化は，湿潤状態より乾燥状態であるコンクリートのほうが二酸化炭素の侵入が容易になるため進行は速くなる。しかし，著しく乾燥したコンクリートは，中性化反応に必要な水分が少なくなるため，逆に中性化の進行は遅くなる。よって，記述は適当。

(3) 気泡間隔係数とはコンクリート中に存在する気泡の平均間隔を示すものである。同一空気量の場合，AE剤等の使用により微小かつ独立した気泡を混入させたコンクリートほど気泡間隔係数は小さくなり，耐凍害性は向上する。よって，記述は不適当。

(4) 凍害は，コンクリート中の水が凍結膨張して未凍結の水分が移動し，その際に生じる水圧がコンクリート組織を破壊する現象である。水が凍結融解する繰返し回数が多くなるほど，凍害による劣化の進行は著しくなる。よって，記述は不適当。

[正解(2)]

〔③〕

　塩害環境下のコンクリート構造物の鉄筋腐食対策に関する次の記述のうち，**不適当なものはどれか。**

(1) 高炉セメント B 種から普通ポルトランドセメントに変更した。

(2) コンクリートの水セメント比を小さくした。

(3) エポキシ樹脂塗装鉄筋を用いた。

(4) コンクリートのかぶり (厚さ) を大きくした。

R.03 問題　16

ポイント　塩害環境下の構造物の鉄筋腐食対策に関する基本的な内容を問う問題。コンクリートの材料，配合，設計において基本的かつ重要な事項なので，十分に理解しておくのがよい。

解　説

(1) 同一水セメント比の場合，十分に湿潤養生した高炉セメント B 種を用いたコンクリートは，普通ポルトランドセメントを用いたコンクリートよりも，コンクリートの細孔構造の緻密化や外部から侵入する塩化物イオンの固定化などの効果により，塩化物イオン拡散係数が小さくなる。よって，記述は不適当。

(2) コンクリート中への塩化物イオンの侵入は，水セメント比を小さくし，コンクリートの組織を密実にするほど抑制できる。よって，記述は適当。

(3) コンクリート中の鉄筋が腐食するためには酸素と水が必要である。エポキシ樹脂塗装鉄筋は，鋼材表面に塩化物イオン，酸素，水が直接に接触しないようにできるため，腐食の抑制に有効である。よって，記述は適当。

(4) 塩害は，コンクリート中に塩化物イオンが一定量以上存在したときに，鉄筋表面の不動態皮膜が破壊されて，鋼材の腐食が開始する。かぶりを大きくするほど，外部から侵入する塩化物イオンが鉄筋に到達する時間を長くすることができるので，鉄筋腐食対策として有効である。よって，記述は適当。

[正解(1)]

〔③〕

　塩害による鉄筋コンクリート構造物の劣化の進行過程を示す概念図 (1)〜(4) のうち，**適当なものはどれか。**

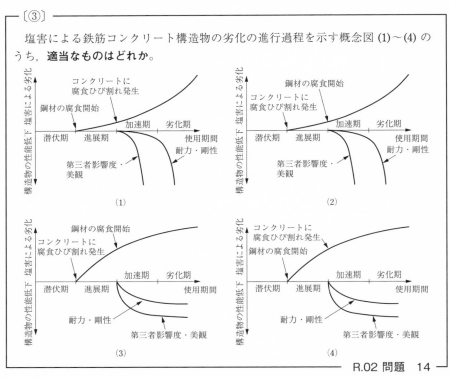

ポイント　塩害の劣化過程 (潜伏期，進展期，加速期，劣化期) の定義と，劣化過程に応じた構造物の性能低下との関連を十分に理解しておくことが重要である。

解　説

　塩害は，コンクリート中に塩化物イオンが一定量以上存在したときに，鉄筋表面の不動態皮膜が破壊され，鋼材の腐食が開始する現象である。したがって，潜伏期の終了時点の矢視は「鋼材の腐食開始」に相当する。

　鋼材の腐食が開始され腐食が進行すると錆が生成されるが，その錆の体積はもとの鋼材よりも大きい (2〜3 倍程度) ため，その膨張圧により鋼材に沿ってかぶりコンクリートにひび割れが発生する。したがって，進展期の終了時点の矢視は「コンクリートに腐食ひび割れ発生」に相当する。

　一方，腐食ひび割れが発生すると酸素と水の供給が容易となり鋼材の腐食は加速し，ひび割れの幅や長さ (本数) の増加，錆汁の滲出，ひいては，かぶりコンクリートの広範囲な浮きを生じさせる。この状態では，構造物の美観は損なわれ，さらに剥落に伴う第三者被害を引き起す危険性も高まる。したがって，進展期の終了時点から構造物の性能低下が顕著になる曲線は「第三者影響度・美観」に相当する。

　かぶりコンクリートの剥落や鋼材断面積の減少が進行すると構造物の耐力等の低下を招く。したがって，加速期の終了時点から構造物の性能低下が顕著になる曲線は「耐力・剛性」に相当する。

　以上より，正解は (1) となる。

コンクリート用材料

コンクリートの性質

コンクリートの耐久性

配（調）合設計

製造・品質管理／検査

施　工

コンクリート製品

コンクリート構造の設計

[正解(1)]

〔③〕

　鉄筋コンクリート構造物の耐久性の向上に関する次の記述のうち，**不適当なもの**はどれか。

(1) 塩化物イオンのコンクリートへの侵入を抑制するために，水セメント比を低減した。

(2) 飛沫帯においてコンクリート中の鉄筋の腐食を抑制するために，エポキシ樹脂塗装鉄筋を使用した。

(3) 中性化の進行を遅らせるために，普通ポルトランドセメントを高炉セメントB種に変更した。

(4) 二酸化炭素のコンクリートへの侵入を抑制するために，タイルを貼り付けた。

R.02 問題　15

ポイント　鉄筋コンクリート構造物の鋼材腐食に関連する塩害および中性化に関する知識を問う問題。これらの劣化は出題頻度も高いので，それぞれの劣化のメカニズムや劣化を抑制するための対策等について十分に理解しておくのがよい。

解　説

(1) コンクリート中への塩化物イオンの侵入は，水セメント比を小さくしコンクリートの組織を密実にするほど抑制できる。よって，記述は適当。

(2) コンクリート中の鉄筋が腐食するには酸素と水が必要である。飛沫帯では，塩化物イオンの供給量が多く酸素や水も豊富に供給される。そのため，腐食抑制のためには，エポキシ樹脂塗装鉄筋やステンレス鉄筋などの耐食性鋼材の使用が有利となる。よって，記述は適当。

(3) 高炉セメントに含まれる高炉スラグ微粉末は，セメントの水和過程で生成する水酸化カルシウムと反応してコンクリート中の OH^- 濃度を減少させる。そのため，同一セメント比の場合，高炉セメントを用いたコンクリートは，普通ポルトランドセメントを用いたコンクリートより pH が低くなり中性化の進行も速くなる。よって，記述は不適当。

(4) タイルなどの仕上げ材は，良好に施工されれば，二酸化炭素の侵入を抑制する働きを期待できるため，中性化の進行を遅らせる上で有効である。よって，記述は適当。

[正解(3)]

〔③〕

アルカリシリカ反応に関する次の一般的な記述のうち、**不適当なものはどれか。**

(1) アルカリシリカ反応の抑制には、フライアッシュの分量（質量分率％）が15％以上のフライアッシュセメントの使用が有効である。

(2) アルカリシリカ反応における骨材のペシマム量は、セメント中のアルカリ量、骨材の種類や粒度によって変化する。

(3) アルカリシリカ反応による膨張は、コンクリートが湿潤状態にある場合の方が気乾状態にある場合よりも進行しやすい。

(4) アルカリシリカ反応によるひび割れは、プレストレストコンクリート桁では亀甲状に発生しやすい。

—— R.01 問題 15 ——

ポイント アルカリシリカ反応の発生パターン、進行の程度に影響する要因(環境、使用材料や配合条件)、対策など幅広に問う設問である。アルカリシリカ反応は出題頻度が高いため、十分に理解しておくことが重要である。

解説

(1) アルカリシリカ反応はコンクリートの pH が高いほど進行しやすいが、フライアッシュを混入するとセメントの水和生成物 (主として水酸化カルシウム) と反応して、コンクリート中の pH が低下する。JIS A 5308-2019(レディーミクストコンクリート) 附属書 B(アルカリシリカ反応抑制対策の方法) では、フライアッシュの分量として15％(質量比) 以上のフライアッシュセメント B 種もしくは C 種を使用することで、アルカリシリカ反応を抑制できるとしている。よって、記述は適当。

(2) アルカリシリカ反応による膨張は、コンクリート中の反応性骨材の量が多いほど大きくなるわけではなく、膨張量がもっとも大きくなるペシマム量 (骨材中の反応性骨材の割合) が存在する。このペシマム量は、セメント中のアルカリ量、骨材の種類や粒度によって変化する。よって、記述は適当。

(3) アルカリシリカ反応は、反応性骨材、水酸化アルカリ、水分の 3 つが同時に存在して発生する。発生条件の一つである水分が少なくなる気乾状態のコンクリートは、湿潤状態のコンクリートより、膨張が進行しにくくなる。よって、記述は適当。

(4) アルカリシリカ反応によるひび割れパターンは、拘束の状態によって異なり、プレストレスコンクリートのように PC 鋼材によって強い拘束を受ける部材では、PC 鋼材に沿う方向のひび割れが発生しやすい。よって、記述は不適当。

[正解(4)]

③ コンクリートの耐久性

〔③〕

JIS A 1148（コンクリートの凍結融解試験方法）において，耐久性指数の値は，供試体の相対動弾性係数を用いて求められる。

——————————————————————————— R.01 問題　54 ———

ポイントと解説　コンクリートの耐凍害性 (耐久性指数) の評価方法を問う設問である。

コンクリートの耐凍害性 (耐久性指数) は，JIS A 1148-2010(コンクリートの凍結融解試験方法)に基づき，材齢 14 日まで標準養生した 10×10×40 cm の角柱供試体を +5 ～ -18 ℃の温度サイクルを 3 ～ 4 時間で 300 サイクルまで繰返し作用させて，共鳴振動による動弾性係数および質量を測定し，試験開始前の供試体における動弾性係数や質量との変化量から求まる相対動弾性係数や質量減少の保持率によって評価する。

よって，記述は適当。

［正解(○)］

コンクリート用材料

コンクリートの性質

コンクリートの
耐久性

配（調）合設計

製造・品質管理／
検査

施　　工

コンクリート製品

コンクリート構造の
設計

④ 配(調)合設計

④ /01 基本事項

〔④ /01〕

同一スランプを得るためのコンクリートの配 (調) 合の修正に関する次の記述のうち, **不適当なものはどれか。**

(1) 細骨材の粗粒率が大きくなったので, 細骨材率を大きくした。

(2) 単位水量を変えずに水セメント比を大きくすることになったので, 細骨材率を小さくした。

(3) 空気量を大きくすることになったので, 細骨材率と単位水量を小さくした。

(4) 川砂利に代えて砕石を用いることになったので, 単位水量を大きくした。

R.05 問題 10

ポイント 配 (調) 合がコンクリートのフレッシュ性状 (スランプ) に及ぼす影響に関する基本問題。

解 説

(1) 細骨材の粗粒率が大きくなると, 細骨材中の粒が大きい粗目の細骨材が多くなり, 同一配 (調) 合ではスランプが大きくなるため, 同一スランプを得るには細骨材率を大きくする必要がある。よって, 記述は適当。

(2) 単位水量を変えずに水セメント比を大きくすると, 単位セメント量が減少する。同一スランプの流動性を確保するためには, モルタル量を増やす必要があり細骨材率を大きくする。よって, 記述は不適当。

(3) 空気量を大きくすると, コンクリートの流動性が良くなるため, 同一スランプに調整するためには細骨材率および単位水量を小さくする必要がある。よって, 記述は適当。

(4) 川砂利に代えて砕石を用いると, 粗骨材の粒形が角ばったものになり, 粗骨材の比表面積が大きくなるため, 同一のスランプを得るためには単位水量を大きくする必要がある。よって, 記述は適当。

[正解(2)]

―〔④ /01〕――――――――――――――――――――――――――――――――

　配 (調) 合がコンクリートの性質に及ぼす影響に関する次の一般的な記述のうち，**不適当なものはどれか。**

　(1) 細骨材率を大きくすると，粗骨材とモルタルが分離しにくくなる。

　(2) 単位水量を大きくすると，打込み後の沈下が大きくなる。

　(3) 単位セメント量を大きくすると，硬化時の温度上昇が大きくなる。

　(4) 水セメント比を大きくすると，硬化後の塩化物イオンの侵入速度が遅くなる。

――――――――――――――――――――――――――――― R.04 問題　10 ―

ポイント　配 (調) 合がコンクリートの性質に及ぼす影響に関する基本問題。

解　説

(1) 細骨材率を大きくすると，コンクリート中のモルタル分が多くなるため粗骨材とモルタルが分離しにくくなる。よって，記述は適当。

(2) 単位水量を大きくすると，ブリーディング量が大きくなるため，打込み後の沈下が大きくなる。よって，記述は適当。

(3) 単位セメント量を大きくすると，水和熱が大きくなるため，硬化時の温度上昇量が大きくなる。よって，記述は適当。

(4) 水セメント比を大きくすると，コンクリートの水密性が低下するため，硬化後の塩化物イオンの浸透速度が速くなる。よって，記述は不適当。

[正解(4)]

─〔④ /01〕────────────────────────────────────

　同一のスランプを得るためのコンクリートの配 (調) 合の修正における細骨材率の補正に関する次の記述のうち，**不適当なものはどれか。**

　(1)　水セメント比を小さくすることになったので，細骨材率を小さくした。

　(2)　空気量を大きくすることになったので，細骨材率を小さくした。

　(3)　粗粒率の小さい細骨材を使用することになったので，細骨材率を小さくした。

　(4)　粗骨材を川砂利から砕石に変えることになったので，細骨材率を小さくした。

────────────────────────────── R.03 問題　9 ─

ポイント　配 (調) 合の修正がコンクリートのスランプに及ぼす影響に関する基本問題。

解　説

(1)　水セメント比を小さくする場合，粉体量が多くなるため細骨材率は小さくする。よって，記述は適当。

(2)　空気量を大きくする場合，流動性が向上するため細骨材率は小さくすることができる。よって，記述は適当。

(3)　粗粒率が小さい細骨材を使用する場合，今回粒子が多くなるため細骨材率を小さくする。よって，記述は適当。

(4)　粗骨材を川砂利から砕石に変える場合，粒形判定実積率または実積率が小さくなるため細骨材率は大きくする。よって，記述は不適当。

[正解(4)]

─〔④ /01〕─

　配（調）合がコンクリートの性質に及ぼす影響に関する次の一般的な記述のうち，**不適当なもの**はどれか。

(1) 水セメント比を小さくすると，すり減りに対する抵抗性は小さくなる。

(2) 単位セメント量を大きくすると，水和熱による温度上昇が大きくなる。

(3) 粗骨材の最大寸法を大きくすると，透水係数は大きくなる。

(4) 空気量を減少させると，耐凍害性は低下する。

─────────────── R.02 問題　8 ─

ポイント　配(調)合がコンクリートの硬化過程，物理的性質および耐久性に及ぼす影響に関する基本問題。

解説

(1) すり減り抵抗性を高めるには，水セメント比の小さな配(調)合のコンクリートを十分に湿潤養生して，圧縮強度を大きくする。よって，記述は不適当。

(2) 単位セメント量が大きくなると，水和反応による発熱は大きくなる。よって，記述は適当。

(3) 粗骨材の最大寸法が大きいほど，その下面の水膜が大きくなり，透水係数が増大する。よって，記述は適当。

(4) コンクリートの耐凍害性は，空気量と密接に関係する。空気量が３％を下回ると，耐凍害性は著しく低下する。よって，記述は適当。

[正解(1)]

─〔④ /01〕─────────────────────────────

　コンクリートの配（調）合に関する次の一般的な記述のうち，**不適当なものは
どれか。**

(1) 単位水量は，所要のワーカビリティーが得られる範囲内で，できるだけ小さ
い値とする。

(2) 水セメント比は，所要の強度，耐久性，水密性などを満足するそれぞれの値
のうち，最も小さい値を上回らないように定める。

(3) 空気量を大きくすれば，同一スランプを得るための単位水量を減らすことが
できる。

(4) 実積率の小さい粗骨材を用いれば，同一スランプを得るための単位水量を減
らすことができる。

──────────────────────── R.01 問題　8 ─

ポイント　コンクリートの配 (調) 合設計において，単位水量，水セメント比の設定，
および単位水量がフレッシュ性状に及ぼす影響に関する基本問題。

解　説

(1) 単位水量は，使用する骨材の粒度，粗骨材の最大寸法などにより異なる。経済的で
乾燥収縮を抑制するために，所要のワーカビリティーが得られる範囲で単位水量は最
少となるように設定する。よって，記述は適当。

(2) コンクリートの配 (調) 合設計を行うにあたり，水セメント比は，所要の強度，耐
久性，水密性からそれぞれ定める。それらの値のうち，最も小さい値を満足するよう
に設計する必要がある。よって，記述は適当。

(3) 空気量が大きくなれば，流動性が向上するため，同一スランプを得るための単位水
量は小さくできる。よって，記述は適当。

(4) 粒の形が角張っている骨材や，大小の粒が適度に分布していない骨材の実積率は小
さい。粒形や粒度分布が悪く，実積率が小さい骨材を使用した場合には，同一スラン
プを得るための単位水量が増加する。よって，記述は不適当。

[正解(4)]

問題 41 ～ 60（平成 30 年以降は問題 37 ～ 54）は，「正しい，あるいは適当な」記述であるか，または「誤っている，あるいは不適当な」記述であるかを判断する○×問題である。

「正しい，あるいは適当な」記述は解答用紙の◎欄を，「誤っている，あるいは不適当な」記述は⊗欄を黒く塗りつぶしなさい。

─〔④ /01〕─────────────────────────────

　鋼繊維補強コンクリートでは，所要のスランプを得るための細骨材率と単位水量を，一般のコンクリートに比べて大きくする必要がある。

─────────────────────── R.01 問題　50 ─

ポイントと解説　繊維補強コンクリートの練混ぜに際して，繊維混入率が 2 ％以上になると練混ぜに支障をきたすとともに，コンクリート中への繊維の一様な分散が困難になる。そのため，所要のスランプを得るためには，細骨材率と単位水量を一般のコンクリートに比べて大きくする必要がある。よって，記述は適当。

［正解 (○)］

〔④ /02〕

　下表に示す配 (調) 合条件のコンクリートを 1m³ 製造する場合，水および細骨材の計量値として，**適当なものはどれか。**ただし，細骨材は表面水率 2.0 ％の湿潤状態，粗骨材は表乾状態で使用する。また，セメントの密度は 3.15 g/cm³，細骨材および粗骨材の表乾密度は，それぞれ 2.60 g/cm³ および 2.65 g/cm³ とする。

水セメント比 (%)	空気量 (%)	細骨材率 (%)	単位セメント量 (kg/m³)
50.0	4.5	48.0	340

(1)　水は 170 kg, 細骨材は 842 ～ 848 kg である。

(2)　水は 170 kg, 細骨材は 858 ～ 865 kg である。

(3)　水は 153 ～ 154 kg, 細骨材は 842 ～ 848 kg である。

(4)　水は 153 ～ 154 kg, 細骨材は 858 ～ 865 kg である。

R.05 問題　11

ポイント　コンクリートの配 (調) 合計算にかかわる基本問題。

　　水セメント比と単位セメント量から単位水量を求める。単位セメント量を密度で除しセメントの絶対容積を求め，1 m³ (1 000 l) から水，セメントおよび空気量の絶対容積を減じたもの (=骨材の絶対容積) に細骨材率を乗じて，細骨材および粗骨材の絶対容積を求めるのがポイント。単位細骨材量は，各骨材の絶対容積に表乾密度を乗じて求めた後，表面水率の補正を行い，計量値を求める。

解　説

　次の (1) ～ (5) の計算により，それぞれの数値および数量を求める。

　1 m³ の計画配 (調) 合の単位量，絶対容積などはすべて整数で求める。

(1)　水セメント比と単位セメント量が既知であることから，単位セメント量を水セメント比で除して単位水量を求める。

　　　　　単位水量　　340/(50.0 ％ ÷ 100) = 340/0.5 = 170 kg/m³

(2)　1 m³(1 000 l) から水，セメントおよび空気量の絶対容積を減じて骨材の絶対容積を求める。

　　　　　水の絶対容積は，170/1.0 = 170 l/m³

　　　　　セメントの絶対容積は，340/3.15 = 107.9⋯ = 108 l/m³

　　　　　空気の絶対容積は 1 000 l の 4.5 ％であるので，4.5/100 × 1 000 = 45 l/m³

　　　　　骨材 (細骨材 + 粗骨材) の絶対容積は，1 000 − (170 + 108 + 45) = 677 l/m³

(3)　細骨材率が既知であることから，(2) で求めた骨材の絶対容積に細骨材率を乗じて，細骨材の絶対容積を求める (整数)。

　　　　　細骨材の絶対容積は，骨材の絶対容積 × 細骨材率 = 677 l/m³ × 48.0/100

　　　　　　　　　　　　　　　　　　　　　　　　　　 = 324.96 = 325 l/m³

また，骨材の絶対容積から細骨材の絶対容積を減じて粗骨材の絶対容積を求める。

　　　　粗骨材の絶対容積は，$677 - 325 = 352 \ l/m^3$

(4)　細骨材および粗骨材の単位量と表乾密度が既知であることから，細骨材および粗骨材の単位量を求める。

　　　　単位細骨材量　　　$325 \times 2.60 = 845 = 845 \ kg/m^3$

　　　　単位粗骨材量　　　$352 \times 2.65 = 932.8 = 933 \ kg/m^3$

(5)　細骨材の表面水率の補正を行い，細骨材の計量値を求めるとともに，水の計量値も求める。

　　　　細骨材の表面水の補正 (表面水率 2.0 %)　　　$845 \times 1.02 = 861.9 = 862 \ kg$

　　　　細骨材の表面水率分の質量を水から差し引く　　　$170 - (862 - 845) = 170 - 17$
　　　　　　　　　　　　　　　　　　　　　　　　　　　　　　　　　$= 153 \ kg$

よって，(4) の計量値の組合せが適当。

コンクリート用材料

コンクリートの性質

コンクリートの耐久性

配(調)合設計

製造・品質管理／検査

施　工

コンクリート製品

コンクリート構造の設計

［正解(4)］

〔④ /02〕

水セメント比が 50.0 %で，単位水量が 170 kg/m³，細骨材率が 44.0 %，空気量が 4.5 %の配 (調) 合のコンクリートの製造において，50 L のコンクリートの試し練りを行う場合の各材料の計量値として，次に示す組合せのうち，**適当なものはどれか**。ただし，水の密度は 1.00 g/cm³，セメントの密度は 3.15 g/cm³，細骨材の表乾密度は 2.58 g/cm³，粗骨材の表乾密度は 2.66 g/cm³ とし，細骨材および粗骨材はいずれも表乾状態とする。

	計量値 (kg)			
	水	セメント	細骨材	粗骨材
(1)	8.5	17.0	38.3 ～ 38.6	50.2 ～ 50.7
(2)	8.5	17.0	40.8 ～ 41.2	53.5 ～ 54.0
(3)	17.0	34.0	76.6 ～ 77.2	100.5 ～ 101.4
(4)	17.0	34.0	81.7 ～ 82.3	107.1 ～ 108.0

R.04 問題 12

ポイント コンクリートの配 (調) 合計算にかかわる基本問題。

　水セメント比と単位水量から単位セメント量を求める。単位セメント量を密度で除しセメントの絶対容積を求め，1 m³ (1 000 l) から水，セメントおよび空気量の絶対容積を減じたもの (=骨材の絶対容積) に細骨材率を乗じて，細骨材および粗骨材の絶対容積を求めるのがポイント。単位細骨材量および単位粗骨材量は，各骨材の絶対容積に表乾密度を乗じて求める。

　また，試し練りを行う場合の 50 l の計量値は，1 m³ の計画配 (調) 合を求めた後，各材料を 50 l に換算 (50 l/1 000 l) して求めれば容易。

解　説

次の①～⑤の計算により，それぞれの数値および数量を求める。

1 m³ の計画配 (調) 合の単位量，絶対容積などはすべて整数で求める。

① 水セメント比と単位水量が既知であることから，単位水量を水セメント比で除して単位セメント量を求める。

　　　　単位セメント量　　170/(50.0 % ÷ 100) = 170/0.5 = 340 kg/m³

② 1 m³ (1 000 l) から水，セメントおよび空気量の絶対容積を減じて骨材の絶対容積を求める。

　　　　　水の絶対容積は，170/1.0 = 170 l/m³

　　　　　セメントの絶対容積は，340/3.15 = 107.9 ≒ 108 l/m³

　　　　　空気の絶対容積は 1 000 l の 4.5 %であるので，4.5/100 × 1 000 = 45 l/m³

　　　　　骨材 (細骨材＋粗骨材) の絶対容積は，1 000 − (170 + 108 + 45) = 677 l/m³

③ 細骨材率が既知であることから，②で求めた骨材の絶対容積に細骨材率を乗じて，

細骨材の絶対容積を求める (整数)。

細骨材の絶対容積は，骨材の絶対容積×細骨材率 $= 677\ l/\mathrm{m}^3 \times 44.0/100 = 297.88 = 298\ l/\mathrm{m}^3$

また，骨材の絶対容積から細骨材の絶対容積を減じて粗骨材の絶対容積を求める。

粗骨材の絶対容積は，$677 - 298 = 379\ l/\mathrm{m}^3$

④ 細骨材および粗骨材の単位量と表乾密度が既知であることから，細骨材および粗骨材の単位量を求める。

単位細骨材量　　$298 \times 2.58 = 768.8 ≒ 769\ \mathrm{kg/m}^3$

単位粗骨材量　　$379 \times 2.66 = 1\,008.1 ≒ 1\,008\ \mathrm{kg/m}^3$

⑤ 試し練り 50 l 用の各材料の計量値を，$1\ \mathrm{m}^3$ $(1\,000\ l)$ のコンクリートの計画配 (調) 合から求める。

水　　　　　　$170 \times 0.05 = 8.5\ \mathrm{kg}$

セメント　　　$340 \times 0.05 = 17.0\ \mathrm{kg}$

細骨材　　　　$769 \times 0.05 = 38.45\ \mathrm{kg}$

粗骨材　　　　$1\,008 \times 0.05 = 50.4\ \mathrm{kg}$

よって，(1) の計量値の組合せが適当。

[正解(1)]

─〔④ /02〕─

　下表に示すコンクリートの配 (調) 合に関する次の記述のうち，**不適当なものは
どれか**。ただし，セメントの密度は 3.15 g/cm³，細骨材の表乾密度は 2.62 g/cm³，
粗骨材の表乾密度は 2.66 g/cm³ とする。

材料名	セメント	水	細骨材	粗骨材
単位量 (kg/m³)	350	175※	830	950

　　※　水には微量の AE 剤を含む

(1)　水セメント比は，49.5 ～ 50.5 %の範囲にある。

(2)　細骨材率は，46.5 ～ 47.5 %の範囲にある。

(3)　空気量は，4.3 ～ 4.7 %の範囲にある。

(4)　練上がり直後のコンクリート 4 m³ の質量は，9.20 ～ 9.24 t の範囲にある。

──────────────────────────────── R.03 問題 8 ─

ポイント　コンクリートの配 (調) 合計算にかかわる基本問題。セメント量と単位水量
から水セメント比を，各材料の単位量から単位容積質量を求める。また，各材料の単
位量を密度で除して絶対容積を求め，細骨材率と 1 m³ 中の空気量を求めるのがポイ
ント。また，練上がり直後のコンクリート 4 m³ の質量は，1 m³ あたりの単位容積質
量を 4 m³ に換算し求めれば容易。

解　説　次の (1)～(4) の計算により，それぞれの数値および数量を求める。

(1)　セメントの単位量と単位水量が既知であることから，セメントの単位量と単位水量
から水セメント比を求める。

　　　　　　　水セメント比　　　　　　175／350×100＝50.0 %

　　なお，単位水量に微量の AE 剤が含まれているが，その使用量は，おおむねセメン
ト質量の 0.01 %程度であり，水セメント比 0.5 %に相当する量 (1.75 kg) までは含ま
れないことから，水セメント比の範囲は，49.5 ～ 50.5 %の範囲にあるといえる。

(2)　細骨材および粗骨材の単位量と表乾密度が既知であることから，細骨材および粗骨
材の絶対容積を求める。

　　　　　　　細骨材の絶対容積　　　　830／2.62＝317*l*/m³

　　　　　　　粗骨材の絶対容積　　　　950／2.66＝357*l*/m³

　　　　　　　細骨材率　　　　　　　　317／(317＋357)×100＝47.0 %

(3)　セメントの絶対容積を求めれば，全材料の絶対容積が既知になるため，空気量を求
める。

　　　　　　　セメントの絶対容積　　　350／3.15＝111*l*/m³

　　　　　　　空気量　　　　　　　　　1 000－(111＋175＋317＋357)＝40*l*　40*l*／1 000*l*＝4.0 %

(4)　すべての単位量から，コンクリートの単位容積質量を求める。

単位容積質量　　　　　　$350 + 175 + 830 + 950 = 2\,305 \text{ kg/m}^3$

4 m^3 のコンクリートの質量　$2\,305 \times 4 = 9\,220 \text{ kg} = 9.22 \text{ t}$

よって，(3) の空気量が不適当。

コンクリート用材料

コンクリートの性質

コンクリートの
耐久性

配(調)合設計

製造・品質管理/
検査

施　工

コンクリート製品
設計

コンクリート構造の

［正解(3)］

〔④ /02〕

下表に示すコンクリートの配（調）合に関する次の記述のうち，**不適当なものはどれか**。ただし，セメントの密度は 3.16 g/cm³，細骨材の表乾密度は 2.60 g/cm³，粗骨材の表乾密度は 2.67 g/cm³ とする。

水セメント比（％）	空気量（％）	細骨材率（％）	単位水量（kg/m³）	絶対容積(L/m³)			単位量(kg/m³)		
				セメント	細骨材	粗骨材	セメント	細骨材	粗骨材
			180	95	310				988

(1) 水セメント比は，60.0 ％である。

(2) コンクリートの単位容積質量は，2 270 ～ 2 280 kg/m³ の範囲にある。

(3) 細骨材率は，44.9 ％である。

(4) 空気量は，4.5 ％である。

R.02 問題 9

ポイント コンクリートの配(調)合計算にかかわる基本問題。密度を乗除し各値を求めるのがポイント。表中に示されている絶対容積に密度を乗じて単位量を，単位量を密度で除して絶対容積を求めれば容易。

解説

次の①～④の計算により，それぞれの数値および数量を求める。

① セメントの絶対容積と単位水量が既知であることから，セメントの質量および水セメント比を求める。

セメントの質量　　　　95 × 3.16 = 300 kg/m³
水セメント比　　　　180 / 300 × 100 = 60.0 ％

② 粗骨材の質量と細骨材の絶対容積が既知であることから，粗骨材の絶対容積および細骨材の質量を求める。

粗骨材の絶対容積　　　988 / 2.67 = 370 l/m³
細骨材の質量　　　　310 × 2.60 = 806 kg/m³

③ すべての絶対容積が既知となったことから，細骨材率および空気量を求める。

細骨材率　　　　310 / (310 + 370) × 100 = 45.6 ％
空気量　　　　1 000 − (180 + 95 + 310 + 370) = 45 l　　45 l / 1 000 l
　　　　　　　　　　　　　　　　　　　　　　　　　　= 4.5 ％

④ すべての質量が既知となったことから，コンクリートの単位容積質量を求める。

180 + 300 + 806 + 988 = 2 274 kg/m³

よって，(3) の細骨材率が不適当。

[正解(3)]

〔④ /02〕

　下表のコンクリートの配（調）合に関する次の記述のうち，**適当なものはどれ
か**。ただし，セメントの密度は $3.15\ \mathrm{g/cm^3}$，フライアッシュの密度は $2.25\ \mathrm{g/cm^3}$，
細骨材の表乾密度は $2.61\ \mathrm{g/cm^3}$，粗骨材の表乾密度は $2.69\ \mathrm{g/cm^3}$ とし，フライアッ
シュは結合材とみなす。

水結合材比 (%)	空気量 (%)	細骨材率 (%)	単位量 (kg/m³)					単位容積質量 (kg/m³)
			水	セメント	フライアッシュ	細骨材	粗骨材	
45.0	4.5	46.8	162		45			

(1)　単位セメント量は，$360\ \mathrm{kg/m^3}$ である。

(2)　単位細骨材量は，$804\ \mathrm{kg/m^3}$ である。

(3)　単位粗骨材量は，$944\ \mathrm{kg/m^3}$ である。

(4)　コンクリートの単位容積質量は，$2\,307\ \mathrm{kg/m^3}$ である。

R.01　問題　9

ポイント　コンクリートの配 (調) 合計算にかかわる基本問題。セメントとフライアッ
シュを結合材として計算することがポイント。表中に示されている水結合材比，細骨
材率から，各単位量を求め，その合計から単位容積質量を求めれば容易。

解　説

　次の①〜⑤の計算により，それぞれの数値および数量を求める。

①　水結合材比と単位水量が既知であることから，結合材およびセメントの質量を求める。

　　　　　結合材の質量　　　　　　　$162 \times 100 / 45.0 = 360\ \mathrm{kg/m^3}$

　　　　　セメントの質量　　　　　　$360 - 45 = 315\ \mathrm{kg/m^3}$

②　セメントおよびフライアッシュの容積を求める。

　　　　　セメントの容積　　　　　　$315 / 3.15 = 100\ l/\mathrm{m^3}$

　　　　　フライアッシュの容積　　　$45 / 2.25 = 20\ l/\mathrm{m^3}$

③　空気量が既知であることから，細骨材と粗骨材の全容積を求める。

　　　　　細・粗骨材の全容積　　　$1\,000 - (162 + 100 + 20 + 1\,000 \times 4.5/100) = 673\ l/\mathrm{m^3}$

④　細骨材率が既知であることから，細骨材と粗骨材の絶対容積と単位量を求める。

　　　　　細骨材の絶対容積　　　　$673 \times 46.8 / 100 = 315\ l/\mathrm{m^3}$

　　　　　細骨材の単位量　　　　　$315 \times 2.61 = 822\ \mathrm{kg/m^3}$

　　　　　粗骨材の絶対容積　　　　$673 - 315 = 358\ l/\mathrm{m^3}$

　　　　　粗骨材の単位量　　　　　$358 \times 2.69 = 963\ \mathrm{kg/m^3}$

⑤　コンクリートの単位容積質量を求める。

　　　　　$162 + 315 + 45 + 822 + 963 = 2\,307\ \mathrm{kg/m^3}$

　よって，(4) の単位容積質量が適当。

[正解(4)]

⑤／01 製 造

― 〔⑤／01〕 ―

　レディーミクストコンクリートの製造に関して，材料の計量値の許容差とミキサの要求性能の組合せとして，JIS A 5308（レディーミクストコンクリート）の規定に照らして，**正しいものはどれか。**

	材料の計量値の許容差		ミキサの要求性能	
	1回計量分量の計量値の許容差		要求される均一性（練混ぜ性能）	
	膨張材	高炉スラグ微粉末	コンクリート中のモルタル量の偏差率（モルタルの単位容積質量の差）	コンクリート中の粗骨材量の偏差率（単位粗骨材量の差）
(1)	± 2 ％	± 1 ％	5 ％以下	0.8 ％以下
(2)	± 1 ％	± 2 ％	0.8 ％以下	5 ％以下
(3)	± 1 ％	± 2 ％	5 ％以下	0.8 ％以下
(4)	± 2 ％	± 1 ％	0.8 ％以下	5 ％以下

―――――――――――――――――――――――――――――――― R.04 問題　23 ―

ポイント　JIS A 5308-2019（レディーミクストコンクリート）の計量値の許容差およびミキサの要求性能を理解していることが肝要。

解説

　JIS A 5308 では，"1回計量分量の計量値の許容差は，セメント及び水にあっては ±1 ％，骨材及び混和剤にあっては ±3 ％，混和材は ±2 ％（高炉スラグ微粉末は ±1 ％）"と規定している。

　ミキサの要求性能の要求される均一性（練混ぜ性能）のコンクリート中のモルタル量の偏差率（モルタルの単位容積質量）にあっては 0.8 ％以下，コンクリート中粗骨材量の偏差率（単位粗骨材量の差）にあっては 5 ％以下，と規定している。よって，正しい組合せは (4) である。

[正解(4)]

〔⑤ /01〕

材料の計量およびコンクリートの練混ぜに関する次の記述のうち，JIS A 5308(レ
ディーミクストコンクリート) の規定に照らして，**適当なものはどれか。**

(1) 袋詰めされたフライアッシュの使用において，1 袋未満のものは容積で計量
した。

(2) セメントを，あらかじめ計量してある高炉スラグ微粉末に累加して計量した。

(3) コンクリートの練混ぜ時間を，JIS A 1119 (ミキサで練り混ぜたコンクリート
中のモルタルの差及び粗骨材量の差の試験方法) に規定する試験を行って定
めた。

(4) 工場で最も出荷の多い配合が［普通 27 15 20 N］であったので，この配合を
用いてミキサが要求性能に適合していることを確認した。

R.04 問題 24

ポイント JIS A 5308-2019 (レディーミクストコンクリート) の材料の計量および練混ぜ
を理解していることが肝要。

解 説

(1) JIS A 5308 では，"セメント，骨材及び混和材の計量は，質量による。混和材は，購
入者の承認があれば，袋の数で量ってもよい。ただし，1 袋未満のものを用いる場合
には，必ず質量で計量しなければならない。"と規定している。よって，記述は不適
当。

(2) JIS A 5308 では，"セメント，骨材，水及び混和材料は，それぞれ別々の計量器に
よって計量しなければならない。なお，水は，あらかじめ計量してある混和剤と一緒
に累加して計量してもよい。"と規定している。セメントと混和材である高炉スラグ
微粉末とは累加計量はできない。よって，記述は不適当。

(3) JIS A 5308 では，"コンクリートの練混ぜ量及び練混ぜ時間は，JIS A 1119 に定める
試験を行い，決定する。"と規定している。よって，記述は適当。

(4) JIS A 8603-2 では，"ミキサの要求性能の試験に用いるコンクリートは，粗骨材の最
大寸法 20 mm 又は 25 mm，スランプ 8 ± 3 cm，空気量 4.5 ± 1.5，呼び強度 24 に相
当するものを用いる。"と規定している。[普通 27 15 20 N] は，普通ポルトランドセ
メント及び粗骨材の最大寸法 20 mm の粗骨材を使用し，呼び強度 27，スランプ 15
cm の普通コンクリートである。呼び強度とスランプがミキサの要求性能の確認に用
いるコンクリートと異なるので，この配合ではミキサの要求性能の適合の確認はでき
ない。よって，記述は不適当。

［正解(3)］

─〔⑤/01〕─────────────────────────────

　コンクリート用材料の計量に関する次の記述のうち，JIS A 5308(レディーミクストコンクリート) の規定に照らして，**適当なものはどれか。**
　(1) 石灰石微粉末を，あらかじめ計量してあるセメントに累加して計量した。
　(2) 袋詰めされたセメントを，袋の数で量って使用した。
　(3) 高炉スラグ微粉末の計量値の許容差を±２％とした。
　(4) 高性能 AE 減水剤を，容積によって計量した。

────────────────────────── R.03 問題　18 ─

ポイント　JIS A 5308-2019(レディーミクストコンクリート) の計量を理解していると容易。

解　説

(1) JIS A 5308 では，"セメント，骨材，水及び混和材料は，それぞれ別々の計量器によって計量しなければならない。なお，水は，あらかじめ計量してある混和剤と一緒に累加して計量してもよい。"と規定している。
　　セメントと混和材である石灰石微粉末とは別々の計量器で計量しなければならない。よって，記述は不適当。

(2) JIS A 5308 では，"セメント，骨材及び混和材の計量は，質量による。混和材は，購入者の承認があれば，袋の数で量ってもよい。ただし，1 袋未満のものを用いる場合には，必ず質量で計量しなければならない。"と規定している。
　　セメントは，袋の数では計量できない。よって，記述は不適当。

(3) JIS A 5308 では，"混和材の計量値の許容差は，±２％。(注) 高炉スラグ微粉末は，±１％。"と規定している。よって，記述は不適当。

(4) JIS A 5308 では"水及び混和剤の計量は，質量または容積による。"と規定している。よって，記述は適当。

[正解(4)]

─〔⑤ /01〕─

コンクリート分野の環境問題に関する次の一般的な記述のうち，**不適当なものは**
どれか。

(1) スラッジ水の活用は，産業廃棄物削減の観点から有効である。

(2) セメントの一部を高炉スラグ微粉末やフライアッシュなどの混和材で置換することは，CO_2 排出量の削減に有効である。

(3) セメント製造1トン当たりの廃棄物・副産物の使用量は，100 kg 程度である。

(4) 構造物を解体して生じたコンクリート塊の再資源化率は，我が国では現在90 ％を上回っている。

─ R.02 問題　7 ─

ポイント　コンクリート分野における環境問題を理解していることが肝要。

解　説

(1) レディーミクストコンクリート工場では，運搬車，プラントのミキサ，ホッパなどに付着したフレッシュモルタルおよび残留したコンクリート，ならびに戻りコンクリートのそれぞれの洗浄によってコンクリートの洗浄排水が発生する。スラッジ水は，コンクリートの洗浄排水から細骨材および粗骨材を分離したもので，スラッジ固形分率3 ％以下でコンクリート用練混ぜ水として活用できると規定されている。スラッジはスラッジ水が濃縮され，流動性を失った状態のもので，コンクリート用練混ぜ水としてスラッジ水が活用されなければ，産業廃棄物の汚泥として処理される。したがって，スラッジ水の活用は，産業廃棄物の削減につながる。よって，記述は適当。

(2) セメントの製造に際し，化石燃料の燃焼およびセメントの主原料である石灰石の熱分解に伴い多量の CO_2 が発生する。セメントの一部を高炉スラグ微粉末やフライアッシュなどを混和材として置き換えることにより，化石燃料および石灰石の量を削減し，全体として CO_2 の排出量を削減することができる。よって，記述は適当。

(3) 2019 年度では，セメント製造1トン当り 473 kg の廃棄物・副産物を活用している。よって，記述は不適当。

(4) 構造物を解体して生じたコンクリート塊の再資源化率は，90 ％をこえている。よって，記述は適当。

[正解(3)]

─〔⑤/01〕─────────────────────

　レディーミクストコンクリートの計量および練混ぜに関する次の記述のうち，JIS A 5308(レディーミクストコンクリート)の規定に照らして，**正しいものはどれか**。

　(1)　高炉スラグ微粉末をセメントと同じ計量器で，累加して計量した。

　(2)　細骨材を粗骨材と同じ計量器で，累加して計量した。

　(3)　工場を代表する配合のコンクリートを用いて，ミキサの要求性能を確認した。

　(4)　スランプおよび圧縮強度の偏差率にもとづいて，練混ぜ時間を決定した。

─────────────────── R.02 問題　17 ─

ポイント　JIS A 5308-2019(レディーミクストコンクリート) の計量および練混ぜを理解していると容易。

解　説

(1)，(2)　JIS A 5308 では，「セメント，骨材，水及び混和材料は，それぞれ別々の計量器によって計量しなければならない。なお，水は，あらかじめ計量してある混和剤と一緒に累加して計量してもよい。」と規定している。

　　セメントと混和材である高炉スラグ微粉末とは別々の計量器で計量しなければならない。細骨材と粗骨材は，骨材であるので，同じ計量器で累加して計量してもよい。よって，(1)の記述は誤り。(2)の記述は正しい。

(3)　ミキサの要求性能を確認するコンクリートは，工場を代表する配合のコンクリートではなく，粗骨材の最大寸法 20 mm または 25 mm，スランプ 8 ± 3 cm，空気量 4.5 ± 1.5 %，呼び強度 24 に相当するものを用いる。よって，記述は誤り。

(4)　練混ぜ時間は，JIS A 1119-2014(ミキサで練り混ぜたコンクリート中のモルタルの差及び粗骨材量の差の試験方法)により，モルタルの単位容積質量差および単位粗骨材量の差を求め決定する。よって，記述は誤り。

[正解(2)]

― 〔⑤/01〕 ――――

コンクリート分野の環境問題に関する次の一般的な記述のうち，**不適当なものは
どれか。**
- (1) 廃棄物や産業副産物は，セメントの原料や混合材，セメント製造時の熱エネ
ルギーとして利用されている。
- (2) ポルトランドセメントの製造では，主原料である石灰石の焼成時の脱炭酸反
応や燃料の燃焼に伴い，CO_2 が排出される。
- (3) スラッジ水の活用は，産業廃棄物の削減につながる。
- (4) 構造物を解体して生じたコンクリート塊の再資源化率は，我が国では現在
50 % を下回っている。

――――――――――――――――――――――― R.01 問題 7 ―

ポイント コンクリートにかかわる環境問題を構成材料も含め理解していると容易。
解説

(1)，(2) セメントは，石灰石を主原料とし，焼成時の脱炭酸反応により石灰石の主成
分である炭酸カルシウム ($CaCO_3$) は酸化カルシウム (CaO) と二酸化炭素 (CO_2) に分
解され，この時 CO_2 が排出される。さらに，燃料の燃焼に伴う CO_2 の排出が加わり
多量の CO_2 が排出される。しかしその一方で，原料や混合材，熱エネルギーとして，
多量の産業副産物，産業廃棄物を活用しており，今やセメント産業は，静脈産業とし
て欠かせない存在となっている。よって，記述は適当。

(3) レディーミクストコンクリート工場では，運搬車，プラントのミキサ，ホッパなど
に付着したフレッシュモルタルおよび残留したコンクリート，ならびに戻りコンク
リートの洗浄によって発生するコンクリートの洗浄廃水が発生する。スラッジ水はコ
ンクリート洗浄廃水から細骨材および粗骨材を分離したもので，スラッジ固形分率3
%以下でコンクリート用練混ぜ水として活用できると規定されている。スラッジはス
ラッジ水が濃縮され，流動性を失った状態のもので，コンクリート用練混ぜ水として
スラッジ水が活用されなければ，産業廃棄物の汚泥として処理される。したがって，
スラッジ水の活用は，産業廃棄物の削減につながる。よって，記述は適当。

(4) 構造物を解体したコンクリート塊の再資源化率は，98 % 以上である。よって，記
述は不適当。

[正解(4)]

⑤　製造・品質管理／検査

　問題41〜60（平成30年以降は問題37〜54）は，「正しい，あるいは適当な」記述であるか，または「誤っている，あるいは不適当な」記述であるかを判断する〇×問題である。

　「正しい，あるいは適当な」記述は解答用紙の◎欄を，「誤っている，あるいは不適当な」記述は⊗欄を黒く塗りつぶしなさい。

――〔⑤ /01〕―――――――――――――――――――――――――――――――――

　コンクリートの練混ぜ時間は，強制練りミキサより重力式ミキサによる場合の方が短くできる。

――――――――――――――――――――――――――――― R.01 問題　44 ―

ポイントと解説　重力式ミキサは，内側に練混ぜ羽の付いた混合胴の回転によってコンクリート材料をすくい上げ，自重で落下させて練混ぜる方式のミキサである。強制練りミキサは，羽を動力で回転させ，コンクリート材料を強制的に練混ぜる方式のミキサである。均質なコンクリートを得るためのミキサの練混ぜ時間は，ミキサの種類，性能により異なるので，JIS A 1119-2014(ミキサで練り混ぜたコンクリート中のモルタルの差及び粗骨材量の差の試験方法) により決定する。練混ぜ時間については，重力式ミキサより強制練りミキサが優れているので，強制練りミキサは，同じ性能のコンクリートを重力式ミキサより短い時間で練混ぜることができる。よって，記述は誤り。

[正解 (×)]

〔⑤ /02〕

　JIS A 5308(レディーミクストコンクリート) に規定される材料の計量に関する次の記述のうち, **不適当なものはどれか。**

(1) 砂と砕砂を計量する際, 砂に砕砂を累加して計量した。

(2) フライアッシュの計量値の許容差を±3％に設定した。

(3) 高性能 AE 減水剤を, 容積によって計量した。

(4) 膨張材を, 購入者の承認を得て袋の数で量り, 1袋未満の端数は質量で計量した。

R.05 問題　23

ポイント　JIS A 5308(レディーミクストコンクリート) の計量を理解していると容易。

解 説

(1) JIS A 5308 では,「セメント, 骨材, 水及び混和材料は, それぞれ別々の計量器によって計量しなければならない。なお, 水は, あらかじめ計量してある混和剤と一緒に累加して計量してもよい。」と規定されている。砂と砕砂は骨材であるので, 累加して計量することができる。よって, 記述は適当。

(2) JIS A 5308 では,「1回計量分量の計量値の許容差は, セメント, 水及び高炉スラグ微粉末にあっては±1％, 骨材及び混和剤にあっては±3％, 高炉スラグ微粉末以外の混和材にあっては±2％」と規定されている。したがって, フライアッシュの計量値の許容差は±2％である。よって, 記述は不適当。

(3) JIS A 5308 では,「水及び混和剤の計量は, 質量又は容積による。」と規定されている。よって, 記述は適当。

(4) JIS A 5308 では,「セメント, 骨材及び混和剤の計量は, 質量による。混和材は, 購入者の承認を得て, 袋の数で量ってもよい。ただし, 1袋未満のものを用いる場合には, 必ず質量で計量しなければならない。」と規定されている。よって, 記述は適当。

[正解(2)]

コンクリート用材料

コンクリートの性質

コンクリートの耐久性

配(調)合設計

製造・品質管理/検査

施　工

コンクリート製品

コンクリート構造の設計

─〔⑤/02〕─

　下表は呼び強度 24 のレディーミクストコンクリートの圧縮強度試験結果である。JIS A 5308(レディーミクストコンクリート) の規定に照らして，ロット A およびロット B の合否判定を示した次の組合せのうち，**正しいものはどれか**。

圧縮強度試験結果 (N/mm³)

ロット	1回目	2回目	3回目
A	24.4	23.7	23.9
B	20.6	26.3	27.1

	A	B
(1)	合格	合格
(2)	合格	不合格
(3)	不合格	合格
(4)	不合格	不合格

R.05 問題　24

ポイント　強度の判定基準を理解していると容易。

解　説

　JIS A 5308 では，「強度は，① 1 回の試験結果は，呼び強度の強度値の 85 ％以上でなければならない。かつ，② 3 回の試験結果の平均値は，呼び強度の強度値以上でなければならない。」と規定されている。

呼び強度 24 の呼び強度の強度値は 24.0 N/mm²

ロット A

①の条件：1 回の試験結果は，$24.0 \times 0.85 = 20.4$ N/mm² 以上でなければならない。

　　　　　24.4 N/mm² > 20.4 N/mm²，23.7 N/mm² > 20.4 N/mm²，23.9 N/mm² $>$ 20.4 N/mm²　適合

②の条件：3 回の試験結果の平均値は，24.0 N/mm² 以上でなければならない。

　　　　　3 回の試験結果の平均値 $= (24.4 + 23.7 + 23.9)/3 = 72.0/3 = 24.0$ N/mm²　適合

　したがって，ロット A は合格である。

ロット B

①の条件：1 回の試験結果は，$24.0 \times 0.85 = 20.4$ N/mm² 以上でなければならない。

　　　　　20.6 N/mm² > 20.4 N/mm²，26.3 N/mm² > 20.4 N/mm²，27.1 N/mm² $>$ 20.4 N/mm²　適合

②の条件：3 回の試験結果の平均値は，24.0 N/mm² 以上でなければならない。

　　　　　3 回の試験結果の平均値 $= (20.6 + 26.3 + 27.1)/3 = 74.0/3 = 24.7$ N/mm²　適合

したがって，ロット B も合格である。

よって，正しい組合せは (1) である。

コンクリート用材料

コンクリートの性質

コンクリートの耐久性

配(調)合設計

製造・品質管理/検査

施　工

コンクリート製品

コンクリート構造の設計

［正解(1)］

─〔⑤ /02〕─

レディーミクストコンクリートの試験方法および検査に関する次の記述のうち，JIS A 5308（レディーミクストコンクリート）の規定に照らして，**誤っているもの
はどれか。**

(1) コンクリートの試料をトラックアジテータから採取する場合には，30 秒の高速攪拌の後，最初に排出されるコンクリート 50 ～ 100 L を除き，その後のコンクリート流の全横断面から採取する。

(2) 呼び方が「普通 30 21 20 N」のレディーミクストコンクリートで高性能 AE 減水剤を使用する場合，スランプの許容差は ± 2 cm である。

(3) スランプおよび空気量の一方または両方の試験結果が許容の範囲を外れた場合，新たに採取した試料による再試験を 2 回まで行うことができる。

(4) コンクリートの納入容積の試験は，荷卸し前後の運搬車の質量の差に基づく計算によって行ってもよい。

─────────────────────── R.05 問題 26 ─

ポイント JIS A 5308(レディーミクストコンクリート) の品質，試験方法，検査について理解していると容易。

解 説

(1) JIS A 5308 では，「試料採取方法は，JIS A 1115(フレッシュコンクリートの試料採取方法) による。」と規定されており，JIS A 1115 ではトラックアジテータでのフレッシュコンクリートの採取方法として附属書で「30 秒の高速かくはんの後，最初に排出されるコンクリート 50L ～ 100L を取り除き，その後の連続したコンクリート流の全横断面から試料を採取する。」と参考で規定されている。よって，記述は正しい。

   ＊ JIS A 5308 は 2024 年 3 月に改正され，「試料採取方法は，JIS A 1115 による。ただし，トラックアジテータから試料を採取する場合は，採取する直前にトラックアジテータのドラムを回転させて，コンクリートを均質にした後，シュートから排出させたコンクリートを 20 L ～ 50L 程度取り除き，その後の連続したコンクリート流の全横断面から試料を採取する。」と規定されている。

(2) 呼び方が [普通 30 21 20 N] のレディーミクストコンクリート，粗骨材の最大寸法が 20 mm の粗骨材，普通ポルトランドセメントを使用した呼び強度 30，スランプ 21 cm の普通コンクリートである。JIS A 5308 では，荷卸し地点でのスランプ 21 cm の許容差は，±1.5 cm と規定されているが，「呼び強度 27 以上で高性能 AE 減水剤を使用する場合は，±2 cm とする。」と規定されている。よって，記述は正しい。

(3) JIS A 5308 では，「スランプ及び空気量の試験でスランプ及び空気量の一方又は両方が許容の範囲を外れた場合には，新しく試料を採取して 1 回に限りスランプ及び空気量の試験を行い，その結果がスランプ及び空気量の規定にそれぞれ適合すれば，合格とする。」と規定されている。よって，記述は誤り。

(4) 積載容積は，トラックアジテータ1車分のレディーミクストコンクリートの計量値または質量を測定単位容積質量で除して求める。ただし，工程試験で求める場合は，測定単位容積質量を空気量のロス値 (A%) を考慮した (測定単位容積質量)/(1-A/100) とする。よって，記述は正しい。

コンクリート用材料

コンクリートの性質

コンクリートの耐久性

配(調)合設計

製造・品質管理/検査

施　工

コンクリート製品

コンクリート構造の設計

[正解(3)]

〔⑤／02〕

　下記に示すA〜D群のコンクリートの圧縮強度の管理図に基づいて工程の管理状態を判断した次の記述のうち，**適当なものはどれか**。ただし，σは標準偏差を表わすものとする。

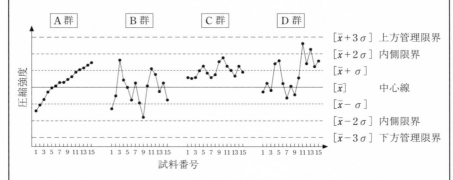

(1) A群は，強度が連続して増加しているが，中心線の近くにあるので良好な管理状態にある。

(2) B群は，中心線に対し強度が変動しているが，内側限界を超えていないので良好な管理状態にある。

(3) C群は，中心線より強度が高いが，変動が小さいので良好な管理状態にある。

(4) D群は，内側限界を超えている強度があるが，上方管理限界を超えていないので良好な管理状態にある。

R.04 問題　25

ポイント　管理図の異常パターンについて理解していると容易。

解説

(1) A群は，全体的に増加する連続する7点以上の異常パターンである。よって，記述は不適当。

(2) B群は，中心線を中心に2σ線内にランダムにプロットされており，良好な管理状態にあると判断してよい。よって，記述は適当。

(3) C群は，中心線の片側に連続する7点以上(連)の異常パターンである。よって，記述は不適当。

(4) D群は，1点が+2σ線を超えており，良好な管理状態ではない。よって，記述は不適当。

[正解(2)]

〔⑤ /02〕

　レディーミクストコンクリートの検査に関する次の記述のうち，JIS A 5308(レ
ディーミクストコンクリート) の規定に照らして，**不適当なものはどれか。**

(1)　呼び強度 27 のコンクリートを用いて 3 回の圧縮強度試験を実施した結果が，
30.5 N/mm², 22.5 N/mm², 28.2 N/mm² であったので，そのロットを不合格
と判定した。

(2)　スランプおよび空気量の試験においてスランプが許容の範囲を外れたので，
新しく試料を採取してスランプおよび空気量の再試験を行い，合否を判定し
た。

(3)　高強度コンクリートの圧縮強度の試験頻度を，100 m³ について 1 回とした。

(4)　呼び方が「普通 30 21 20 BB」で AE 減水剤を用いたコンクリートの検査にお
いて，スランプの試験値が 19.0 cm であったので合格と判定した。

— R.03 問題　21 —

ポイント　JIS A 5308-2019(レディーミクストコンクリート) の品質に係る判定基準，検
査について理解していると容易。

解　説

(1)　JIS A 5308 では，"① 1 回の試験結果は，購入者が指定した呼び強度の強度値の 85 %
以上でなければならない。② 3 回の試験結果の平均値は，購入者が指定した呼び強度
の強度値以上でなければならない。"と規定している。

　呼び強度 27 のコンクリートの①の条件は，27.0×0.85 = 23.0 N/mm² 以上，②の条
件は，27.0 N/mm² 以上である。

　①の条件では，1 回の試験結果の 30.5 N/mm²：適合，22.5 N/mm²：不適合，28.2
N/mm²：適合。したがって，①の条件は不適合となり，ロットは不合格である。ち
なみに，②の条件は，3 回の試験結果の平均値 (30.5 + 22.5 + 28.2)/3 = 27.1 N/mm² は
27.0 N/mm² 以上であるので適合。よって，記述は適当。

(2)　JIS A 5308 では，"スランプ又はスランプフロー及び空気量は，それぞれの試験を適
宜行い，それぞれの規定にそれぞれ適合すれば，合格とする。この試験でスランプ又
はスランプフロー，及び空気量の一方又は両方が許容の範囲を外れた場合には，新し
く試料を採取して，1 回に限りそれぞれの試験を行ったとき，その結果がそれぞれの
規定にそれぞれ適合すれば，合格とすることができる。"と規定している。よって，
記述は適当。

(3)　JIS A 5308 では，"強度の試験頻度は，普通コンクリート，軽量コンクリート及び舗
装コンクリートにあっては 150 m³ について 1 回を，高強度コンクリートにあっては，
100 m³ について 1 回を，それぞれ標準とする。"と規定している。よって，記述は適
当。

(4)　呼び方が「普通 30 21 20 BB」は，粗骨材の最大寸 20 mm，呼び強度 30，スランプ

21 cm で高炉セメント B 種を使用した普通コンクリートである。AE 減水剤を用いているので，スランプの許容差は，±1.5 cm である。したがって，スランプの合格範囲は，19.5 cm ～ 22.5 cm であり，19.0 cm は許容範囲外である。よって，記述は不適当。

［正解(4)］

─〔⑤ /02〕─

　下表は，呼び強度 24 のレディーミクストコンクリートに対する圧縮強度の試験結果である。JIS A 5308(レディーミクストコンクリート) の規定に照らして，A，B 各ロットの合否判定を示した次の組合せのうち，**正しいものはどれか。**

ロット	圧縮強度 (N/mm²)		
	1回目	2回目	3回目
A	29.1	22.5	21.6
B	30.0	20.2	26.9

	A	B
(1)	合　格	合　格
(2)	合　格	不合格
(3)	不合格	合　格
(4)	不合格	不合格

R.02 問題　18

ポイント　JIS A 5308-2019(レディーミクストコンクリート)の強度の判定基準を理解していると容易。

解　説

　JIS A 5308 では，「① 1 回の試験結果は，購入者が指定した呼び強度の強度値の 85 ％以上でなければならない。② 3 回の試験結果の平均値は，購入者が指定した呼び強度の強度値以上でなければならない。」と規定している。

　呼び強度 24 のコンクリートの①の条件は，$24.0 \times 0.85 = 20.4$ N/mm² 以上，②の条件は，24.0 N/mm² 以上である。

　ロット A

①　の条件：1 回の試験結果の 29.1 N/mm²，22.5 N/mm²，21.6 N/mm² は，すべて 20.4 N/mm² 以上であり適合。

②　の条件：3 回の試験結果の平均値$(29.1+22.5+21.6)/3=24.4$ N/mm² は，24.0 N/mm² 以上であるので適合。

　よって，ロット A は合格。

　ロット B

①　の条件：1 回の試験結果 30.0 N/mm²，26.9 N/mm² は，20.4 N/mm² 以上であるが，20.2 N/mm² は 20.4 N/mm² 未満であり不適合。

　よって，ロット B は不合格。

したがって，正しい組み合わせは(2)である。

[正解(2)]

─〔⑤／02〕──────────────────────────────

コンクリート用材料の貯蔵および計量に関する次の記述のうち，JIS A 5308 (レ
ディーミクストコンクリート) の規定に照らして，**正しいものはどれか**。

(1) 上屋を設けない設備で貯蔵された骨材を高強度コンクリートの製造に用いて
はならない。

(2) 骨材の貯蔵設備は，レディーミクストコンクリートの平均出荷量の1日分以
上に相当する骨材を貯蔵できるものでなければならない。

(3) 購入者の承認があれば，混和材を袋の数で量り，1袋未満の端数は袋単位で
切り上げてよい。

(4) 材料の計量値の差は，量り取られた計量値と目標とする1回計量分量の差を，
目標とする1回計量分量で除して得られる値を百分率で表し，四捨五入に
よって小数点1位に丸めたものとする。

──────────────────────── R.01 問題　16 ─

ポイント　JIS A 5308-2019(レディーミクストコンクリート) のコンクリート用材料の貯
蔵および計量を理解していると容易。

解　説

(1) JIS A 5308 では，高強度コンクリートの製造に用いる骨材の貯蔵設備には，骨材の
含水率の安定化を図るため，必ず上屋を設けなければならないと規定している。よっ
て，記述は正しい。

(2) JIS A 5308 では，骨材の貯蔵設備は，「レディーミクストコンクリートの最大出荷量
の1日分以上に相当する骨材を貯蔵できるものでなければならない。」と規定してい
る。平均出荷量の1日分以上ではない。よって，記述は誤り。

(3) JIS A 5308 では，「混和材は，購入者の承認があれば，袋の数で量ってもよい。ただ
し，1袋未満のものを用いる場合には，必ず質量で計量しなければならない。」と規
定している。よって，記述は誤り。

(4) JIS A 5308 では，「量り取られた計量値と目標とする1回計量分量との差を目標とす
る1回計量分量で除して得られる値を百分率で表し，四捨五入によって整数に丸め
る。」と規定している。よって，記述は誤り。

[正解(1)]

―〔⑤ /02〕――――――――――――――――――――――――――

　レディーミクストコンクリートの検査に関する次の記述のうち，JIS A 5308 (レ
ディーミクストコンクリート) の規定に照らして，**誤っているものはどれか**。

(1) 塩化物含有量の検査を，工場出荷時に行った。

(2) 1 回目のスランプおよび空気量の試験の結果，スランプが許容の範囲を外れ
たので，新たに試料を採取して，スランプおよび空気量の再試験を行い，合
否を判定した。

(3) 高強度コンクリートの圧縮強度試験の頻度を，150 m³ について 1 回とした。

(4) 強度の 1 回の試験結果を，任意の 1 運搬車から採取した 3 個の供試体の試験
値の平均値とした。

――――――――――――――――――――――――――　R.01 問題　18 ―

ポイント　JIS A 5308-2019(レディーミクストコンクリート) の検査を理解していると容
易。

解　説

(1) JIS A 5308 では，「塩化物含有量の検査は，工場出荷時でも荷卸し地点での所定の条
件を満足するので，工場出荷時に行うことができる。」と規定している。よって，記
述は正しい。

(2) JIS A 5308 では，「スランプ及び空気量の試験でスランプ及び空気量の一方又は両方
が外れた場合には，新しく試料を採取して 1 回に限りスランプ及び空気量の試験を行
い，その結果がスランプ及び空気量の規定にそれぞれ適合すれば，合格とすることが
できる。」と規定している。よって，記述は正しい。

(3) JIS A 5308 では，「強度試験の頻度は，普通コンクリート，軽量コンクリート，及び
舗装コンクリートにあっては，150 m³ について 1 回を，高強度コンクリートにあっ
ては，100 m³ について 1 回をそれぞれ標準とする。」と規定している。よって，記述
は誤り。

(4) JIS A 5308 では，「強度の 1 回の試験結果は，任意の運搬車 1 台から採取した試料で
作った 3 個の供試体の試験値の平均値で表す。」と規定している。よって，記述は正
しい。

[正解(3)]

⑤ /03　レディーミクストコンクリート

〔⑤ /03〕

　呼び方が「普通 27 15 20 N」のレディーミクストコンクリートの購入に際し，購入者が生産者と協議のうえ指定した次の事項のうち，JIS A 5308 (レディーミクストコンクリート) の規定に照らして，**誤っているものはどれか。**

(1) 骨材のアルカリシリカ反応性による区分を，「区分 A」と指定した。

(2) 骨材の種類を，「溶融スラグ骨材」と指定した。

(3) 塩化物含有量の上限値を，「0.20 kg/m³」と指定した。

(4) コンクリートの最高温度を，「35℃」と指定した。

R.05 問題　25

ポイント　購入者がレディーミクストコンクリートを購入に際し，購入者が生産者と協議のうえ指定することができる事項を理解していることが肝要。

解　説

　購入するレディーミクストコンクリートは，粗骨材の最大寸法 20mm の粗骨材，普通ポルトランドセメントを使用した呼び強度 27，スランプ 15cm の普通コンクリートである。

(1)，(3)，(4)「骨材のアルカリシリカ反応性による区分」，「塩化物含有量の上限値」，「コンクリートの最高温度又は最低温度」は，指定事項に規定されており，指定事項も適正である。よって，記述は正しい。

(2)「骨材の種類」は，指定事項に規定されているが，「溶融スラグ骨材」は，附属書 A(レディーミクストコンクリート用骨材) で「溶融スラグ骨材 (産業廃棄物の溶融固化施設から産出される溶融スラグ骨材を含む) を使用することはできない。」と規定されているので，指定することができない。よって，記述は誤り。

[正解(2)]

―〔⑤ /03〕―

　JIS A 5308 (レディーミクストコンクリート) 附属書 C (レディーミクストコンク
リートの練混ぜに用いる水) の規定に関する次の記述のうち，**誤っているものはど
れか。**

(1) 水は，上水道水，上水道水以外の水，および回収水に区分される。
(2) 上水道水は，特に試験を行わなくても，コンクリートの練混ぜ水として使用
　　できる。
(3) 2 種類以上の水を混合して用いる場合には，混合した後の水の品質が規定に
　　適合していれば使用できる。
(4) 上水道水以外の水，および回収水には，塩化物イオン (Cl⁻) 量の上限値が規
　　定されている。

R.04 問題　8

ポイント　JIS A 5308 (レディーミクストコンクリート) 附属書 C (レディーミクストコ
ンクリートの練混ぜに用いる水) を理解していることが肝要。

解　説

(1) 附属書 C では，"水は，上水道水，上水道水以外の水及び回収水に区分する。" と規
　　定している。よって，記述は正しい。
(2) 附属書 C では，"上水道水は，特に試験を行わなくても用いることができる。" と規
　　定している。よって，記述は正しい。
(3) 附属書 C では，"2 種類以上の水を混合して用いる場合には，それぞれの規定に適
　　合していなければならない。" と規定している。混合後の水の品質が適合だけでは使
　　用できない。よって，記述は誤り。
(4) 附属書 C では，"上水道水以外の水及び回収水の塩化物イオン (Cl⁻) 量を 200 mg 以
　　下" と規定している。よって，記述は正しい。

[正解(3)]

コンクリート用材料
コンクリートの性質
コンクリートの耐久性
コンクリートの配(調)合設計
製造・品質管理/検査
施工
コンクリート製品
コンクリート構造の設計

─〔⑤ /03〕─

　次に示す呼び方のレディーミクストコンクリートのうち，JIS A 5308 (レディーミクストコンクリート) に**適合していないものはどれか。**

(1) 普通 30 55 20 N

(2) 軽量 1 種 21 21 15 BB

(3) 舗装 曲げ 4.5 2.5 40 N

(4) 高強度 55 60 20 L

R.04 問題　26

ポイント　JIS A 5308-2019 (レディーミクストコンクリート) 全般を熟知していることが肝要。

解説

(1) [普通 30 55 20 N] は，粗骨材の最大寸法 20 mm の粗骨材及び普通ポルトランドセメントを使用した呼び強度 30，スランプフロー 55 cm の普通コンクリートである。JIS A 5308 に規定するスランプフロー 55 cm の普通コンクリートの呼び強度は，36，40，42，45 である。したがって，普通 30 55 20 N は，JIS A 5308 に適合しない。

(2) [軽量 1 種 21 21 15 BB] は，粗骨材の最大寸法 15 mm の人工軽量粗骨材及び高炉セメント B 種を使用した呼び強度 21，スランプ 21 cm の軽量コンクリートで，JIS A 5308 に適合している。

(3) [舗装 曲げ 4.5 2.5 40 N] は，粗骨材の最大寸法 40 mm の粗骨材及び普通ポルトランドセメントを使用した呼び強度曲げ 4.5，スランプ 2.5 cm の舗装コンクリートで，JIS A 5308 に適合している。

(4) [高強度 55 60 20 L] は，粗骨材の最大寸法 20 mm の粗骨材及び低熱ポルトランドセメントを使用した呼び強度 55，スランプフロー 60 cm の高強度コンクリートで，JIS A 5308 に適合している。

[正解(1)]

〔⑤ /03〕

　JIS A 5308 附属書 C (レディーミクストコンクリートの練混ぜに用いる水) に規定される上水道水以外の水の品質に関する次の記述のうち，**誤っているものはどれか。**
(1) 懸濁物質の量の上限値が規定されている。
(2) 溶解性蒸発残留物の量の上限値が規定されている。
(3) 全アルカリ量の上限値が規定されている。
(4) モルタルの圧縮強さの比の下限値が規定されている。

R.03 問題　6

ポイント　JIS A 5308-2019(レディーミクストコンクリート) 附属書 C(レディーミクストコンクリートの練混ぜに用いる水) を理解していることが肝要。

解　説

　附属書 C では，上水道水以外の水の品質を，「懸濁物質の量」にあっては 2 g/L 以下，「溶解性蒸発残留物の量」にあっては 1 g/L 以下，「塩化物イオン (Cl⁻) 量」にあっては 200 mg/L 以下，「セメントの凝結時間の差」にあっては始発は 30 分以内，終結は 60 分以内，「モルタルの圧縮強さの比」にあっては材齢 7 日及び材齢 28 日で 90 ％以上と規定している。

　全アルカリ量の上限値は規定していない。よって，誤っている記述は (3) である。

[正解(3)]

〔⑤/03〕

JIS A 5308(レディーミクストコンクリート) の規定に照らして，**不適当なものは どれか。**

(1) 呼び強度33の普通コンクリートからスランプフロー50 cmのものを選定した。

(2) 購入者の承認を受けたので，荷卸し地点における塩化物含有量の上限値を 0.50 kg/m³ とした。

(3) トラックアジテータのドラム内に付着したモルタルを高強度コンクリートと 混合して再利用した。

(4) 高強度コンクリートから回収した回収骨材を舗装コンクリートに使用した。

R.03 問題 19

ポイント JIS A 5308-2019(レディーミクストコンクリート) 全般を理解していることが 肝要。

解 説

(1) JIS A 5308 では，"普通コンクリート，粗骨材の最大寸法 20 mm，25 mm，呼び強 度 33 のスランプフローは，50 mm" と規定している。よって，記述は適当。

(2) JIS A 5308 では，"塩化物含有量は，塩化物イオン (Cl⁻) 量として 0.30 kg/m³ 以下 とする。ただし，塩化物含有量の上限値の指定があった場合は，その値とする。また， 購入者の承認を受けた場合には，0.60 kg/m³ とすることができる。" と規定している。 したがって，購入者の承認を受けた場合，塩化物含有量の上限値を 0.50 kg/m³ 以下 とすることができる。よって，記述は適当。

(3) JIS A 5308 では，"軽量コンクリート，舗装コンクリート及び高強度コンクリートの 場合は，付着モルタルの再利用は行わない。" と規定している。よって，記述は不適 当。

(4) JIS A 5308 では，"回収骨材は，普通コンクリート，舗装コンクリート及び高強度コ ンクリートから回収した骨材を用いる。また，軽量コンクリート及び高強度コンク リートには，回収骨材を用いない。" と規定している。したがって，高強度コンク リートから回収した回収骨材を舗装コンクリートに用いることができる。よって，記 述は適当。

[正解(3)]

〔⑤ /03〕

　アルカリシリカ反応抑制対策に関する次の記述のうち，JIS A 5308(レディーミクストコンクリート) の規定に照らして，**不適当なものはどれか。**

(1) アルカリシリカ反応抑制対策の方法を，購入者が生産者と協議のうえ指定した。

(2) コンクリート中のアルカリ総量を，直近 6 か月間のセメントの試験成績表に示されている全アルカリの平均値を用いて計算した。

(3) 区分 B の骨材を使用するので，フライアッシュの分量 20 ％のフライアッシュセメント B 種を使用した。

(4) 化学法で「無害でない」と判定されたが，モルタルバー法で「無害」と判定されたので，区分 A の骨材として使用した。

—— R.03 問題　20 ——

ポイント　JIS A 5308-2019(レディーミクストコンクリート)，附属書 A(レディーミクストコンクリート用骨材) および附属書 B(アルカリシリカ反応抑制対策の方法) を理解していると容易。

解　説

(1) JIS A 5308 では，"購入者は，レディーミクストコンクリートの購入に際し，セメントの種類，骨材の種類，粗骨材の最大寸法，アルカリシリカ反応抑制対策の方法を生産者と協議のうえ，指定する。" と規定している。よって，記述は適当。

(2) JIS A 5308 附属書 B では，"セメント中の全アルカリの値としては，直近 6 か月間の試験成績表に示されている，全アルカリの最大値の最も大きい値を用いる。" と規定している。よって，記述は不適当。

(3) JIS A 5308 附属書 B では，アルカリシリカ反応抑制効果のある混合セメントなどを使用する抑制対策の方法として，"混合セメントを使用する場合は，JIS R 5211 に適合する高炉セメント B 種若しくは高炉セメント C 種，又は JIS R 5213 に適合するフライアッシュセメント B 種若しくはフライアッシュセメント C 種を用いる。ただし，高炉セメント B 種の高炉スラグの分量 (質量分率％) は 40 ％以上，フライアッシュセメント B 種のフライアッシュの分量 (質量分率％) は 15 ％以上でなければならない。" と規定している。よって，記述は適当。

(4) 附属書 A では，"アルカリシリカ反応性による区分は，JIS A 1145(骨材のアルカリシリカ反応性試験方法 (化学法)) による試験を行って判定するが，この結果で「無害でない」と判定された場合は，JIS A 1146(骨材のアルカリシリカ反応性試験方法 (モルタルバー法)) による試験を行って判定する。" と規定している。よって，記述は適当。

[正解(2)]

〔⑤ /03〕

JIS A 5308(レディーミクストコンクリート)に規定されるコンクリートの種類「普通　27　15　20　H」に関する次の記述のうち，**誤っているものはどれか**。ただし，購入者からの指定はないものとする。

(1) セメントは普通ポルトランドセメントである。

(2) 呼び強度の強度値は 27 N/mm^2 である。

(3) 荷卸し地点におけるスランプの許容範囲は 12.5〜17.5 cm である。

(4) 粗骨材の最大寸法は 20 mm である。

R.02 問題　19

ポイント　JIS A 5308-2019(レディーミクストコンクリート)全般を理解していると容易。

解　説

[普通　27　15　20　H] は，早強ポルトランドセメント，粗骨材の最大寸法 20 mm の粗骨材を使用した呼び強度 27，スランプ 15 cm の普通コンクリートである。

(1) 使用するセメントは，早強ポルトランドセメントで，普通ポルトランドセメントではない。よって，記述は誤り。

(2) JIS A 5308 では，「呼び強度の強度値は，呼び強度に小数点を付けて，小数点以下 1 桁目を 0 とする N/mm^2 で表した値である。ただし，呼び強度の曲げ 4.5 は，4.50 N/mm^2 である。」と規定している。呼び強度の強度値は，27.0 N/mm^2 であり，27 N/mm^2 ではない。よって，「正しい」記述ではない。

(3) スランプ 15 cm の荷卸し地点での許容差は，±2.5 cm である。したがって，許容範囲は 12.5〜7.5 cm である。よって，記述は正しい。

(4) 使用する粗骨材の最大寸法は，20 mm である。よって，記述は正しい。

明らかな誤りは(1)であるが，(2)も「正しい」記述ではない。

[正解(1)]

〔⑤ /03〕

　練混ぜ水に関する次の記述のうち，JIS A 5308 附属書 C (レディーミクストコンクリートの練混ぜに用いる水) の規定に照らして，**正しいものはどれか**。
- (1) 上澄水には，全アルカリ量の上限値が規定されている。
- (2) 回収水には，懸濁物質の量の上限値が規定されている。
- (3) 品質試験に用いる基準水として，蒸留水やイオン交換樹脂で精製した水だけでなく，上水道水も用いることができる。
- (4) 上水道水と上水道水以外の水を混合して用いる場合には，混合した後の水が「上水道水以外の水の品質」の規定に適合していればよい。

R.01 問題　6

ポイント　JIS A 5308-2019(レディーミクストコンクリート) 附属書 C(レディーミクストコンクリートの練混ぜに用いる水) を理解していると容易。

解説

(1), (2) 上澄水の品質は，回収水の品質を適用する。附属書 C では，回収水の品質は，「塩化物イオン (Cl⁻) 量は 200 mg/L 以下，セメントの凝結時間は始発にあっては 30 分以内，終結にあっては 60 分以内，モルタルの圧縮強さは材齢 7 日及び材齢 28 日で 90 % 以上」と規定している。全アルカリ量及び懸濁物質の上限値は規定していない。よって，記述は誤り。

(3) 附属書 C では，「基準水は，蒸留水又はイオン交換樹脂で生成した水又は上水道水とする。」と規定している。よって，記述は正しい。

(4) 附属書 C では，「2 種類以上の水を混合して用いる場合には，それぞれがそれぞれの規定に適合していなければならない。」と規定している。上水道水と上水道水以外の水を混合して用いる場合は，混合前の上水道水以外の水が「上水道水以外の水の品質」に適合していなければならない。よって，記述は誤り。

[正解(3)]

〔⑤ /03〕

レディーミクストコンクリートの運搬および運搬車に関する次の記述のうち，JIS A 5308 (レディーミクストコンクリート) の規定に照らして，**正しいものはどれか**。

(1) 運搬時間とは，練り混ぜられたコンクリートの運搬車への積込みが完了した時点から，運搬車が荷卸し地点に到着するまでの時間のことをいう。

(2) 運搬時間の限度は 1.5 時間であるが，購入者と協議のうえ運搬時間の限度を変更することができる。

(3) ダンプトラックを運搬車として用いることができるのは，スランプ 2.5 cm およびスランプ 6.5 cm の舗装コンクリートに限定される。

(4) トラックアジテータは，その荷の排出時に，コンクリート流の約 1/4 と 3/4 のとき，それぞれの断面から試料を採取して圧縮強度試験を行い，両者の圧縮強度の差が 3 N/mm^2 以下になるものでなければならない。

R.01 問題　17

ポイント　JIS A 5308-2019(レディーミクストコンクリート) の運搬および運搬車について理解していることが肝要。

解説

(1) JIS A 5308 では，「レディーミクストコンクリートの運搬時間は，生産者が練混ぜを開始してから運搬車が荷卸し地点に到着するまでの時間」と規定している。練混ぜられたコンクリートの運搬車への積込みが完了した時点から運搬車が荷卸し地点に到着するまでの時間ではない。よって記述は誤り。

(2) JIS A 5308 では，「運搬時間は 1.5 時間以内とする。ただし，購入者と協議のうえ，運搬時間の限度を変更することができる。」と規定している。よって，記述は正しい。

(3) JIS A 5308 では，「ダンプトラックは，スランプ 2.5 cm の舗装コンクリートを運搬する場合に限り使用することができる。」と規定している。スランプ 6.5 cm の舗装コンクリートは，運搬できない。よって記述は誤り。

(4) JIS A 5308 では，「トラックアジテータは，その荷の排出時に，コンクリート流の約 1/4 及び 3/4 のとき，それぞれ全断面から試料を採取してスランプ試験を行い，両者のスランプの差が 3 cm 以内になるものでなければならない。」と規定している。試料を採取しての試験は，圧縮強度試験ではなく，スランプ試験である。よって，記述は誤り。

[正解(2)]

問題 41 〜 60（平成 30 年以降は問題 37 〜 54）は，「正しい，あるいは適当な」記述であるか，または「誤っている，あるいは不適当な」記述であるかを判断する〇×問題である。

「正しい，あるいは適当な」記述は解答用紙の◎欄を，「誤っている，あるいは不適当な」記述は⊗欄を黒く塗りつぶしなさい。

〔⑤ /03〕

JIS A 5308 附属書 C (レディーミクストコンクリートの練混ぜに用いる水) の規定において，上水道水以外の水の試験結果の報告記載事項には，塩化物イオン (Cl⁻) 量が含まれる。

R.01 問題　40

ポイントと解説　JIS A 5308-2019(レディーミクストコンクリート) 附属書 C(レディーミクストコンクリートの練混ぜに用いる水) を理解していると容易。

JIS A 5308 附属書 C では，「上水道水は，特に試験を行わなくても用いることができる。上水道水以外の水及び回収水の品質は，それぞれの規定に適合しなければならない。」と規定している。

上水道水以外の水の品質

項目	品質
懸濁物質の量	2 g/L以下
溶解性蒸発残留物の量	1 g/L以下
塩化物イオン (Cl⁻)量	200 mg/L以下
セメントの凝結時間の差	始発は30分以内，終結は60分以内
モルタルの圧縮強さの比	材齢7日及び材齢28日で90 %以上

回収水の品質

項目	品質
塩化物イオン (Cl⁻)量	200 mg/L以下
セメントの凝結時間の差	始発は30分以内，終結は60分以内
モルタルの圧縮強さの比	材齢7日及び材齢28日で90 %以上

よって，記述は正しい。

[正解 (〇)]

─〔⑤ /03〕─

　JIS A 5308 (レディーミクストコンクリート) の規定に照らして，高性能 AE 減水剤を使用した，呼び方が「普通　30　21　20　N」のコンクリートのスランプの許容差を，± 2.5 cm とした。

── R.01 問題　45 ──

ポイントと解説　JIS A 5308-2019(レディーミクストコンクリート) の 4.2 製品の呼び方，5.3 スランプ表 4 荷卸し地点でのスランプの許容差を理解していると容易。

　[普通 30 21 20 N] は，普通ポルトランドセメント，粗骨材の最大寸法 20 mm の粗骨材を用いた呼び強度 30，スランプ 21 cm の普通コンクリートである。

　設問では，荷卸し地点でのスランプ 21 cm の許容差は ± 2.5 cm としたとあるが，JIS A 5308 では，呼び強度 27 以上で高性能 AE 減水剤を使用する場合は ± 2 cm と規定している。よって，記述は誤り。

[正解 (×)]

─〔⑤ /03〕─

　JIS A 5308 (レディーミクストコンクリート) の規定では，各種スラグ粗骨材は，高強度コンクリートには使用できない。

── R.01 問題　46 ──

ポイントと解説　JIS A 5308-2019(レディーミクストコンクリート)8.2 骨材を理解していると容易。

　JIS A 5308　8.2 では，「各種スラグ粗骨材は，高強度コンクリートには適用しない。」と規定している。よって，記述は正しい。

[正解 (○)]

⑥ 施 工

⑥ /01 運搬・打込み・締固め・打継ぎ

〔⑥ /01〕

コンクリートの運搬に関する次の記述のうち，**誤っているもの**はどれか。

(1) JIS A 5308(レディーミクストコンクリート) では，練混ぜ開始から荷卸し完了までの時間の限度は 1.5 時間と規定している。

(2) 土木学会示方書では，外気温が 20℃の場合，練混ぜから打終わりまでの時間の限度を 2 時間としている。

(3) JASS 5 では，高流動コンクリートについては，練混ぜから打込み終了までの時間の限度を 120 分としている。

(4) JASS 5 では，外気温が 28℃の場合，練混ぜから打込み終了までの時間の限度を 90 分としている。

R.05 問題 27

ポイント コンクリートの運搬時間の限度に関する規定の知識を問う設問，運搬の責任限界との関連で理解しておくこと。

解説

コンクリートの練混ぜ開始から打込み終了までの時間は，土木学会示方書，JASS 5 でいずれも外気温 25℃を境界として，その限度が定められている。しかし，練混ぜ開始から荷卸し地点到着までの運搬はレディーミクストコンクリート工場の責任であり，製造者が守るべき基準を示すのが JIS A 5308-2024(レディーミクストコンクリート) である。

(1) JIS A 5308 では，練混ぜ開始から荷卸し地点到着までの時間の限度を 1.5 時間と規定している。荷卸し時点から荷卸し完了までの時間は，施工者だけが責任をもつ時間であり，製造者にその責任を負わせることはできない。よって，記述は不適当。

(2) 土木学会示方書，JASS 5 では，"以上"，"を超える" と，表現の違いがあるものの，いずれも外気温が 25℃を境界値として，練混ぜから打終りまでの時間の限度を 2 時間としている。よって，記述は適当。

(3) JASS 5 では，高流動コンクリートについては，練混ぜから打込み終了までの時間の限度を一律に 120 分としている。よって，記述は適当。

(4) JASS 5 では，外気温が 25℃の以上の場合，練混ぜから打込み終了までの時間の限度を 90 分としている。よって，記述は適当。

[正解(1)]

─〔⑥ /01〕──

コンクリートの圧送に関する次の一般的な記述のうち，**不適当なものはどれか**。

(1) 単位セメント量が小さいコンクリートを使用した場合，閉塞が生じやすい。

(2) スランプが小さいコンクリートを使用した場合，閉塞が生じやすい。

(3) ベント管やテーパ管の付近では，閉塞が生じやすい。

(4) 輸送管の径が大きい場合，閉塞が生じやすい。

────── R.05 問題　28 ──

ポイント　コンクリートの圧送に対する抵抗となる要因，つまり移動・変形・管内摩擦に要するエネルギーとコンクリート配 (調) 合の関係を理解しておくことが重要である。

解　説

(1) 単位セメント量が小さいコンクリートはモルタルの粘性が低く，変形によって粗骨材とモルタルの分離を生じやすく，閉塞が生じやすくなる。よって，記述は適当。

(2) スランプが小さいコンクリートは変形に対する抵抗が大きく，このため圧送に要するエネルギーが大きくなり管内の閉塞が生じやすい。よって，記述は適当。

(3) ベント管やテーパ管を通過する際，コンクリートには大きな変形が生じ，コンクリートを圧送するために大きいエネルギーが必要となる。このためが閉塞が生じやすい。よって，記述は適当。

(4) 輸送管の径が大きい場合輸送艦の径が小さい場合に比べ，圧送されるコンクリートの量に対する管内面とコンクリートの接触面積は小さい。このため圧送に要するエネルギーは小さくなる。よって，記述は不適当。

[正解(4)]

─〔⑥/01〕─────────────────────────────

コンクリートの打込みおよび締固めに関する次の記述のうち，**不適当なものはど**
れか。

(1) 外気温が 20 ℃の場合，コールドジョイントを防ぐために打重ね時間間隔を
130 分とした。

(2) コンクリートの材料分離を防ぐために自由落下高さを小さくし，鉛直に打ち
込んだ。

(3) コンクリートを横方向に移動させるために，棒状バイブレータを使用した。

(4) 上層と下層のコンクリートを一体とするために，棒状バイブレータを下層の
コンクリート中に 10 cm 程度挿入した。

─────────────────────────── R.05 問題　29 ─

ポイント　コンクリートの打込みおよび締固めに関して，施工方法を施工時の環境との
関連において理解しておくことが重要。

解　説

(1) JASS 5 および土木学会示方書ともに，外気温が 25 ℃の場合を境界として，コール
ドジョイントを防ぐための打重ね時間間隔はそれぞれ高い場合 120 分，低い場合は
150 分としている。20 ℃の場合にやや厳しく 130 分とするのは正しい管理法である。
よって，記述は適当。

(2) コンクリートを打ち込む際自由落下高さを高くすると分離を生じやすくなる。また
型枠内でコンクリートを水平に移動させると同様に材料分離を生じやすい。このため
自由落下高さを低くし，鉛直に打ち込むまなければならない。よって，記述は適当。

(3) コンクリートを横方向に移動させることは，前選択肢に記したように分離を生じや
すい。また棒状バイブレータにより流動化したコンクリートは，より分離を生じやす
くなる。自由落下の高さは低くし，棒状バイブレーターを水平移動に使ってはならな
い。よって，記述は不適当。

(4) コンクリートを打ち重ねる際，上層と下層のコンクリートを一体とするために，棒
状バイブレータを下層のコンクリート中に 10 cm から 20 cm 程度挿入して使用する
ことは有効である。よって，記述は適当。

[正解(3)]

〔⑥ /01〕

コンクリートの現場内運搬に関する次の一般的な記述のうち，**不適当なものはどれか。**

(1) 斜めシュートによる運搬は，縦シュートによる運搬よりも材料分離を生じやすい。

(2) クレーンを用いたコンクリートバケットによる運搬は，材料分離を生じにくい。

(3) コンクリートポンプによる運搬は，軟練りから硬練りのコンクリートまで広く使われる。

(4) ベルトコンベアによる運搬は，スランプの大きいコンクリートに用いられる。

R.04 問題　27

ポイント　コンクリートの各種運搬方法の利害得失を理解しておくこと。

解　説

(1) 斜めシュートによる運搬は，シュートの内面とコンクリートの摩擦により材料分離が生じやすく，さらにシュート相互の乗り継ぎや末端の受け場で材料分離が生じやすい。よって，記述は適当。

(2) クレーンを用いたコンクリートバケットによる運搬は，コンクリートが受ける振動などの外力が少なく樹料分離を生じにくい。よって，記述は適当。

(3) コンクリートポンプは，軟練りあるいは硬練りいずれのコンクリートでもその品質にあう能力のコンクリートポンプを選定すれば，運搬が可能であり広く使用されている。よって，記述は適当。

(4) ベルトコンベアによる運搬は，コンクリートが受ける振動が大きく，かつ，乗り継ぎ部分などもあり，スランプの大きいコンクリートに用いると材料分離が生じやすい。よって，記述は不適当。

[正解(4)]

コンクリート用材料｜コンクリートの性質｜コンクリートの耐久性｜調合設計／配合設計｜製造・品質管理／検査｜施工｜コンクリート製品｜コンクリート構造の設計

─〔⑥ /01〕─

コンクリートの運搬に関する次の一般的な記述のうち，**不適当なものはどれか。**

(1) 気温が高い時期の運搬は，スランプの低下や空気量の減少が生じやすい。

(2) 荷卸し時における長時間の高速攪拌は，空気を巻き込みやすい。

(3) 細骨材中の微粒分が少なくなると，圧送時の閉塞が生じにくくなる。

(4) 単位セメント量が小さいコンクリートは，圧送時に材料分離による閉塞が生じやすい。

R.04 問題 28

ポイント コンクリート運搬の方法と，コンクリートの性質，環境等の外的要因の関係を問う設問。

解 説

(1) 気温が高い時期にはコンクリートの温度も高くなるため，空中への水分の逸散あるいは空気量の保持が難しくなり，スランプの低下に繋がりやすい。よって，記述は適当。

(2) 荷卸し時に長時間高速撹絆を行うと，コンクリートが空気を巻き込む可能性が高くエンタラップトエアを増加させることになる。よって，記述は適当。

(3) 細骨材中の微粒分が少なくなると，一般に，コンクリート中にエントレインドエアを導入し難くなり，スランプの低下が生じ圧送時の閉塞が生じやすくなる。よって，記述は不適当。

(4) 単位セメント量が小さいコンクリートは，コンクリート中のモルタルの粘性が低く材料分離を生じやすい。すなわち，圧送時に材料分離による閉塞が生じやすい。よって，記述は適当。

[正解(3)]

─〔⑥ /01〕─

コンクリートの打込み，締固めおよび打継ぎに関する次の記述のうち，**適当なも
のはどれか**。

(1) 柱と梁の接合部において，柱にコンクリートを打ち込んだ後，連続して直ち
に梁に打ち込んだ。

(2) コンクリートを打ち重ねる際に，先に打ち込んだ層を振動させないように棒
状バイブレータを挿入した。

(3) 高密度配筋の部位において，鉄筋にバイブレータを当てて締固めを行った。

(4) 打継目において，コンクリート表面に遅延剤を散布し，凝結を遅らせて打継
目処理をした。

R.04 問題　29

ポイント　コンクリートの打込み，締固め，打継ぎ，に関する基礎的知識を問う設問。

解 説

(1) 柱と梁のような高さの異なる部材を同時に打ち込む場合，高さの異なる部分を同時
に打ち込むと，コンクリート沈下量の差により，接合部の上部のコンクリートにひび
割れが生じやすくなる。このため，柱の打込みに連続して，ただちに梁に打ち込んで
はならない。よって，記述は不適当。

(2) コンクリートを打ち重ねる際には，先に打ち込んだコンクリートと打ち重ねるコン
クリートを一体化させるため，その界面を振動させることが重要である。よって，記
述は不適当。

(3) 鉄筋コンクリートの鉄筋を振動させると，鉄筋とコンクリートの界面に材料分離が
生じ，水の層が生じる可能性がある。このため鉄筋にバイブレータを当ててはならな
い。よって，記述は不適当。

(4) 打継ぎ面にコンクリートを打継ぐ際，打継目を目荒しするなどの処理によりせん断
強度を高めることは有効である。よって，記述は適当。

［正解(4)］

────────────────────────────────

〔⑥/01〕

コンクリートの圧送に関する次の一般的な記述のうち，**適当なものはどれか。**

(1) 高強度コンクリートには，ピストン式よりもスクイズ式のポンプが適している。

(2) スランプの小さいコンクリートには，ピストン式よりもスクイズ式のポンプが適している。

(3) 材料分離に起因する配管の閉塞は，下向きの圧送よりも上向きの圧送で生じやすい。

(4) 材料分離に起因する配管の閉塞は，コンクリートの単位セメント量が小さいほど生じやすい。

R.03 問題　22

────────────────────────────────

ポイント　コンクリート圧送に関する基礎的知識を問う設問である。圧送機器のメカニズムや圧送の際の閉塞のメカニズムを理解しておくことが重要である。

解　説

(1) 高強度コンクリートと通常の強度のコンクリートは，単位セメント量が異なり，前者は後者に比べセメント量が多い。このため圧送に必要なエネルギーは前者の方が大きくなる。よって，記述は不適当。

(2) ポンプの形式を比較すると，ピストン式はコンクリートを直接ピストンで押して前方に移動させる。スクイズ式はコンクリートの入ったチューブを絞り出し前方に移動させる。このため後者は比較的固いコンクリートの圧送に適していない。よって，記述は不適当。

(3) コンクリートを下向きに圧送する場合，重力や慣性力によりコンクリートが先走りすると，取り残されたコンクリートとの間に気圧の低い部分が生じ，コンクリートの分離を招きやすくなる。よって，記述は不適当。

(4) コンクリートの単位セメント量が小さいと，モルタルの粘性が低くなり粗骨材の保持能力が低くなり分離が生じやすい。よって，記述は適当。

[正解(4)]

─〔⑥ /01〕───────────────────────

コンクリートの打重ねおよび打継ぎに関する次の記述のうち，**不適当なものはど
れか。**

(1) 外気温が 30 ℃であったので，下層のコンクリートの打込み完了から 2 時間
以内に，上層のコンクリートを打ち重ねた。

(2) 打重ね部において，下層のコンクリートに棒形振動機を 10 cm 程度挿入して
上層とともに締め固めた。

(3) 梁部材の施工において，コンクリートの鉛直打継目を梁の端部に設けた。

(4) 護岸の感潮部分の施工において，打継目を設けず連続的にコンクリートを打
ち込んだ。

────────────────── R.03 問題　23 ─

ポイント　構造物を構築する際，コンクリートが固まらないうちに新たなコンクリート
を打つ打重ねと，コンクリートが硬化した後に新たなコンクリートを打つ打継ぎ，お
のおのの欠陥防止のための手法を理解すること。

解　説

(1) JASS 5 および土木学会示方書では 25 ℃を境にして外気温が高い場合，下層のコン
クリートの打込み完了から 2 時間以内に，上層のコンクリートを打ち重ねることを目
安としている。よって，記述は適当。

(2) 打重ね部にコールドジョイントができるのを防止するため，下層のコンクリートに
棒形振動機を挿入して上層とともに締固め，一体化を図るのは，有効である。よって，
記述は適当。

(3) 梁部材を施工する際には，コンクリートの鉛直打継目はスパンの中央か端部から
1/4 付近に設けることが原則である。よって，記述は不適当。

(4) 護岸の感潮部分は海水の塩分侵入による影響がもっとも大きい部分である。施工に
おいて，打継目を設けず連続的にコンクリートを打込むのは正しい。よって，記述は
適当。

［正解(3)］

コンクリート用材料｜コンクリートの性質｜コンクリートの耐久性｜配合設計（調合設計）｜製造・品質管理／検査｜施工｜コンクリート製品｜コンクリート構造の設計

〔⑥/01〕

　コンクリートの締固めに用いる振動機に関する次の一般的な記述のうち，**適当なものはどれか。**

(1) 棒形振動機は，締め固めた後，できるだけ速い速度で引き抜くのがよい。

(2) 棒形振動機は，締固め効果を高めるため，できるだけ振動数が小さいものを選定するのがよい。

(3) 型枠振動機は，部材厚が大きい壁の内部のコンクリートを締め固めるのに適している。

(4) 型枠振動機は，コンクリートの側面に現れる表面気泡を低減するのに適している。

R.03 問題　24

ポイント　コンクリートの締固めに用いる2種の振動機の特性と利用法を理解することが重要である。

解　説

(1) 棒形振動機は，締固め終了後，振動機の棒状の穴が残らぬようにゆっくりと引き抜かなければならない。よって，記述は不適当。

(2) 棒形振動機の締固め効果は，同一径のもので比較した場合，振動数が大きい方が締固め効果は高い。よって，記述は不適当。

(3) 型枠振動機の振動効果は表面近くに限られるので，部材厚が大きい壁の内部コンクリートを締固めるのには適していない。よって，記述は不適当。

(4) 型枠振動機は，上記のようにコンクリートの表面に振動を加えるので，表面気泡を低減するのに適している。よって，記述は適当。

[正解(4)]

〔⑥ /01〕

コンクリートの運搬に関する次の一般的な記述のうち，**不適当なものはどれか。**

(1) トラックアジテータからコンクリートを荷卸しする場合，高速撹拌して，コンクリートを均質にしてから排出するのがよい。

(2) コンクリートポンプによる圧送を行う場合，単位セメント量が少なくなると輸送管内の閉塞が生じやすい。

(3) コンクリートバケットでの運搬は，コンクリートに与える振動が少なく，材料分離を生じにくい。

(4) 斜めシュートを用いる場合，傾斜角度にかかわらず，材料分離を少なく運搬できる。

R.02 問題　20

ポイント　コンクリートの輸送および運搬に関して，とくに材料分離が生じる要因とその対処方法を確認しておかなければならない。

解　説

(1) トラックアジテータは輸送中ないし待機中は (アジテートのため) 低速回転を続けている。この際，アジテータドラム内に品質の異なる部分が生じることがある。したがって，運搬後には高速撹拌して，コンクリートを均質にしてから排出するのがよい。よって，記述は適当。

(2) 一般的な傾向でいえば，コンクリートは，スランプ値が低いほど，単位セメント量が多いほど，分離に対する抵抗性が高い。コンクリートポンプによる圧送を行う場合，同程度のスランプ値で比較すると単位セメント量が少なくなるほど輸送管内の閉塞が生じやすい。よって，記述は適当。

(3) コンクリートは運搬中に，振動，垂直落下，斜路上の摩擦等の作用を受けると分離しやすくなる。コンクリートバケットでの運搬は，コンクリートに加わる振動が少なく，材料分離を生じにくい。よって，記述は適当。

(4) 斜めシュートを用いると，シュートとの摩擦により骨材とモルタルの分離が生じやすい。このため，シュートを使用する場合，傾斜角度によらず，鋼製または鋼板張りとし，傾斜は 30°以上，同一傾斜，吐出口には当て板と漏斗管を設けるなどして材料分離を防ぐ必要がある。よって，記述は不適当。

[正解(4)]

─〔⑥/01〕─────────────────────

コンクリートの打継ぎに関する次の記述のうち，**適当なものはどれか。**

(1) 梁の鉛直打継目の位置を，せん断力が大きい位置に設けた。

(2) 水平打継ぎ面の処理として，コンクリートの凝結が始まる前に遅延剤を散布し，翌日にレイタンスや脆弱部を除去した。

(3) 鉛直打継目の施工に際して，打継ぎ面を乾燥させてからコンクリートを打ち込んだ。

(4) 打継ぎ面を部材の圧縮力を受ける方向と平行にした。

──────────────── R.02 問題 21 ─

ポイント コンクリートの打継ぎ部は一般的にせん断力の小さい位置，かつ打継ぎ面は圧縮力が作用する方向に直角に設ける。

解 説

(1) 梁の鉛直打継目の位置をせん断力が大きい位置に設けるのは言語道断である。ラーメン構造の梁に鉛直打継ぎを設ける場合，水平力を受けた際にせん断力の小さくなるスパンの中央または端部から1/4に設ける。よって，記述は不適当。

(2) 水平打継ぎ面の処理には先打ちしたコンクリートが，硬化後に表面をワイヤーブラシ等により脆弱部分を除去する方法と，凝結開始前に遅延剤を散布し翌日にレイタンスや脆弱部を除去する方法がある。よって，記述は適当。

(3) コンクリートを打継ぐ際に，旧コンクリート面の脆弱層を取り除き健全な面に新コンクリートを打継ぐ。この際，旧コンクリート面が乾燥状態であると，接触する新コンクリートの水分を吸収して，新コンクリートの打継ぎ面の水分が不足し打継ぎ面が硬化不良を生じる。このような場合，打継ぎに際し旧コンクリート表面に散水し湿潤状態にして打継がなければならない。よって，記述は不適当。

(4) ポイントに記したとおり，打継ぎ面は圧縮力を受ける方向に対して直角に設けるのを原則とする。打継ぎ面を圧縮力を受ける方向と平行に設置した場合，打継ぎ面に大きなせん断力が作用し滑りを生じる可能性が高くなる。よって，記述は不適当。

[正解(2)]

〔⑥/01〕

　コンクリートの圧送に関する次の一般的な記述のうち，**適当なものはどれか。**
(1) 軽量骨材コンクリートを圧送するには高性能 AE 減水剤を用いてスランプを大きく設定するのが望ましい。
(2) 高強度コンクリートを長距離圧送するには，ピストン式よりスクイズ式のコンクリートポンプが適している。
(3) 高流動コンクリートを圧送するには，流動性が高いので最大吐出圧力の小さいコンクリートポンプが適している。
(4) 圧送するコンクリートと水セメント比が同一の先送りモルタルであれば，そのまま構造体に打ち込むことができる。

R.01 問題　19

ポイント　コンクリートの圧送に用いるポンプの種類とコンクリートの品質間の関係の基本を問う設問。

解説
(1) 軽量骨材コンクリートを圧送する場合，単位水量を多くしてスランプを大きくするとコンクリートの材料分離が生じやすくなり圧送管内での閉塞に繋がる。スランプを大きくし，圧送圧力を下げるには高性能 AE 減水剤を用いるのが望ましい。よって，記述は適当。
(2) 高強度コンクリートは結合材量が多く，高性能 AE 減水剤を用いて流動性を高めているので粘性はきわめて高い。粘性の高いコンクリートを長距離圧送するには圧送圧力の高いコンクリートポンプが必要となる。ピストン式ポンプはスクイズ式のコンクリートポンプに比べて圧送圧力が高く高強度コンクリートの長距離圧送にはピストン式コンクリートポンプの方が適している。よって，記述は不適当。
(3) 高流動コンクリートは，流動性が高いが (2) の高強度コンクリートと同様に粉体量の多いコンクリートであるから圧送には最大吐出圧力の大きいコンクリートポンプが必要である。よって，記述は不適当。
(4) 先送りモルタルは，構造体に打ち込んではならない。仮に強度が同一であっても，モルタルとコンクリートの物性は異なる点が多い。先送りモルタルがコンクリート構造物に入った場合，モルタルとコンクリートの品質の差から構造物の部位によって強度以外の性能が異なることになる。よって，記述は不適当。

[正解(1)]

〔⑥/01〕

　コンクリートの締固めに関する次の一般的な記述のうち，**不適当なものはどれか。**

(1) 棒形振動機による締固めは，その振動数が大きいほど効果的である。

(2) 棒形振動機による締固めは，各層ごとに行い，振動機を下層のコンクリート中に 10 cm 程度挿入する。

(3) 型枠振動機による締固めは，部材の表面近傍に効果が限られる。

(4) 型枠振動機による締固めは，壁や柱のフォームタイや端太(ばた)に対して行うのが効果的である。

R.01 問題　20

ポイント　コンクリートの締固めに関して，とくに加振による締固めのメカニズムを理解しておくとよい。

解　説

(1) 振動締固めの効果は振動加速度に比例する。したがって振動機はその振動数が大きいほど効果的である。よって，記述は適当。

(2) 棒形振動機による締固めは，打込み各層ごとに行わなければならない。その際，振動機を下層のコンクリート中に 10 cm 程度挿入し，下層のコンクリートと新たに打ち込まれたコンクリートが一体化するように加振するとよい。よって，記述は適当。

(3) 型枠振動機による締固めは，型枠を振動させてコンクリート表面からコンクリートに振動を加え締固める方法である。その効果は型枠が接しているコンクリート表面近傍に限られる。このため，内部振動機による加振ができないような箇所に限定して用いるべきである。よって，記述は適当。

(4) 型枠振動機は上記 (3) に記したように，型枠に振動を加え締固める手法である。このため効率的に加振するには，加振エネルギーのロスを防ぐために，せき板に直接振動機を取付けて加振するのがよい。フォームタイや端太 (ばた) に対して行うと，これらのフォームタイや端太材とせき板との接点でエネルギーロスが生じるので効果的ではない。よって，記述は不適当。

[正解(4)]

　問題 41 〜 60（平成 30 年以降は問題 37 〜 54）は，「正しい，あるいは適当な」記述であるか，または「誤っている，あるいは不適当な」記述であるかを判断する〇×問題である。
　「正しい，あるいは適当な」記述は解答用紙の◎欄を，「誤っている，あるいは不適当な」記述は⊗欄を黒く塗りつぶしなさい。

── 〔⑥ /01〕 ──

　コンクリートの打込みにおいて，柱と壁のコンクリートを梁下レベルまで打ち上げた後，直ちに梁・スラブのコンクリートを打ち込むのがよい。

────────────────────── R.01 問題　47 ──

ポイントと解説　柱と壁等の高さの高い部材と，梁床などの高さの高くない部材を同時に打ち上げると，コンクリートの沈み量の差によってその部材間にズレが生じ部材接合部の表面に線状のひび割れが生じやすい。これらのひび割れ防止のために，柱と壁は梁下レベルでいったん打ち止め，沈みが収まった後梁スラブを打ち込むのがよい。よって，記述は不適当。

［正解(×)］

── 〔⑥ /01〕 ──

　コンクリートポンプは，計算で得られた圧送負荷の 1.25 倍を上回る吐出圧力の機種とした。

────────────────────── R.01 問題　48 ──

ポイントと解説　コンクリートポンプを決定する際は，計算で得られた最大圧送負荷を上回る能力の機種ではなく，不測の事態に備えて 1.25 倍の能力をもつ機種を選択しなければならない。よって，記述は適当。

［正解(○)］

コンクリート用材料　コンクリートの性質　コンクリートの耐久性　コンクリートの配合設計／調合設計　製造・品質管理／検査　施工　コンクリート製品　コンクリート構造の設計

―〔⑥ /02〕――――――――――――――――――――――――――

　コンクリートの養生および表面仕上げに関する次の記述のうち，**適当なものはど
れか。**

(1) コンクリート表面の乾燥収縮ひび割れを抑制するために，セメントペースト
　　を表面に集めるようにこて仕上げを幾度も行った。

(2) 緻密なコンクリート表面を形成するために，ブリーディング水を処理する前
　　に表面仕上げを行った。

(3) コンクリート表面のプラスティック収縮ひび割れを抑制するために，表面仕
　　上げの終了直後に膜養生剤を散布した。

(4) コンクリートの沈下により鉄筋位置に発生したひび割れを取り除くために，
　　コンクリートが固まり始めた後にタンピングや再仕上げを行った。

―――――――――――――――――――――――――― R.05 問題　30 ―

ポイント　コンクリート表面に生じる障害とそれを防止するための施工方法，とくに仕
上げの方法およびその適切な時期について，コンクリートの性状の経時変化とともに
理解しておくことが重要である。

解　説

(1) コンクリートの表面にこて仕上げを行うことは，乾燥収縮ひび割れ抑制に有効であ
る。しかし，こて仕上げを過度に行うと，コンクリート表面にセメントペーストが過
剰に集まり，かえって乾燥収縮ひび割れが生じることになる。よって，記述は不適当。

(2) 緻密なコンクリート表面を形成するためには，ブリーディングの終了までブリー
ディング水を処理を行い，ブリーディングが終了した後すぐに表面仕上げを行わなけ
ればならない。よって，記述は不適当。

(3) コンクリート表面のプラスティック収縮ひび割れ抑制のため，ブリーディングの終
了後に表面仕上げを行い，その直後に膜養生剤を散布し水分の発散を防ぐことは有効
である。よって，記述は適当。

(4) コンクリートの沈下により鉄筋位置に発生したひび割れを取り除くためには，コン
クリートの凝結開始以前にタンピングや再仕上げを行い，生じたひび割れを閉じるよ
うにしなければならない。よって，記述は不適当。

[正解(3)]

〔⑥ /02〕

コンクリートの養生に関する次の一般的な記述のうち，**適当なものはどれか**。

(1) 湿潤養生期間を長くすると，中性化速度が遅くなる。

(2) 初期の急激な乾燥が表面ひび割れの発生に及ぼす影響は小さい。

(3) 初期凍害を受けても，その後適切な温度で湿潤養生を継続すれば，強度への影響はない。

(4) 高炉セメント B 種を用いたコンクリートは，普通ポルトランドセメントを用いたコンクリートよりも湿潤養生期間を短くできる。

R.05 問題　31

ポイント　硬化コンクリートの品質に及ぼす養生の効果に関する一般的な知識と，セメントの種類と養生の効果の関係を理解しておくこと。

解　説

(1) コンクリートの湿潤養生期間を長くすると，コンクリートの硬化が十分に進み緻密な組織が形成され，結果コンクリート中への異物の侵入を防ぎ，中性化の進行速度が下がる。よって，記述は適当。

(2) コンクリートが材齢の初期に急激な乾燥環境下に置かれると，とくに，表面からの乾燥が進みひび割れ発生の要因となる。よって，記述は不適当。

(3) コンクリートが初期材齢において凍害を受けると，コンクリート組織の中に氷結した組織ができる。その後，適切な温度で湿潤養生を継続しても強度・耐久性・水密性等々硬化後の性状に影響が生じる。よって，記述は　不適当。

(4) 混合セメントは，普通ポルトランドセメントの一部を混和材料で置換したセメントであるから，普通ポルトランドセメントを用いたコンクリートに比べ硬化速度は遅くなる。このため，湿潤着生期間を長くしなければならない。よって，記述は不適当。

[正解(1)]

〔⑥ /02〕

コンクリートの養生に関する次の記述のうち，**不適当なものはどれか。**

(1) 高炉セメント B 種を用いたコンクリートの湿潤養生期間を，普通ポルトランドセメントを用いたコンクリートより短くした。

(2) コンクリートの水密性を向上させるため，湿潤養生期間を通常と比べて長くした。

(3) 膨張材を用いたコンクリートの初期材齢において，散水養生を行った。

(4) コンクリートの初期凍害を防止するため，露出面を保温性の高いシートで覆った。

R.04 問題　30

ポイント　各種コンクリートの養生方法に関する基礎的設問である。

解　説

(1) 高炉セメント B 種を用いたコンクリートは，普通ポルトランドセメントを用いたコンクリートに比べ強度の発現が遅くなる。このため，湿潤養生期間は，土木学会，建築学会ともに，普通ポルトランドセメントを用いたコンクリートに比べ 2 ～ 3 日長くするよう規定している。よって，記述は不適当。

(2) コンクリートの水密性は，セメントの水和によって高まる。このため湿潤養生期間を通常と比べて長くすることは重要である。よって，記述は適当。

(3) 膨張材を用いたコンクリートは，膨張材の水和によってコンクリートの膨脹ないしは収縮低減の効果を発揮するものである。よって，記述は適当。

(4) コンクリートの初期凍害は，コンクリート打込み直後から，ごく初期の材齢中にコンクリート中の水分が凍結することによって生じる。このため，断熱性の低い鋼製型枠や外気に直接する面は保温しなければならない。よって，記述は適当。

[正解(1)]

――〔⑥ /02〕――

コンクリートの打込み上面の仕上げに関する次の一般的な記述のうち，**適当なも**

のはどれか。

(1) 緻密な表面を形成するためには，ブリーディングが生じる前に金ごてで仕上

げるのがよい。

(2) 鉄筋位置の沈みひび割れを取り除くためのタンピングは，凝結の終結を待っ

てから行うのがよい。

(3) 金ごてで仕上げた面は，送風機などで速やかに乾燥させるのがよい。

(4) こて仕上げを過度に行うと，表面にセメントペーストが集まりすぎて，ひび

割れの発生原因となる。

――――――――――――――――――――― R.03 問題　25 ――

ポイント　コンクリートの表面仕上に際して欠陥が生じる要因と，欠陥防止のために考
慮すべき事項を理解しておくこと。

解　説

(1) コンクリートの表面仕上はそもそもブリーディングによる水分を利用して行うもの
であるから，ブリーディングが生じる前には金ごて仕上げはできない。よって，記述
は不適当。

(2) 鉄筋位置の沈みひび割れは，凝結までのコンクリートの沈下を鉄筋が阻害するため
に生じるので，ブリーディングの終了後凝結終了前に行わなければならない。よって，
記述は不適当。

(3) 金ごてで仕上げた面は，急激に乾燥させるとひび割れが生じるので，乾燥させては
ならない。よって，記述は不適当。

(4) こて仕上げを過度に行うと，表面にセメントペーストが集まりすぎて，脆弱な層と
なりひび割れの発生原因となる。よって，記述は適当。

［正解(4)］

─〔⑥ /02〕───────────────────────────

コンクリート床の仕上げに関する一般的な作業工程の順序として，次の (1) ～ (4) のうち，**適当なもの**はどれか。

(1)	(2)	(3)	(4)
荒均し	レベル出し・定規ずり	荒均し	荒均し
↓	↓	↓	↓
不陸調整	荒均し	レベル出し・定規ずり	レベル出し・定規ずり
↓	↓	↓	↓
金ごて仕上げ	不陸調整	金ごて仕上げ	不陸調整
↓	↓	↓	↓
レベル出し・定規ずり	金ごて仕上げ	不陸調整	金ごて仕上げ

R.02 問題 22

────────────────────────────────

ポイント 　床のコテ仕上作業を見たことのない受験者には難問と思うが，作業の名前と概略の内容を覚えておくこと。

解説

　床仕上げの作業の中に，不陸調整が含まれるか否か，は議論の余地があろう。通常，不陸調整は，仕上げが終った状態の面に対して行う修正作業をいう。

　コンクリート床の直ならし仕上げは，通常下記①から④の工程で作業する。

　①　コンクリート打込み直後，所定の高さに荒均しを行いタンピングを行う。

　②　コンクリートの締り具合をみて，定木ずりを行い，平たんに敷きならす。

　③　踏板を用いて，木ごてまたは金ごてで中ずりまたは押えを行う。

　④　締り具合をみて，金ごてで強く押え平滑に仕上げる。

　以上，不陸調整と名付けられる作業はないが，正解にたどり着くことができないので，不陸調整を金ごて仕上げの前に行う，木ごてまたは金ごてによる中ずりまたはこて押えの工程を指すものとする。したがって正解は (4) である。

　(以上，箇条書①～④の各項目は JASS 15 左官工事の記述による)

[正解(4)]

―〔⑥ /02〕――――――――――――――――――――――――――――――

コンクリートの養生に関する次の記述のうち，**不適当なものはどれか**。

(1) JASS 5 によれば，計画供用期間の級が標準の場合，普通ポルトランドセメントを用いたコンクリートの湿潤養生の期間は 5 日以上である。

(2) JASS 5 によれば，コンクリートの圧縮強度が所定の値に達すれば，セメントの種類によらず，既定の湿潤養生日数にかかわらず，湿潤養生を打ち切ることができる。

(3) 土木学会示方書によれば，日平均気温が 5℃以上 10℃未満の場合，普通ポルトランドセメントを用いたコンクリートの湿潤養生期間は 9 日を標準としている。

(4) 土木学会示方書によれば，混合セメント B 種を用いた場合の湿潤養生期間は，セメントに混合する混合材の種類によらず，同じとしている。

―――――――――――――――――――――――――――― R.02 問題 23 ―

ポイント　湿潤養生に関する期間の規制値とその意味を理解しておかなければならない。

解　説

(1) JASS 5 ではコンクリートの湿潤養生の期間は，使用するセメント種類により 3 種，コンクリートの供用期間の級により 2 種，計 6 種に区別されている。

　　計画供用期間の級が標準の場合，普通ポルトランドセメントを用いたコンクリートの湿潤養生の期間は 5 日以上，早強ポルトランドセメントの場合 3 日以上，中庸熱・低熱ポルトランドセメントと混合セメント B 種の場合 7 日以上と定められている。よって，記述は適当。

(2) JASS 5 によれば，断面 18 cm 以上の部材でかつ早期に強度が得られるコンクリート，すなわち，早強・普通・中庸熱の各ポルトランドセメントを用いたコンクリートの場合，コンクリートの圧縮強度が所定の値に達すれば，上記 (1) の既定値にかかわらず，湿潤養生を打ち切ることができる。よって，記述は不適当。

(3) 土木学会示方書では，外気温により 3 種，セメントにより 3 種，計 9 種に区分されている。日平均気温が 5℃以上 10℃未満の場合，普通ポルトランドセメントを用いたコンクリートの湿潤養生期間は 9 日，同じく普通ポルトランドセメントを用いたコンクリートでは外気温が 10℃以上 20℃未満の場合 7 日，外気温が 20℃以上の場合 5 日を標準としている。よって，記述は適当。

(4) 土木学会示方書では，上記 (3) のセメントによる区分は，早強ポルトランドセメント，普通ポルトランドセメント，混合セメント B 種の 3 種類であり，混和材による区分は設けていない。よって，記述は適当。

[正解(2)]

─〔⑥ /02〕─────────────────────────────

コンクリートの表面仕上げに関する次の一般的な記述のうち，**不適当なものは
どれか。**

(1) 表面仕上げは，ブリーディング水があるうちに終了するのがよい。

(2) 表面仕上げは，外観を美しくするほか，耐久性および水密性を増すために行
う。

(3) 仕上げ作業後コンクリートが固まり始めるまでの間に発生した沈みひび割れ
(沈下ひび割れ)は，タンピングと再仕上げによって取り除く。

(4) 過度な金ごて仕上げは，コンクリート表面の収縮ひび割れを助長する。

R.01 問題 21 ─

ポイント コンクリートの表面仕上げに関し，その目的と方法を良く理解しておくこと。

解説

(1) 表面仕上げは，ブリーディングが終了した直後から行うものである。水があるうち
に表面仕上を行うと，下から上がるブリーディング水が仕上を台無しにしたり，ブ
リーディング水の逃げ道を塞いだりする形になる。よって，記述は不適当。

(2) 表面仕上げは，主として3点を目的にして行う。まず，外観を美しくする，つぎに，
コンクリート表面に緻密な層を形成し耐久性を向上させるほか，水密性も向上させる。
よって，記述は適当。

(3) 水平部材の天端では，仕上げ作業後コンクリートが固まり始めるまでの間に，コン
クリートの沈みにより鉄筋の上端や，梁と床の接合部等断面の高さが変化する部分に，
コンクリートの沈みの差によるひび割れが発生することがある。これらを沈下ひび割
れと呼ぶが，これらのひび割れはタンピングと再仕上げによって取り除けばよい。
よって，記述は適当。

(4) コンクリート表面の金ごて仕上げを過度に行うと，コンクリート表面にセメント
ペーストが集まり過ぎて収縮ひび割れの要因となることがある。よって，記述は適当。

[正解(1)]

〔⑥ /02〕

コンクリートの養生に関する次の一般的な記述のうち，**不適当なものはどれか。**

(1) コンクリートの養生温度が低いと，初期強度の発現は遅いが，長期強度の伸びは大きくなる。

(2) 初期凍害を受けたコンクリートは，その後適切な養生を行っても，所要の品質が得られない。

(3) 膜養生とは，コンクリートの表面に透水性のシートを設置し，その上から散水する養生方法である。

(4) 湿潤養生は，コンクリートの表面が散水しても荒れない程度に硬化した後に，なるべく早く開始するのがよい。

R.01 問題　22

ポイント　コンクリートの養生の目的は主として3項目であること，およびおのおのの方法についても理解しておく必要がある。

解　説

(1) コンクリートはセメントの水和反応により強度が発現する。水和反応は化学反応の一種であるから，温度が高いと反応速度が上り強度の発現は早くなり，反応温度が低いと強度の発現が遅くなり初期強度は低くなる。強度の発現が遅いと緻密な水和組織が形成され長期強度の伸びは大きくなる。よって，記述は適当。

(2) コンクリートは水和過程の初期に凍害を受けると，内部の水分が凍結し体積膨脹するため水和組織が破壊される等の障害を受ける。これらの障害はその後適切な養生を行っても修復できず，所要の品質が得られない。よって，記述は適当。

(3) 膜養生とは，コンクリートの表面に薬剤を散布し不透水性の膜を形成しコンクリート表面からの初期の水分の逸散を防止する目的で行う養生方法である。よって，記述は不適当。

(4) コンクリートの湿潤養生はなるべく早く行うのが良いのは論を俟たない。しかし，コンクリートの強度が低い時点で散水したりシートを被せたりすると，コンクリート表面に水垂れ後やシート跡が残ることになる。よって散水しても荒れない程度に硬化した後に，なるべく早く開始するのがよい。よって，記述は適当。

[正解(3)]

コンクリート用材料

コンクリートの性質

コンクリートの耐久性

配(調)合設計

製造・品質管理/検査

施工

コンクリート製品

コンクリート構造の設計

─〔⑥ /03〕──────────────────────────────

型枠および支保工に作用する荷重に関する次の一般的な記述のうち，**不適当なものはどれか。**

(1) 型枠に作用するコンクリートの側圧は，打上がり速度が大きいほど，大きくなる。

(2) 型枠に作用するコンクリートの側圧は，コンクリートの温度が高いほど，大きくなる。

(3) 支保工に作用する鉛直方向荷重には，コンクリートの打込みに伴う衝撃荷重が含まれる。

(4) 支保工の倒壊事故は，水平方向荷重に起因するものが多い。

R.04 問題　31 ─

ポイント　型枠・支保工に作用する荷重に関する基礎的知識を問うている。

解　説

(1) 型枠に作用するコンクリートの側圧は，コンクリートが流動性を保っている時間は型枠に液圧で作用する。しかし，コンクリートの凝結が進むとともに，側圧の値の上昇速度は小さくなる。このため，打上り速度が高いと凝結の作用が相対的に遅くなり小さくなる。よって，記述は適当。

(2) コンクリートの温度が高いほど，コンクリート凝結の速度は高くなり，側圧の上昇速度は下がる。よって，記述は不適当。

(3) 支保工に作用する鉛直方向荷重は，支保工を除く型枠材料と鉄筋コンクリートの場合は鉄筋およびコンクリート，さらには配管材料等とともに，コンクリートの打込みに伴う材料の重量と衝撃荷重を加算しなければならない。よって，記述は適当。

(4) 上記選択肢に記した鉛直方向荷重は比較的算定しやすく，鉛直方向の荷重により支保工が倒壊する例は少ない。一方水平方向荷重は発生原因が多岐にわたりつかみにくい。このため，水平方向荷重に起因する倒壊例は多い。よって，記述は適当。

[正解(2)]

〔⑥ /03〕

　型枠に作用するコンクリートの側圧に関する次の一般的な記述のうち，**適当なも**
のはどれか。

(1) 1回の打込み高さが高いほど，側圧は小さくなる。

(2) コンクリートの単位容積質量が大きいほど，側圧は小さくなる。

(3) コンクリートのスランプが大きいほど，側圧は小さくなる。

(4) コンクリートの凝結が早いほど，側圧は小さくなる。

R.03 問題　26

ポイント　型枠に作用するコンクリートの側圧のメカニズムと，その時間経過の概略を
　理解すること。

解　説

(1) コンクリートはスラリーであるが，打込み直後は流体と同じ作用をするので，打込
　み高さが高いほど側圧は大きくなる。よって，記述は不適当。

(2) コンクリートの単位容積質量に比例して流体の側圧は大きくなる。よって，記述は
　不適当。

(3) コンクリートのスランプが大きいほど，作用は流体に近くなり側圧は大きくなる。
　よって，記述は不適当。

(4) コンクリートの凝結が早いほど，コンクリートが流体として作用する時間は短くな
　り，側圧は小さくなる。よって，記述は適当。

[正解(4)]

〔⑥ /03〕

高さ3.0 m，幅0.8 m角の柱に高流動コンクリートを打上がり速度（打込み速度）2 m/hで打ち込む施工計画において，型枠の設計に用いるコンクリートの側圧の分布形状を示した下図 (1) ～ (4) のうち，**適当なものはどれか**。なお，コンクリートの流動性は2時間変化しないものとする。

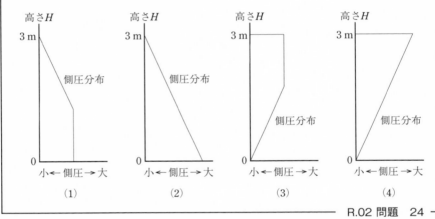

R.02 問題　24

ポイント　コンクリート型枠に作用する側圧のメカニズム，および打設開始からコンクリートの硬化に至る段階での側圧の変化の概要を理解しなければならない。

解説

まず型枠に作用するコンクリートの圧力と時間の関係の概略を以下に示す。

①　コンクリートは，型枠に充填されると液体として型枠に作用する。

②　コンクリートの凝結開始から硬化初期に，時間とともに側圧は低下する。

③　コンクリートの凝結・硬化に従い，ある時点から最大側圧は変化しない。

つぎに，選択肢それぞれの特徴をみる。

(1)，(2) は，ともに液圧の形状を示していて，正解の候補になる。

(3)，(4) は，上部の側圧が大きく下部になるに従い小さい，これはあり得ない。

型枠は当然のことながら，最大の側圧が生じる時点の側圧に対し安全に設計する。また，打上がり速度は2 m/hであり，打上がり高さ3 mに達するのは，1.5時間後である。かつ，コンクリートの流動性は2時間変化しないのであるから，液圧状態から上記②に示す側圧が減少することはない。つまり，選択肢 (1) の側圧減少は生じない。よって，正解は (2) である。

[正解(2)]

〔⑥ /03〕

　型枠に作用するコンクリートの側圧に関する次の一般的な記述のうち，**不適当なものはどれか。**
(1) コンクリートの流動性が高いほど，大きくなる。
(2) コンクリートの温度が高いほど，大きくなる。
(3) コンクリートの打上がり速度が速いほど，大きくなる。
(4) コンクリートの凝結が遅いほど，大きくなる。

R.01 問題　23

ポイント　コンクリートの型枠に作用する側圧とその数値，さらにその変化要因，その経時変化等を理解しておくこと。

解説
(1) コンクリートを型枠に充填するには，コンクリートに振動を加えコンクリートを一時的に液状化させる。コンクリートへの加振を止めるとコンクリートはもとの性状に戻る。この際コンクリートの流動性が高いほど，側圧は大きくなる。よって，記述は適当。
(2) セメントは水に接した直後から化学反応が始まりコンクリートはセメントの凝結によって流動性が下がり側圧は小さくなる。温度が高いほど凝結現象が早く始まることになり，型枠に作用する側圧は小さくなる。よって，記述は不適当。
(3) 上記 (2) に記したようにコンクリートはセメントが水に接した直後，すなわちコンクリートの練上り直後から流動性が下がり始める。型枠内に打ち込まれたコンクリートについて考えると，先に打ち込まれたコンクリートは徐々に流動性が低下する。このため打上がり速度が遅いと，側圧は小さくなる。逆に打上り速度が速いと，凝結の速度に比べ型枠内のコンクリートの高さが高くなり，側圧は大きくなる。よって，記述は適当。
(4) コンクリートの凝結が遅いとコンクリートの流動性は保たれ流動性の低下の速度は遅くなり，側圧は大きくなる。よって，記述は適当。

[正解(2)]

─〔⑥ /04〕─

　下図は異形鉄筋のかぶり (厚さ) とあきの模式図を示したものである。かぶり (厚さ) の値とあきの値を示した次の組合せのうち，**正しいものはどれか**。

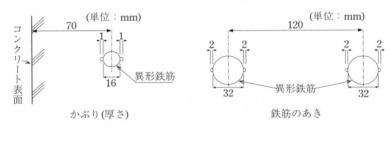

かぶり (厚さ)　　　　　　　　　　鉄筋のあき

	かぶり (厚さ)	あ　き
(1)	61 mm	84 mm
(2)	61 mm	88 mm
(3)	62 mm	88 mm
(4)	70 mm	120 mm

R.05 問題　32

ポイント　「鉄筋のかぶり (厚さ)」と「鉄筋のあき」の定義を正確に理解しているか否かを問う設問。

解　説

それぞれの定義は以下である。

・鉄筋のかぶり (厚さ)：コンクリートの表面から鉄筋の表面までの，もっともコンクリート表面に近い部分の距離。
・鉄筋のあき：隣り合う鉄筋相互の表面間の距離の最小部分の距離。
　ここに，距離の最小部分とは異形鉄筋の場合，節と節の谷部ではなく，節やリブ部の表面間の距離を示す。

・左図：
　　　　70-(16/2)-1　→ 61
・右図：
　　　　120-32-2-2　→ 84

よって，正解は (1)。

[正解(1)]

─ 212 ─

━ 〔⑥/04〕 ━

鉄筋の加工および組立てに関する次の記述のうち，**適当なものはどれか**。

(1) 鉄筋を強固に組み立てるために，セパレータに鉄筋を溶接して固定した。

(2) 柱の軸方向鉄筋主 (鉄) 筋のあきが粗骨材の最大寸法の 1.2 倍となるように配筋した。

(3) 帯 (鉄) 筋が動かないように，主 (鉄) 筋との交点の要所を焼きなまし鉄線で緊結した。

(4) 同じ種類で呼び名が D 29 と D 41 の鉄筋をガス圧接継手によって接合した。

━ R.04 問題　32 ━

ポイント　鉄筋の加工および組立て作業において行ってはならないことを十分理解しておくこと。

解 説

(1) 鉄筋は，他の鋼材に不用意に溶接すると鉄筋に欠陥をつくることになる。このため，鉄筋を組み立てる際に，鉄筋を他の部材または仮設資材に溶接してはならない。よって，記述は不適当。

(2) 鉄筋を組み立てる際の鉄筋相互のあきは，コンクリートの充填を考慮して，土木学会と建築学会では，それぞれ組み立てる粗骨材の最大寸法の 4/3，あるいは，1.25 または 1.3 倍以上，と規定している。よって，記述は不適当。

(3) 帯 (鉄) 筋と主 (鉄) 筋との交点の要所を焼きなまし鉄線で緊結する方法は一般に行われており，理にかなった工法である。よって，記述は適当。

(4) 同じ種類の鉄筋の場合，呼び名の差が 7 mm まではガス圧接によって接合してもよい。しかし，D 29 と D 41 はガス圧接継手によって接合してはならない。よって，記述は不適当。

[正解(3)]

〔⑥/04〕

鉄筋のガス圧接継手に関する次の記述のうち，**不適当なもの**はどれか。

(1) 鉄筋端面のさび (錆) は加熱時に溶融するので，取り除くことなく圧接した。

(2) 鉄筋の曲げ加工部およびその近傍を避け，直線部で圧接した。

(3) 圧接部の検査に，超音波探傷による非破壊検査を実施した。

(4) 種類が SD 345 で，径の異なる D 38 と D 41 の鉄筋を圧接した。

R.03 問題　27

ポイント　鉄筋のガス圧接継手を施工する際に考慮すべき事項を理解しておくこと。

解　説

(1) ガス圧接をする際，両鉄筋の端面の錆や塗料などの異物を落さなければ，圧接後に圧接部内に欠陥〈不連続部〉が残ることとなる。よって，記述は不適当。

(2) ガス圧接継手部分は，加熱により鉄筋が硬くなることが多いので，曲げ加工部およびその近傍は避けなければならない。よって，記述は適当。

(3) 超音波探傷による非破壊検査は，圧接部の内部の欠陥を検出するのに適している。よって，記述は適当。

(4) 同一種類間または強度的に直近な種類間，同一種類間の径または呼び名の差が 7 mm 以下に適用可能。よって，記述は適当。

[正解(1)]

〔⑥ /04〕

鉄筋の継手に関する次の記述のうち，**適当なものはどれか。**

(1) 重ね継手の長さを，コンクリート強度が高いほど長くした。

(2) D 32 の鉄筋に，重ね継手を用いた。

(3) 曲げ加工部の継手に，ガス圧接継手を用いた。

(4) 種類の記号が SD 345 の鉄筋と SD 490 の鉄筋をガス圧接により接合した。

R.02 問題 25

ポイント 鉄筋の各種継手の性質とその既定値を理解しておかなければならない。

解説

(1) 重ね継手は鉄筋とコンクリートの付着により，片側の鉄筋の応力を相接する別の鉄筋に，コンクリートを介して伝えるものである。したがって，継手の強度は鉄筋同士の重ね長さにより決定する。このため，重ね長さの最低値を規定している。よって，記述は不適当。

(2) 選択肢 (1) に記したように，重ね継手の応力伝達性能は重ね長さに左右される。引張力を負担する主筋では，端部のフックの有無でその値は異なるが，重ね長さは，鉄筋径の 20 〜 40 倍とされている。D 41 の鉄筋では，約 0.8 〜 1.6 m にもなり，きわめて不経済である。また，重ね部分はコンクリートの充填の支障にもなる。このため，直径の数値が D 32 程度の鉄筋までが限界である。よって，記述は適当。

(3) 鉄筋は曲げ加工すると品質が変化し硬化することがあるため，その部分で圧接を行うことは適当ではない。また，圧接する際の加熱によっても鉄筋の品質は変化し硬化することがあるため，圧接後に圧接部やその近傍を曲げ加工することも適当ではない。よって，記述は不適当。

(4) 鉄筋の接合に圧接を用いることができるのは，同一種類か，強度的に直近な種類間の鉄筋に限られる。また同一種類の鉄筋でその径または呼び名の差が 7 mm をこえる場合は採用できない。ただし D 41 と D 51 は例外。よって，記述は不適当。

[正解(2)]

〔⑥/04〕

　鉄筋の継手に関する次の記述のうち，**不適当なものはどれか。**

(1) 鉄筋の種類が SD 345 で呼び名が D 16 の鉄筋の継手を，重ね継手とした。

(2) 重ね継手の長さを，鉄筋の種類，直径，フックの有無およびコンクリートの設計基準強度を考慮して定めた。

(3) ガス圧接継手の非破壊検査として，超音波探傷検査を実施した。

(4) 鉄筋の種類が同じで呼び名が D 22 と D 32 の鉄筋の継手をガス圧接継手とした。

R.01 問題　24

ポイント　鉄筋の継手の各種法の原理と，その適用範囲を理解しておくこと。

解　説

(1) 重ね継手はその強度にかかわらず全種類の鉄筋にほぼ適用可能である。しかし重ね長さは鉄筋の径に比例して決められているため，太径鉄筋に適用すると重ね長さが長大となり不経済である。このため，D 32 程度までの鉄筋に用いるのが実用的である。よって，記述は適当。

(2) 重ね継手の長さは上記鉄筋径のほか，鉄筋の種類，フックの有無およびコンクリートの設計基準強度を考慮して定める。よって，記述は適当。

(3) 超音波探傷試験は，鋼材内部の欠陥，すなわち不連続部あるいは空隙等の欠陥部を検出し検査する方法である。鉄骨の溶接部や鉄筋の溶接部の非破壊検査に適用されてきており，圧接部の非破壊検査としても適用可能である。よって，記述は適当。

(4) 圧接を適用できる鉄筋は，相互に同一種類または強度的に直近の種類の鉄筋，かつ呼び名がの差が 7 mm 未満のものである。D 22 と D 32 の鉄筋は径の差が 10 mm であるのでガス圧接継手を適用することはできない。よって，記述は不適当。

[正解(4)]

⑥ /05　寒中・暑中コンクリート

〔⑥ /05〕

寒中コンクリート (工事) に関する次の記述のうち，**不適当なものはどれか。**

(1) 打込み時のコンクリート温度が 15 ℃となるよう計画した。

(2) コンクリートの練上がり温度を上げるために，セメントを加熱した。

(3) マスコンクリート部材では，断熱シートを用いた断熱 (保温) 養生とした。

(4) 初期凍害を受けないよう，加熱養生を行う計画とした。

R.05 問題　33

ポイント　寒中コンクリートの施工では，材料準備，製造，打込みから養生に至るまでの施工中の環境条件，とくに外気温がコンクリートの品質に与える影響を理解しておくことが重要である。

解　説

(1) 荷卸し時のコンクリート温度は，JASS 5 では 10 〜 20 ℃，土木学会示方書では打込み時のコンクリート温度が 5 〜 20 ℃を原則としている。問題文では打込み時のコンクリート温度が 15 ℃となる計画とあり，記述は適当。

(2) 寒中時のセメントは，できるだけ冷えないように貯蔵するのが良いが，一様な加熱が困難であること，加熱したセメントを用いると部分的に凝結が促進されるなどの危険性があるため，セメントの過熱は禁止されている。よって，記述は不適当。

(3) 寒中時のマスコンクリートの施工では，コンクリートの表面と内部の温度差に伴う内部応力が発生しやすい条件となる。また，初期凍害を防ぐ意味でも断熱 (保温) 養生は効果的である。よって，記述は適当。

(4) 加熱養生 (土木学会示方書では給熱養生) とは，コンクリート構造物の周囲に囲いなどを設け，内部の空気を加熱して初期凍害を防ぐ養生をいう。よって，記述は適当。

[正解(2)]

— 217 —

〔⑥ /05〕

　寒中コンクリートおよび暑中コンクリートに関する次の記述のうち，**不適当なも**
のはどれか。

(1) 寒中コンクリートにおいて，セメントを投入する直前のミキサ内の骨材およ
び水の温度が38℃になる計画とした。

(2) 寒中コンクリートにおいて，打込み時のコンクリート温度が30℃になる計
画とした。

(3) 暑中コンクリートにおいて，練上り時のコンクリート温度を1℃下げるため
に，練混ぜ水の温度を4℃下げる計画とした。

(4) 暑中コンクリートにおいて，打込み時のコンクリート温度が35℃以下とな
るよう計画した。

R.04 問題　33

ポイント　暑中コンクリートの施工計画では，外気温の上昇に伴うフレッシュ性状の変
化や硬化過程における温度の影響を考慮することが重要である。施工時の不具合が
もっとも多いのが暑中コンクリートであり，施工時の対策に関する十分な理解が必要
である。
　寒中コンクリートの施工計画では，材料準備，製造，打込みから初期養生の段階が
もっとも重要である。とくに初期凍害を起こさないための施工計画，施工が必要であ
る。

解　説

(1) JASS 5 では，セメントを投入する直前のミキサ内の骨材および水の温度を40℃以
下と定めており，この範囲であれば加熱してもよい。40℃以下としているのはセメ
ントの瞬結を防ぐためである。問題文では38℃になる計画とあり，記述は適当。

(2) 荷卸し時のコンクリート温度は，JASS 5 では10～20℃，土木学会示方書では打込
み時のコンクリート温度が5～20℃を原則としている。問題文では30℃になる計画
とあり，記述は不適当。

(3) コンクリートの温度を1℃下げるためには，およそセメント温度で8℃，水の温度
で4℃，骨材温度で2℃，いずれかの材料の温度を下げればよい。よって，記述は適
当。

(4) JASS 5 では，コンクリートの荷卸し時の温度を原則として35℃以下，土木学会示
方書では，打込み時のコンクリート温度を標準として35℃以下としている。よって，
記述は適当。ただし，近年の暑中環境の過酷化に対し，試し練りにより性能確認をす
ることで受入れ時のコンクリート温度の上限値を緩和することができるようになって
いる。

[正解(2)]

―〔⑥/05〕――――――――――――――――――――

寒中および暑中コンクリートに関する次の記述のうち，**不適当なものはどれか**。

(1) 寒中コンクリート対策として，コンクリートを凍結させないための初期養生の打切り時期を，打ち込まれたコンクリートの圧縮強度が 3.5 N/mm² に達した時点とした。

(2) 寒中コンクリート対策として，骨材および水を 40 ℃以下の範囲で加熱してコンクリートの練上がり温度を 15 ℃とした。

(3) 暑中コンクリート対策として，高性能 AE 減水剤を標準形から遅延形に変更した。

(4) 暑中コンクリート対策として，打込み時のコンクリートの温度が 35 ℃以下となるように計画した。

――――――――――――――――――――――― R.03 問題 29 ―

ポイント 暑中コンクリートの施工は，外気温の上昇に伴うフレッシュ性状の変化や硬化過程における温度の影響を制御することが求められる。施工時の不具合がもっとも多いのが暑中コンクリートであり，施工時の対策に関する十分な理解が求められる。
　寒中コンクリートの施工では，材料準備，製造，打込みから初期養生の段階がもっとも重要である。とくに，初期凍害を起こさないための施工計画，施工が必要である。

解説

(1) コンクリートを凍結させないための初期養生打切り時期は，JASS 5 ではコンクリートの圧縮強度が 5.0 N/mm² 以上に達したことが確認されるまで，土木学会示方書では，断面の大きさや構造物の曝される環境での水分の飽和頻度によって異なるものの，最低でも圧縮強度が 5.0 N/mm² 以上が求められている。よって，記述は不適当。

(2) JASS 5 では，セメントを投入する直前のミキサ内の骨材および水の温度は 40 ℃以下と定めており，この範囲であれば加熱してもよい。40 ℃以下としているのはセメントの瞬結を防ぐためである。よって，記述は適当。

(3) 暑中コンクリートでは，コンクリートの単位水量の増加，スランプの低下，過度に早い凝結，プラスチック収縮ひび割れ，強度低下などの現象の改善または緩和のために AE 減水剤遅延形および減水剤遅延形の使用が有効であり，高性能 AE 減水剤も遅延形の使用が有効である。よって，記述は適当。

(4) JASS 5 では，コンクリートの荷卸し時の温度を原則として 35 ℃以下，土木学会示方書では，打込み時のコンクリート温度を標準として 35 ℃以下としている。よって，記述は適当。

[正解(1)]

〔⑥/05〕

暑中コンクリートの施工に関する次の記述のうち，**適当なものはどれか**。

(1) コンクリートの荷卸し中にスランプの低下が認められたため，トラックアジテータ内に水を加え，スランプを回復した。

(2) コールドジョイントの発生を抑制するため，打重ね時間間隔を標準期よりも長くした。

(3) せき板の温度が高くなるおそれがあったため，打込み前，型枠内に水が溜まらない程度に，せき板に水を噴霧した。

(4) コンクリートの温度を下げるため，打込み後，直ちにコンクリート上面に冷風を当てた。

R.02 問題　27

ポイント　暑中コンクリートの施工は，外気温の上昇に伴うフレッシュ性状の変化や硬化過程における温度の影響を制御することが求められる。施工時の不具合がもっとも多いのが暑中コンクリートであり，施工時の対策に関する十分な理解が求められる。

解説

(1) 暑中コンクリートの施工において，スランプ低下への対策は品質確保のために重要な事項である。スランプの回復のために水を加える，いわゆる加水は，コンクリートの強度や耐久性上，絶対に行ってはならない行為である。よって，記述は不適当。

(2) コールドジョイントの発生を抑制するためには，打重ね時間間隔を短くすることが肝要である。打重ね時間間隔は，標準期 150 分に対して，暑中コンクリート 120 分を目安としている。よって，記述は不適当。

(3) 暑中コンクリートの施工では，コンクリートが接する部分 (地盤，基盤，せき板) の温度が高くならないようにするため，散水して湿潤養生を保つ，覆いなどをしておくことが望ましい。よって，記述は適当。

(4) 暑中コンクリートの温度を下げるには，材料そのものの温度を下げるプレクーリングや硬化後に実施するパイプクーリングなどがある。打込み後のコンクリートは，上屋を設け直射日光を防ぐとともに水分の急激な蒸発を防ぎ，湿潤状態を保つようにする。また，散水，保水マット，シート養生などが用いられる。打込み直後に冷風を当てることは，温度低下にはほとんど効果がないとともに，乾燥によって表面ひび割れなどの不具合が生じる可能性がある。よって，記述は不適当。

[正解(3)]

〔⑥ /05〕

寒中コンクリートに関する次の記述のうち，**適当なものはどれか**。
(1) 密実なコンクリートとするために，空気量をできるだけ少なくした。
(2) 打込み時のコンクリート温度を $10 \sim 20\,℃$ とするため，セメントおよび水を $40\,℃$ まで加熱した。
(3) 凝結が遅いため，打込み後1日経過してから給熱(加熱)養生を開始した。
(4) 初期養生期間中は，コンクリートの温度が $5\,℃$ 以上となるように管理した。

R.02 問題　28

ポイント　寒中コンクリートの施工では，材料準備，製造，打込みから初期養生の段階がもっとも重要である。とくに初期凍害を起こさないための施工計画，施工が必要である。

解説
(1) 寒中コンクリートとなる条件での施工においては，初期凍害の防止のために AE コンクリートを用いるとともに，凍害防止に必要な空気量を連行する必要がある。よって，記述は不適当。
(2) 寒中コンクリート対策として，骨材や水を加熱することはよいとされているが，セメントはできるだけ冷えないよう貯蔵し，いかなる場合でも加熱してはならない。セメントは一様な加熱が困難であるとともに，凝結が促進され作業性が低下することがあるためである。よって，記述は不適当。
(3) 寒中コンクリートの施工にあたっては，凝結硬化の初期に凍結させないことが重要である。打込み後1日経過してからでは，初期凍害が発生する可能性があるとともに，コンクリートの温度上昇が大きくなる時期と重なるため，温度ひび割れの危険性が増加する場合がある。よって，記述は不適当。
(4) 土木学会示方書では，打込み後の初期に凍結しないよう十分に保護し，所要の強度が得られるまでコンクリート温度を $5\,℃$ 以上に保つとしている。よって，記述は適当。

[正解(4)]

―〔⑥/05〕――――――――――――――――――――――――――――――――――

　寒中コンクリートに関する次の記述のうち，**誤っているもの**はどれか。

(1) 一般にセメントの加熱は禁止されている。

(2) 一般にセメントを投入する直前のミキサ内の骨材および水の温度は 40 ℃ 以下とする。

(3) 土木学会示方書では，型枠の取外し直後にコンクリート表面が水で飽和される頻度が高い場合，養生期間を短くできる。

(4) JASS 5 では，コンクリートの圧縮強度が $5.0\,\mathrm{N/mm^2}$ 以上になれば初期養生を打ち切ることができる。

―――――――――――――――――――――――――――――――――― R.01 問題　26 ―

ポイント

解　説

(1) セメントはできるだけ冷えないように貯蔵するのがよいが，いかなる場合でも加熱してはならない。セメントは一様な加熱が困難であり，加熱したセメントを用いると部分的に凝結が促進されることがあるため，加熱は禁止されている。よって，記述は正しい。

(2) 骨材や水を加熱して用いることで，適切なコンクリート温度を確保することができるが，高温の材料とセメントが接すると瞬結，急結が生じる可能性がある。土木学会示方書および JASS 5 では，水および骨材の温度は 40 ℃ 以下と示されている。よって，記述は正しい。

(3) 土木学会示方書施工編では，初期凍害を防ぐために養生終了時に必要となる圧縮強度の標準が**表 1**のように示されている (現行示方書は**表 2**)。コンクリート表面が水で飽和される頻度が高い場合は，低い場合に比べて必要強度が大きい。すなわち，必要強度に達するまでの養生期間は長くなる。よって，記述は誤っている。

表 1　初期凍害を防ぐために養生終了時必要となる圧縮強度の標準 $(\mathrm{N/mm^2})$
　　　[コンクリート標準示方書 2012]

型枠の取外し直後に構造物が曝される環境	断面の大きさ		
	薄い場合	普通の場合	厚い場合
(1)コンクリート表面が水で飽和される頻度が高い場合	15	12	10
(2)コンクリート表面が水で飽和される頻度が低い場合	5	5	5

表 2　養生温度を 5 ℃ 以上に保つのを終了するときに必要な圧縮強度の標準 $(\mathrm{N/mm^2})$
　　　[コンクリート標準示方書 2017]

5℃ 以上の温度制御養生を行った後の次の春までに想定される凍結融解の頻度	断面の大きさ		
	薄い場合	普通の場合	厚い場合
(1)しばしば凍結融解を受ける場合	15	12	10
(2)まれに凍結融解を受ける場合	5	5	5

(4) JASS 5 では，打ち込まれたコンクリートの圧縮強度 5.0 N/mm² が得られるまで，どの部分についてもコンクリートを凍結させてはならないとしている。初期養生の打切り時期は，温度記録と JASS 5T-603(構造体コンクリートの強度推定のための圧縮強度推定方法) によって求めたコンクリートの圧縮強度が 5.0 N/mm² 以上に達したことが確認されるまでと定めている。よって，記述は正しいが，養生期間はできるだけ長くとることが望ましい。

［正解(3)］

コンクリート用材料

コンクリートの性質

コンクリートの耐久性

配合設計・調

製造・品質管理／検査

施　工

コンクリート製品

コンクリート構造の設計

問題41 〜 60（平成30年以降は問題37 〜 54）は,「正しい,あるいは適当な」
記述であるか,または「誤っている,あるいは不適当な」記述であるかを判断する
◯×問題である。
「正しい,あるいは適当な」記述は解答用紙の◎欄を,「誤っている,あるいは不
適当な」記述は⊗欄を黒く塗りつぶしなさい。

〔⑥ /05〕

　暑中コンクリートにおけるプラスティック収縮ひび割れの抑制には,ブリーディ
ングの速度および量を適切にすることができる遅延形の化学混和剤の使用が有効で
ある。

R.01 問題　49

ポイントと解説　暑中コンクリートでは,コンクリートの単位水量の増加,スランプの
時間変化に伴う低下,過度に早い凝結,プラスティック収縮ひび割れ,強度低下など
の現象が生じる。これらを改善または緩和するために,AE減水剤遅延形および減水
剤遅延形などの化学混和剤の使用が有効である。よって記述は適当である。ただし,
遅延形ということを除けば,ブリーディングの速度や量を制御する化学混和剤は暑中
よりもむしろ寒中コンクリートに適している。よって,記述は不適当ととらえられる
場合がある。

［正解(◯)］

⑥ /06 マスコンクリート

〔⑥ /06〕

マスコンクリートの温度ひび割れに関する次の一般的な記述のうち，**不適当なも**のはどれか。

(1) 中庸熱ポルトランドセメントや低熱ポルトランドセメントを用いると，発熱量が低減する。

(2) 単位セメント量を小さくすると，発熱量が低減する。

(3) 外部拘束によるひび割れは，コンクリート内部の温度が下降している段階で発生しやすい。

(4) コンクリートの温度上昇時に，冷水による散水養生を行うと，表面に発生する温度応力が低減する。

R.05 問題　34

ポイント　マスコンクリートの温度ひび割れを制御もしくは防止するためには，ひび割れ発生メカニズムを十分理解した上で，現実的な材料，設計，施工上の対策を検討する必要がある。

解　説

(1) 中庸熱ポルトランドセメントや低熱ポルトランドセメントは，水和熱の上限がJIS規格で制限されているように発熱量を低減したセメントである。マスコンクリートの対策として用いられることが多い。よって，記述は適当。

(2) 発熱量は，セメントの種類，単位セメント量に依存し，部材の大きさや環境条件などの影響を受ける。よって，記述は適当。

(3) 温度ひび割れには，2つのタイプがある。一つはコンクリート表面と内部の温度差により生じる内部拘束応力と，もう一つはコンクリート全体の温度が低下する際の収縮変形を既設コンクリートや岩盤などで拘束されて生じる外部拘束応力がある。よって，記述は適当。

(4) 上述した内部拘束応力は，内部温度が高く，表面の温度が低い場合に大きくなる。温度上昇時に冷水による散水養生を行うと，内部拘束応力を助長する可能性が高いため注意が必要である。よって，記述は不適当。

[正解(4)]

— 225 —

〔⑥/06〕

マスコンクリートの温度ひび割れ対策に関する次の記述のうち，**不適当なものは
どれか。**

(1) ひび割れの幅を制御するため，ひび割れに平行な方向の鉄筋量を増やした。

(2) 温度上昇量を低減するため，減水効果の大きい混和剤を使用して単位セメン
ト量を低減した。

(3) 部材内部の最高温度を低減するため，打込み時のコンクリート温度を低くし
た。

(4) 外部拘束による温度ひび割れを抑制するため，1回の打込み区画の長さを短
くした。

R.04 問題 34

ポイント マスコンクリートの温度ひび割れを制御もしくは防止するためには，ひび割
れ発生メカニズムを十分理解した上で，現実的な材料，設計，施工上の対策を検討す
る必要がある。

解説

(1) ひび割れ幅を抑制するためにひび割れ制御鉄筋を配置することは有効である。しか
しながら，制御鉄筋は，ひび割れの発生する方向に対して直角方向に配置しなければ
ひび割れ幅の制御効果を得ることはできない。よって，記述は不適当。

(2) 温度上昇量を低減する方策としては，発熱量の少ないセメントを使用するか単位セ
メント量を少なくするかのどちらかである。単位セメント量の低減には，粗骨材最大
寸法を大きくすることや設計材齢を長期化するなどのほか，化学混和剤の使用が有効
である。よって，記述は適当。

(3) 部材内部の最高温度を低減するためには，配合の工夫，部材厚の低減，パイプクー
リングなどのほか，日中の打込みを避けることやプレクーリングなどによる打込み時
のコンクリート温度の低減が有効である。よって，記述は適当。

(4) 部材長さ L と高さ H の比 (L/H) が大きくなるほど外部拘束は大きくなる。打込み
区画の長さを短くすることで L/H が小さくなるため，外部拘束による温度ひび割れ
は抑制される。よって，記述は適当。

[正解(1)]

〔⑥ /06〕

マスコンクリートの温度ひび割れ抑制対策に関する次の記述のうち，**不適当なも
のはどれか。**
- (1) コンクリートの温度上昇を抑制するため，セメントの 20 ％をフライアッ
 シュで置き換えた。
- (2) 岩盤の拘束により発生する応力を小さくするため，打込み区画を大きくした。
- (3) 単位セメント量を低減するため，粗骨材の最大寸法を大きくした。
- (4) コンクリートの温度上昇を抑制するため，打込み開始直後からパイプクーリ
 ングを行った。

R.03 問題 30

ポイント マスコンクリートの温度ひび割れを制御もしくは防止するためには，ひび割
れ発生メカニズムを十分理解した上で，現実的な材料，設計，施工上の対策を検討す
る必要がある。

解説
(1) コンクリートの温度上昇を抑制するためには，低発熱形のセメントを用いること，
 単位セメント量を少なくすることが有効である。フライアッシュセメント B 種 (混合
 材の割合 10 ～ 20 ％) を用いたコンクリートの終局断熱温度上昇量は，同一単位セメ
 ント量の場合，普通ポルトランドセメントに比べて 80 ～ 90 ％程度に低減する。よっ
 て，記述は適当。
(2) マスコンクリートの温度ひび割れの発生メカニズムのうち，外部拘束による応力は，
 新設コンクリートの温度が降下するときの収縮変形が既設コンクリートや岩盤などに
 よって外部から拘束されて生じる。この拘束度は拘束体，被拘束体の剛性の相違に依
 存するとともに，新たに打設される部材の長さとの高さの比 (L/H) が大きいほど拘
 束度が大きくなる。打込み高さが同一で打込み区画を大きくすれば，L/H が大きく
 なるため温度応力が大きくなる。よって，記述は不適当。
(3) 粗骨材の最大寸法を大きくすると単位水量，単位セメント量を少なくすることがで
 きる。これにより温度上昇量を小さくすることができる。よって，記述は適当。
(4) 温度上昇を抑制するためにパイプクーリングを行う場合，部材最高温度に達するよ
 りも前に実施する必要がある。よって，記述は適当。

[正解(2)]

〔⑥ /06〕

　下図はマスコンクリート部材に発生した温度ひび割れの模式図である。A, B の温度ひび割れの発生機構の組合せとして，**適当なものはどれか。**

記　号	A	B
部　材	鉄筋コンクリート底版上の厚さ 1 m の壁	杭基礎上の厚さ 2 m のフーチング
温度ひび割れの発生状況		

図　温度ひび割れの発生状況

	A	B
(1)	外部拘束	外部拘束
(2)	外部拘束	内部拘束
(3)	内部拘束	外部拘束
(4)	内部拘束	内部拘束

R.03 問題　31

ポイントと解説

　マスコンクリートの温度ひび割れ (水和熱によるひび割れ) の発生メカニズムの理解は重要である。コンクリートの温度変化特性，内部拘束や外部拘束といった膨張・収縮に伴う変形の拘束，力学的特性の時間変化など，ひび割れ発生メカニズムの理解が不可欠である。

　外部拘束ひび割れは，新設コンクリートの温度が降下するときの収縮変形が既設コンクリートや岩盤などによって外部から拘束されて生じる。このため，ひび割れの特徴として，拘束体に垂直で部材断面を貫通するひび割れとなる場合が多い。

　一方，内部拘束ひび割れは，コンクリート内部と表面部の温度差により発生するもので，コンクリートの表面部分に生じることが多い。

　以上より，A は外部拘束ひび割れ，B は内部拘束ひび割れの特徴を表している。よって，(2) が適当。

[正解(2)]

〔⑥ /06〕

マスコンクリートに関する次の一般的な記述のうち，**不適当なものはどれか。**
(1) 外部拘束による温度ひび割れは，内部の温度が降下している段階で発生しやすい。
(2) 内部拘束による温度ひび割れは，内部の温度が上昇している段階で発生しやすい。
(3) セメントの種類や単位量，打込み温度は，コンクリートの温度上昇量に影響を与える。
(4) パイプクーリングでは，最高温度に到達した直後からパイプ中に冷水を通すのが有効である。

R.02 問題 29

ポイント マスコンクリートの温度ひび割れ (水和熱によるひび割れ) の発生メカニズムの理解は重要である。コンクリートの温度変化特性，内部拘束や外部拘束といった膨張・収縮に伴う変形の拘束，力学的特性の時間変化など，ひび割れ発生メカニズムの理解が不可欠である。

解 説
(1) 外部拘束による温度ひび割れは，コンクリート内部の温度が最高温度から降下するときに生じる収縮変形を既設コンクリートや岩盤などによって外部から拘束することにより生じる。よって，記述は適当。
(2) 内部拘束による温度ひび割れは，コンクリートの表面と内部の温度差により生じるものであり，内部の温度が上昇している段階でその差は大きくなる。よって，記述は適当。
(3) コンクリートの温度上昇量に及ぼす諸要因の中で，セメントの種類，単位セメント量，打込み温度の影響が大きい。よって，記述は適当。
(4) マスコンクリートの温度ひび割れ対策として用いられるパイプクーリングは，部材内部の温度上昇抑制を目的として用いる。部材の最高温度を低減するためには，部材の最高温度に到達する前にパイプ内に通水を行う必要がある。よって，記述は不適当。

[正解(4)]

─〔⑥/06〕─

高さ 4.0 m，幅 1.5 m の正方形断面の柱部材に，普通ポルトランドセメント，中庸熱ポルトランドセメント，低熱ポルトランドセメントおよび高炉セメント B 種のそれぞれのセメントを使用したコンクリートを打ち込み，図－1 に示す断面中心位置におけるコンクリートの温度履歴を比較した。図－2 に示す温度履歴の曲線 a ～ d のうち，中庸熱ポルトランドセメントを使用したコンクリートを示すものとして，**適当なものはどれか。** ただし，いずれのコンクリートも単位セメント量を 300 kg/m³，打込み温度を 20℃ とし，外気温は 20℃ 一定のもとで木製型枠を 7 日間存置した。

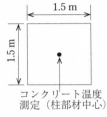

コンクリート温度
測定（柱部材中心）

図－1　柱部材の断面

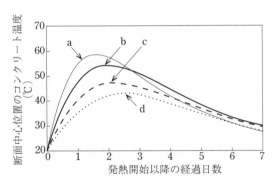

図－2　断面中心位置のコンクリートの温度履歴

(1) a

(2) b

(3) c

(4) d

ポイントと解説

　マスコンクリートの温度ひび割れ(水和熱によるひび割れ) の発生メカニズムを理解し,部材の温度変化や温度上昇量を計算したり,マスブロックによる試験や実構造物によ

る温度測定を行うことは, 温度ひび割れ発生のリスクを事前にとらえるため, あるいは対策の検討を行う上でも重要である。また, 材料による温度ひび割れ対策としてセメントの変更があげられるが, セメント種類の変更によりどの程度温度上昇が抑制できるかの理解が必要である。

　ここでは, 4種類のセメントが示されており, 単位セメント量を同一, 打込み温度が20℃とした場合, 最高温度上昇量は, 高炉セメントB種＞普通ポルトランドセメント＞中庸熱ポルトランドセメント＞低熱ポルトランドセメントの順に大きい。また, ピーク温度発生時期もこの順で早くなる。図から, 最高温度が下位から2番目で, ピーク温度発生時期も下位から2番目である "c" の曲線が中庸熱ポルトランドセメントに該当する。

[正解(3)]

─〔⑥ /06〕──────────────────────────────

　マスコンクリートの温度ひび割れ対策に関する次の一般的な記述のうち，**不適当なものはどれか**。

(1) 内部拘束によるひび割れを抑制するために，保温性のよい型枠を使用することが有効である。

(2) 外部拘束によるひび割れを抑制するために，打込み区画（ブロック寸法）を大きくすることが有効である。

(3) プレクーリングでは，粗骨材と細骨材の温度を下げるのが有効である。

(4) パイプクーリングでは，コンクリート打込み開始後からパイプ中に冷水を通すのが有効である。

───────────────────── R.01 問題　27 ─

ポイント　マスコンクリートの温度ひび割れ対策に関し，主として施工方法にかかわる基本的な知識を問う問題。材料・配 (調) 合，打込み，養生など，マスコンクリートの施工にあたって効果的な対策を考えるためには，コンクリートの温度変化特性，ならびに温度ひび割れ発生メカニズム (内部拘束，外部拘束) の理解が不可欠。

解　説

(1) 内部拘束は，水和熱によって内部の温度が高くなり，表面の温度は内部ほど高くならないため，内外温度差に起因して表面に発生する引張応力により表面にひび割れが発生するものである。したがって，内外温度差を緩和する保温性のよい型枠を使用することで内部拘束を抑制できる。よって，記述は正しい。

(2) 打込み区画 (ブロック寸法) を小さくすることで，拘束度が小さくできるとともに部材の温度上昇量を抑制できるため，外部拘束によるひび割れが抑制できる。よって，記述は不適当。

(3) プレクーリングの方法としては，練混ぜ水に冷水を用いたり，水の一部を氷に置き換えたり，液体窒素で直接コンクリートを冷却する方法がある。コンクリートに占める骨材の割合は，重量比で 80 ％程度であり，コンクリート温度を下げるのに有効である。

(4) 最高温度上昇量を低く抑え，温度ひび割れを抑制するためには，コンクリートの打込み開始後から冷水を通すのが有効である。よって記述は正しい。

[正解(2)]

〔⑥ /06〕

　図1に示すように，岩盤上に施工されるスラブ状のマスコンクリート構造物を連続的に打ち込んだ。コンクリート打込み後に，図2に示すような温度ひび割れを確認した。図1中のA点（構造物中心部）とB点（構造物表層部）の温度履歴を図3に示す。図3に示すa〜dのうち，このひび割れが発生する時期として，**適当なものはどれか**。

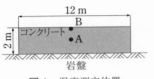

図1　温度測定位置

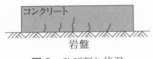

図2　ひび割れ状況

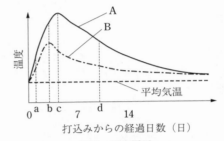

図3　温度履歴

(1)　a

(2)　b

(3)　c

(4)　d

R.01 問題　28

ポイントと解説　マスコンクリートの温度ひび割れ (水和熱によるひび割れ) の発生メカニズムの理解は重要である。コンクリートの温度変化特性，内部拘束や外部拘束といった膨張・収縮に伴う変形の拘束，力学的特性の時間変化など，ひび割れ発生メカニズムの理解が不可欠。

　図2のひび割れ発生状況 (拘束体である岩盤付近からひび割れが2m程度の間隔で下部に発生している) から，対象は外部拘束ひび割れと推定される。外部拘束は，全体 (とくに中心部) の温度が上昇し，降下するときの収縮変形が既設のコンクリートや岩盤などによって外部から拘束されて生じる引張応力により，材齢がある程度進んだ段階に発生する。図3より，部材中心部Aにおいて温度降下後のある程度時間が経過した段階の時点，(4)d が妥当であると判断される。

[正解(4)]

⑥ /07　高流動および流動化コンクリート

〔⑥ /07〕

　流動化コンクリートの性質に関する次の一般的な記述のうち，**不適当なものはど
れか。**

(1) スランプの経時変化は，流動化後のスランプと同じスランプを有する一般の
　　コンクリートより小さい。
(2) ブリーディング量は，流動化後のスランプと同じスランプを有する一般のコ
　　ンクリートより少ない。
(3) 乾燥収縮は，ベースコンクリートと同等である。
(4) 強度は，空気量が同じであれば，ベースコンクリートと同等である。

──────────────────────────── R.05 問題　36 ──

ポイント　流動化コンクリートのフレッシュ性状，硬化性状を問う問題。とくに，乾燥
　収縮については，近年では出題も少なかったので，これを機に習得しておきたい。

解　説

(1) 流動化コンクリートは，通常の AE 減水剤を用いたコンクリートに比べて，混和剤
　　添加後からのスランプの経時的な低下が大きい。そのため，流動化コンクリートは流
　　動化後 20 〜 30 分以内に打込みを完了させるのが望ましい。よって，記述は不適当。
(2) 流動化剤を後添加したときの流動化コンクリートのブリーディング量は，流動化後
　　のスランプが同じスランプを有する通常の軟練りコンクリートに比べて少なくなる。
　　よって，記述は適当。ただし，ベースコンクリートと比較すると多くなる。
(3) 流動化コンクリートの乾燥収縮は，流動化剤添加前のベースコンクリートとほぼ等
　　しいとされている。よって，記述は適当。なお，通常の AE 減水剤を使用した軟練り
　　コンクリートに比べて，乾燥収縮ひずみが 10 〜 15 ％程度小さくなるという報告もあ
　　る。
(4) 流動化コンクリートの圧縮強度は，空気量がほぼ同じであれば，ベースコンクリー
　　トの圧縮強度と同程度である。よって，記述は適当。

[正解(1)]

── 〔⑥ /07〕 ──

　　高流動コンクリートを一般のコンクリートと比較した次の一般的な記述のうち，**不適当なものはどれか。**
　　(1) 単位粗骨材量は，小さい。
　　(2) 製造時の練混ぜ時間は，長い。
　　(3) 凝結時間は，長い。
　　(4) 圧送時の管内圧力損失は，小さい。

R.04 問題　37 ──

ポイント　高流動コンクリートと一般のコンクリートと異なる特徴を問う問題。この点に関する出題頻度は多いので，十分に理解しておくのがよい。

解　説

(1) 高流動コンクリートの配合設計では，構造物の形状，寸法，配筋状態を考慮して自己充てんレベルを設定し，「充てん装置を用いた間げき通過性試験」により適切な範囲の単位粗骨材量を設定する。通常は，所定の間げき通過性を確保するために，一般のコンクリートより単位粗骨材量は小さくなる。よって，記述は適当。

(2) 高流動コンクリートは，一般のコンクリートと比較して，降伏値が小さく，塑性粘度が大きい。土木学会「高流動コンクリートの配合設計・施工指針，2012」では，練混ぜ性能の優れたミキサ (強制練りミキサ) を用いる，1 回の練混ぜ量をミキサ最大容量の 80 ～ 90 ％とする，練混ぜ時間を 90 秒以上とすることを原則としており，練混ぜ時間は一般のコンクリートより長くなる。よって，記述は適当。

(3) 高流動コンクリートは単位水量を過大にせずに流動性を向上させるために，高性能 AE 減水剤等を使用する。高性能 AE 減水剤はコンクリートの凝結を遅延させる効果があるため，凝結時間は長くなる。よって，記述は適当。

(4) 高流動コンクリートは塑性粘度が大きいため，コンクリートポンプ圧送時の負荷は一般のコンクリートに比べて大きくなる。とくに，単位結合材量が多くなるほど，圧送負荷が増加する。よって，記述は不適当。

[正解(4)]

〔⑥ /07〕

　流動化コンクリートおよび高流動コンクリートに関する次の一般的な記述のうち，**不適当なものはどれか。**

　(1) 流動化コンクリートの時間の経過に伴うスランプの低下は，通常の軟練りコンクリートよりも大きい。

　(2) 流動化コンクリートの圧縮強度は，ベースコンクリートと同程度である。

　(3) 高流動コンクリートの種類は，材料構成によって粉体系，増粘剤系および併用系に分類される。

　(4) 高流動コンクリートの凝結は，一般のコンクリートよりも早くなる傾向にある。

R.03 問題　33

ポイント　流動化コンクリートのスランプ性状と圧縮強度，高流動コンクリートの種類と凝結特性に関する基本的な知識を問う問題。この点に関する出題頻度は多いので，十分に理解しておくとよい。

解　説

(1) 流動化コンクリートは，通常の AE 減水剤を用いた軟練りコンクリートに比べて，混和剤添加後からのスランプの経時的な低下が大きくなる。そのため，流動化コンクリートは流動化後 20 〜 30 分以内に打込みを完了させるのが望ましい。よって，記述は適当。

(2) 流動化コンクリートの圧縮強度は，空気量がほぼ同じであれば，ベースコンクリートの圧縮強度と同程度である。よって，記述は適当。

(3) 高流動コンクリートには，水粉体比の減少 (粉体量の増加) によって適正な材料分離抵抗性を付与する粉体系，増粘剤の混和によって材料分離抵抗性を付与する増粘系，水粉体比の減少 (粉体量の増加) とともに増粘剤を加えてフレッシュコンクリートの品質安定性を高める併用系の 3 種類がある。よって，記述は適当。

(4) 高流動コンクリートのように単位粉体量の多いコンクリートでは，所要の流動性を確保するため，一般に高性能 AE 減水剤を使用する。高性能 AE 減水剤を使用したコンクリートは凝結が遅くなるのが一般的である。よって，記述は不適当。

[正解(4)]

─〔⑥ /07〕──────────────────────────────

　高流動コンクリートおよび高強度コンクリートに関する次の一般的な記述のうち，**適当なものはどれか。**
- (1) 高流動コンクリートの型枠に作用する側圧は，一般のコンクリートと比べて小さくなる。
- (2) 高強度コンクリートの圧送時の管内圧力損失は，一般のコンクリートと比べて小さくなる。
- (3) 高流動コンクリートの降伏値は，一般のコンクリートに比べて小さくなる。
- (4) 高強度コンクリートの温度上昇量は，一般のコンクリートに比べて小さくなる。

────────────────────────────── R.02 問題　32 ─

ポイント　高流動コンクリートおよび高強度コンクリートは，単位セメント量が多い，使用する混和剤が異なる等，一般のコンクリートと比べて異なる点が多く，コンクリートの諸特性も異なる。この点に関する出題頻度は多いので，十分に理解しておくのがよい。

解　説
(1) 高流動コンクリートでは，一般に高性能 AE 減水剤を使用する。高性能 AE 減水剤を使用したコンクリートは凝結が遅延するため，型枠に作用する側圧を液圧として，一般のコンクリートより大きい側圧を考慮して型枠の設計を行う。よって，記述は不適当。
(2) 高強度コンクリートは，単位セメント量が多くなるため，コンクリートの粘性が高くなる。そのため，圧送時の圧力損失は一般のコンクリートよりも大きくなる。よって，記述は不適当。
(3) 降伏値とはコンクリートが流動しようとするときに必要となる力 (ずり応力) を指し，塑性粘度とは流動が開始した後の粘り具合 (粘度) を指す。高流動コンクリートは，一般のコンクリートよりも降伏値を小さくし塑性粘度を高めることで，材料分離抵抗性と流動性を高めている。よって，記述は適当。
(4) 高強度コンクリートは単位セメント量が多いため，水和熱による温度上昇量が大きくなる。そのため，一般のコンクリートに比べて，温度上昇量は大きくなる。よって，記述は不適当。

[正解(3)]

⑥　施　工

〔⑥ /07〕

流動化コンクリートに関する次の記述のうち，**不適当なものはどれか**。

(1) 流動化コンクリートの圧縮強度は，ベースコンクリートの圧縮強度と同等として計画した。

(2) 流動化コンクリートの打込み完了は，外気温が 25 ℃ 未満なので，流動化後 30 分以内として計画した。

(3) 流動化コンクリートの細骨材率は，ベースコンクリートと同じスランプの一般のコンクリートよりも小さくした。

(4) 流動化剤の使用量は，一定のスランプの増大量を得るため，コンクリートの温度によって変化させた。

R.01 問題　30

ポイント　流動化コンクリートの配 (調) 合の設計および流動化剤添加時の留意点を問うもので，設問にあげられている内容については十分に理解しておくのがよい。

解　説

(1) 流動化コンクリートの圧縮強度は，空気量がほぼ同じであれば，ベースコンクリートの圧縮強度と同程度である。よって，記述は適当。

(2) 流動化コンクリートは，通常の AE 減水剤を用いたコンクリートに比べて，流動化剤添加後からのスランプの経時的な低下が大きい。このため，外気温が 25 ℃ 未満の温度条件であっても，流動化コンクリートは流動化後 20 ～ 30 分以内に打込みを完了させることが望ましい。よって，記述は適当。

(3) 流動化コンクリートは，流動化後のスランプと同じスランプの一般のコンクリートに比べてセメントペースト量が少ないため，材料分離が生じやすい。このため，流動化前のベースコンクリートの細骨材率はやや高めに設定しておくのがよい。一般には，流動化後のスランプと同じスランプの一般のコンクリートの細骨材率を使用することが多い。よって，記述は不適当。

(4) スランプの増大量が同じ場合の流動化剤の使用量は，5 ～ 30 ℃のコンクリート温度の範囲では，温度が高いほうがやや少なくて済むことが多く (ただし，流動化後のスランプの経時的な低下量は温度が高いほど大きい)，コンクリートの温度に応じて変化させるのが一般的である。よって，記述は適当。

[正解(3)]

〔⑥ /09〕

　一般の水中コンクリートに関する次の一般的な記述のうち，**不適当なものはど
れか。**

(1) 気中で施工する一般のコンクリートよりも細骨材率を大きくする必要がある。

(2) 静水中に打ち込むのが原則であるが，水を完全に静止させられない場合でも
流速 5 cm/s 以下の状態で打ち込む必要がある。

(3) 打込み中は，閉塞を防ぐためにトレミー管あるいはポンプの配管の先端を，
すでに打ち込まれたコンクリート中に挿入してはならない。

(4) 強度は，水の洗出し作用などのために，気中で打ち込まれるコンクリートに
比べて低下する。

R.05 問題　35

ポイント　水中コンクリートの配合および施工上の留意点の問題。基本的な事項である
ので，技士として理解しておきたい。

解　説

(1) 水中コンクリートは，水中打込みによる材料分離を少なくするために，粘性に富む
配合とする必要がある。そのため，適切な混和剤の使用，単位粉体量の確保とともに，
細骨材率を適度に大きくする必要がある。一般に，細骨材率は，粗骨材に砂利を用い
る場合は 40 ～ 50 ％を標準とし，砕石を用いる場合はさらに 3 ～ 5 ％程度増やすのが
よいとされている。よって，記述は適当。

(2) 流速がある条件で水中コンクリートを打ち込むと，その品質は著しく低下する。そ
のため，一般の水中コンクリートは静水中に打ち込むのが原則である。やむを得ない
場合でも，流速は 5 cm/sec 以下の条件で施工しなければならない。よって，記述は
適当。

(3) 一般の水中コンクリートは，コンクリートを水中で落下させないように，先に打ち
込んだコンクリート中にトレミーもしくはポンプの配管の筒先を 30 ～ 50 cm 程度挿
入して打ち込むのが原則である。よって，記述は不適当。

(4) 水中コンクリートの強度は，水の洗い出し作用などにより，気中で打ち込まれるコ
ンクリートに比べて低下する。そのため，土木学会示方書では，水中打込みによる圧
縮強度は気中打込みによる強度の 0.6 ～ 0.8 倍とみなして，配合強度（調合強度）を
設定しなければならないとしている。よって，記述は適当。

[正解(3)]

─〔⑥ /09〕───────────────────────────

　一般の水中コンクリートの施工に関する次の記述のうち，土木学会示方書に照らして，**適当なものはどれか**。

　(1)　スランプ 8 cm の AE コンクリートを使用した。

　(2)　水セメント比が 55 ％のコンクリートを使用した。

　(3)　流速が 10 cm/s の水中にコンクリートを打ち込んだ。

　(4)　打込み中，トレミーの配管の先端は，すでに打ち込まれたコンクリート中に 30 ～ 50 cm 程度挿入した。

────────────────────── R.02 問題　31 ─

ポイント　　一般の水中コンクリートの配 (調) 合および施工上の留意点を問うもので，設問にあげられている内容については十分に理解しておくのがよい。

解　説

(1)　水中コンクリートは連続して打ち込むことが原則で，締固めは困難である。そのため，一般のコンクリートよりも流動性を大きく設定する。2017 年制定土木学会示方書 [施工編] では，トレミーあるいはコンクリートポンプを用いて施工する場合は 13 ～ 18 cm，底開き箱や底開き袋を用いる場合には 10 ～ 15 cm の範囲を，打込みの目標スランプとすることを標準としている。よって，記述は不適当。

(2)　水中コンクリートの施工では，水中に打ち込んだ際に生じるセメントの流失等に対する材料分離や強度低下に留意する必要がある。そのため，2017 年制定土木学会示方書 [施工編] では，水セメント比 50 ％以下とすることを標準としている。よって，記述は不適当。

(3)　流速が存在する条件で打ち込むと，水中コンクリートの品質は著しく低下する。そのため，一般の水中コンクリートは静水中に打ち込むのが原則である。やむを得ない場合でも，流速は 5 cm/s 以下の条件で施工しなければならない。よって，記述は不適当。

(4)　一般の水中コンクリートでは，コンクリートを水中で落下させないように，先に打ち込んだコンクリート中にトレミー管の筒先を 30 ～ 50 cm 程度挿入して打ち込むのが原則である。よって，記述は適当。

[正解(4)]

― 〔⑥ /09〕 ―

　　一般のコンクリートと比較した場合の水中不分離性コンクリートの特徴に関する次の一般的な記述のうち，**不適当なものはどれか。**

(1) 単位水量が少ない。

(2) ブリーディング量が少ない。

(3) 凝結時間が長い。

(4) 耐凍害性が低い。

R.01 問題　29 ―

ポイント　水中不分離性コンクリートの配合，フレッシュ性状，耐久性を問う問題である。とくに，AE(独立気泡) が連行されにくく耐凍害性に劣る特徴があることは理解しておきたい。

解 説

(1) 水中不分離性コンクリートは，水中で高い充填性やセルフレベリング性を発揮させる必要があるため，通常のコンクリートよりも単位水量が大きい。一般にスランプフロー 50cm 前後で単位水量は 210 ～ 230 kg/m³ 程度必要となる。よって，不適当。

(2) 水中不分離性コンクリートは，水中不分離性混和剤の混和により，流速 5 cm/s 以下の条件下にて水中落下させても分離しにくいなど，材料分離抵抗性を著しく高めた水中コンクリートである。このため，ブリーディングはほとんど生じない。よって，記述は適当。

(3) 水中不分離性コンクリートは，水中不分離性混和剤の混和の影響によって，通常のコンクリートに比べて凝結が遅延する傾向を示す。よって，記述は適当。

(4) 水中不分離性コンクリートに用いられる水中不分離性混和剤には，製造時に巻き込まれるエントラップトエアを消す成分が含まれる。このため，AE 減水剤等を添加してもエントレインドエアが連行されにくくなり，結果として耐凍害性が低下する。よって，記述は適当。

[正解(1)]

コンクリート用材料

コンクリートの性質

コンクリートの耐久性

配(調)合設計

製造・品質管理/検査

施　工

コンクリート製品

コンクリート構造の設計

〔⑥ /10〕

海水の作用を受けるコンクリートに関する次の一般的な記述のうち，**不適当なも
のはどれか。**

(1) 高炉セメントやフライアッシュセメントを使用したコンクリートは，海水に
対する化学的抵抗性が高い。

(2) 構造物への劣化作用は，干満帯・飛沫帯が最も厳しく，次に厳しいのは海中
であり，海上大気中はそれらより厳しくない。

(3) 海水に含まれる硫酸マグネシウム（$MgSO_4$）は，コンクリートの体積膨張を
引き起こしてひび割れを発生させることがある。

(4) 海水の作用を受けるコンクリートは，海水の作用を受けないコンクリートに
比べて，凍害を生じやすい。

R.04 問題　35

ポイント　海水の作用を受けるコンクリートに関する劣化を問う問題。海水の作用による劣化を引き起こしやすい環境や材料等の条件について十分に理解しておきたい。

解　説

(1) コンクリートの海水に対する化学的抵抗性を向上させるには，アルミン酸三カルシウムの少ないセメントの使用や，水酸化カルシウムの生成量の少ない高炉セメントおよびフライアッシュセメントの使用が有効である。よって，記述は適当。

(2) 海水の作用による劣化は，①塩化物イオンの侵入に伴う鋼材の腐食，②波浪・凍結融解など物理的作用によるコンクリート表面の損傷，③海水成分の化学作用によるコンクリート自体の劣化に大別される。潮の干満の繰返し，波浪や波しぶきによって乾湿を繰り返す干満帯・飛沫帯では，①～③の劣化が激しくなりやすい。また，海上大気中は，飛来塩分による塩害と中性化の複合劣化，地域によっては凍害も複合するため，劣化が著しくなることがある。一方，海中部は，各種塩類の化学的作用や摩耗等の物理的作用を受けるが，適切な材料および配合のコンクリートを使用すれば，劣化が著しくなることはほとんどない。一般に，干満帯・飛沫帯＞海上大気中＞海中の順で，構造物への劣化作用が激しくなる。よって，記述は不適当。

(3) 海水中に含まれる硫酸マグネシウムは，セメントの水和生成物である水酸化カルシウムと反応して，膨張性のある石こうの結晶と水酸化マグネシウムを生成する。さらに，生成された石こうの一部はセメント中のアルミン酸三カルシウムと反応して膨張性のエトリンガイトを生成する。これらの物質の体積膨張によってコンクリートにひび割れが発生する。よって，記述は適当。

(4) 海水が凍結融解作用に及ぼす影響については諸説あり現在も研究がなされているが，海水を用いた凍結融解試験では淡水を用いた場合よりも凍害の劣化が激しくなることが知られている。よって，記述は適当。

[正解(2)]

〔⑥ /10〕

　海水の作用を受けるコンクリートに関する次の一般的な記述のうち，**不適当なも
のはどれか。**

(1) フライアッシュセメントは，水酸化カルシム (Ca(OH)$_2$) の生成量が少ないた
　め，海水に対する化学的抵抗性が高い。

(2) 低熱ポルトランドセメントは，アルミン酸三カルシウム (C$_3$A) が少ないため，
　海水に対する化学的抵抗性が高い。

(3) 海水中の塩化マグネシウム (MgCl$_2$) は，コンクリートの組織を緻密にする作
　用がある。

(4) 海水中にある鉄筋コンクリートは，飛沫帯にあるものよりも鉄筋の腐食速度
　が小さい。

R.03 問題　32

ポイント　海水の作用を受けるコンクリートの劣化や鉄筋腐食の抑制対策を問う問題で，
耐久性向上策として重要な事項であるので，しっかりと理解しておきたい。

解　説

(1) 海水中に含まれる塩化マグネシウムは，水酸化カルシウムと反応して，コンクリー
トを多孔質にさせる。海水に対する化学的抵抗性向上の観点からは，水酸化カルシウ
ムの生成量の少ないフライアッシュセメントの使用が有効である。よって，記述は適
当。

(2) 海水中に含まれる硫酸塩は，セメント中のアルミン酸三カルシウムと反応して，コ
ンクリートの膨張破壊を引き起こすことがある。海水に対する化学的抵抗性向上の観点
からは，アルミン酸三カルシウムの少ない低熱ポルトランドセメントの使用が有効で
ある。よって，記述は適当。

(3) 海水中に含まれる塩化マグネシウムは，コンクリート中の水酸化カルシウムと反応
して，水溶性の塩化カルシウムを生成し，コンクリートの細孔組織を多孔質にする。
よって，記述は不適当。

(4) コンクリート中の鉄筋が腐食するには酸素と水が必要である。常時海水中にある場
合は，塩化物イオンの供給量は多いが，酸素の供給がほとんどないため，鉄筋はほと
んど腐食しない。一方，海上大気中は酸素の供給が多くなるため，鉄筋の腐食が進行
しやすい。よって，記述は適当。

[正解(3)]

〔⑥ /11〕

舗装コンクリートに関する次の記述のうち，**不適当なものはどれか**。

(1) JIS A 5308(レディーミクストコンクリート) にしたがって，スランプ 6.5 cm の舗装コンクリートをダンプトラックで運搬した。

(2) コンクリートの強度管理に，材齢 28 日における曲げ強度を用いた。

(3) 養生期間は，現場養生供試体の曲げ強度が配合強度の 7 割に達するまでとした。

(4) 大きなすりへり作用を受けるので，粗骨材のすりへり減量の上限を 35 % とした。

R.03 問題 28

ポイント 舗装に用いるコンクリートは，厚さが薄く，直接交通荷重を受け，風雨に絶えず曝され，日夜温度変化による応力の繰返しを受けるなど，厳しい使用条件下におかれる。このような条件の下での，舗装コンクリートの要求性能 (荷重支持性能，走行安全性能，走行快適性能，耐久性能，騒音・振動などの環境負荷軽減性能) を満足するための設計，施工，品質管理方法を理解する。

解説

(1) 舗装コンクリートは，JIS A 5308-2019(レディーミクストコンクリート) にスランプ 2.5 cm ではダンプトラックを，6.5 cm ではトラックアジテータを用いて運搬することとしている。よって，記述は不適当。

(2) 舗装コンクリートには交通荷重による曲げ応力に対する抵抗性が求められる。よって曲げ強度がコンクリートの強度管理に用いられる。一般には早期材齢での強度が求められる場合が多いものの，通常のコンリートと同様に材齢 28 日を設計基準材齢としている。よって，記述は適当。

(3) 舗装コンクリートは体積に比べて表面積が大きいため，乾燥や温度の影響を受けやすく，一般のコンクリートに比べて長期間の養生が行われる。配合強度の 7 割，すなわち，配合強度が 5.0 N/mm² の場合，3.5 N/mm² に達するまで，あるいは普通ポルトランドセメント使用の場合で 14 日間の養生が標準とされている。よって，記述は適当。

(4) 舗装コンクリートは，すりへり減量の限度がダムコンクリートの値 (外部コンクリートで 40 %) より厳しい 35 % と定められている。とくに，積雪寒冷地では 25 % 以下を推奨している。よって，記述は適当。

[正解(1)]

〔⑥ /11〕

舗装コンクリートに関する次の一般的な記述のうち，**適当なものはどれか。**

(1) JIS A 5308(レディーミクストコンクリート) では，呼び強度として，「引張 4.5」を規定している。

(2) コンシステンシーの判定には，スランプあるいは振動台式コンシステンシー 試験の沈下度が用いられる。

(3) JIS A 5308(レディーミクストコンクリート) では，スランプ 6.5 cm の舗装コ ンクリートの運搬に，ダンプトラックを用いることができるとしている。

(4) 強度試験を行わないで湿潤養生期間を定める場合，セメントの種類によらず 7 日間を標準としている。

R.02 問題　26

ポイント　舗装に用いるコンクリートは，厚さが薄く，直接交通荷重を受け，風雨に絶 えずさらされ，日夜温度変化による応力の繰返しを受けるなど，厳しい使用条件下に おかれる。このような条件の下，舗装コンクリートの要求性能 (荷重支持性能，走行 安全性能，走行快適性能，耐久性能，騒音・振動などの環境負荷軽減性能) を満足す るための設計，施工，品質管理方法を理解する。

解　説

(1) 舗装コンクリートは，JIS A 5308-2019 (レディーミクストコンクリート) における呼 び強度として，曲げ強度 4.5 が規定されている。よって，記述は不適当。

(2) 舗装コンクリートのスランプは，2.5 cm と 6.5 cm の 2 種類である。また，固練り コンクリートにおけるコンシステンシーの判定として振動台式コンシステンシー試験 が用いられる。よって，記述は適当。

(3) 舗装コンクリートの運搬に，スランプ 2.5 cm ではダンプトラック，6.5 cm ではト ラックアジテータを用いる。よって，記述は不適当。

(4) 舗装コンクリートは，強度試験を行わない場合，早強ポルトランドセメントで 7 日， 普通ポルトランドセメントで 14 日，中庸熱ポルトランドセメントおよびフライアッ シュセメントの場合で 21 日間養生することとしている。よって，記述は不適当。

[正解(2)]

─〔⑥/11〕────────────────────────────

道路用舗装コンクリートに関する次の記述のうち，**不適当なものはどれか。**

(1) 材齢 28 日における曲げ強度を設計の基準とした。

(2) 凍結融解抵抗性を確保するため，AE コンクリートとした。

(3) コンクリートの材料分離を防ぐため，できるだけ大きい山となるように荷卸しした。

(4) 現場養生供試体の曲げ強度が，配合上の曲げ強度の 7 割に達するまで養生を行った。

─────────────────────────── R.01 問題 25 ─

ポイント 舗装に用いるコンクリートは，厚さが薄く，直接交通荷重を受け，風雨に絶えずさらされ，日夜温度変化による応力の繰返しを受けるなど，厳しい使用条件下におかれる。このような条件の下，舗装コンクリートの要求性能 (荷重支持性能，走行安全性能，走行快適性能，耐久性能，騒音・振動などの環境負荷軽減性能) を満足するための設計，施工方法を理解する。

解 説

(1) 舗装コンクリートは，交通荷重による曲げ作用を受けるため，一般に材齢 28 日における曲げ強度を設計の基準とする。よって，記述は正しい。

(2) 凍結融解抵抗性を確保するために，良質なエントレインドエアを導入できる AE コンクリートを使用するのがよい。よって，記述は正しい。

(3) 舗装コンクリートは，材料分離を防ぐためにできるだけ小さい山となるよう荷卸しを行う。よって，記述は不適当である。

(4) 養生期間は，現場養生供試体の曲げ強度が所定の値に達するまでの期間とし，一般には配合強度の 7 割 (配合強度 5.0 N/mm² の場合，3.5 N/mm²) に達するまでとする。よって，記述は正しい。

[正解(3)]

〔⑥/12〕

　プレストレストコンクリートに関する次の一般的な記述のうち，**適当なものはど
れか。**

- (1) プレストレストコンクリート梁では，プレストレスの大きさに関わらず曲げ
  ひび割れが発生する荷重は同じである。
- (2) ポストテンション方式は，プレキャストコンクリート工場で同一種類の部材
  を大量に製造する場合に用いられることが多い。
- (3) プレストレスを導入する時期が若材齢であるほど，緊張力によるコンクリー
  トのクリープ変形を小さく抑えることができる。
- (4) 外ケーブル方式の利点の一つは，PC 鋼材の点検・交換等が比較的容易に行
  えることである。

R.05 問題　40

ポイント　プレストレストコンクリート工法の基本知識を問う問題。PC 鋼材，プレス
トレスの導入方法，プレストレストコンクリートの特性を理解することが重要である。

解　説

(1) 一般にコンクリートは，引張強度を超えるるとひび割れが発生するが，あらかじめ
プレストレス (圧縮力) が導入されていると，引張強度にプレストレスを合計した値
までひび割れが発生することはない。適切なプレストレスの範囲であれば，見掛け上
引張強度が大きくなったとみなすことができ，ひび割れ発生荷重は大きくなる。よっ
て，記述は不適当。

(2) 一般にプレキャスト工場で製造する場合には，ポストテンション方式を用い，現場
でコンクリートを打ち込んだ後にプレストレスを与える場合には，ポストテンション
方式が用いられる場合が多い。よって，記述は不適当。

(3) 一般に，載荷時の材齢が若いほどクリープひずみは大きくなる。また，適切なプレ
ストレスを導入するためには，プレテンション方式ではコンクリートの圧縮強度が
$30 \, \text{N/mm}^2$ を下回ってはならないとされており，十分な強度が必要となる。PC 部材
に対して設計で想定したプレストレス力を導入するためには，コンクリートのクリー
プおよび収縮について，設計で想定したものと同定であることが要求される。よって，
記述は不適当。

(4) 記述は適当である。

[正解(4)]

〔⑥ /12〕

プレストレストコンクリートに関する次の一般的な記述のうち，**適当なものはどれか。**

(1) プレストレスは，PC 鋼材のリラクセーションおよびコンクリートのクリープにより徐々に増大する。

(2) プレテンション方式では，コンクリートの打込み後に PC 鋼材を緊張し，端部で定着する。

(3) プレストレス導入時のコンクリートの圧縮強度は，PC 鋼材の緊張により導入される圧縮応力度の 1.25 倍あればよい。

(4) プレストレスを導入することによって曲げひび割れ発生荷重は増加するが，曲げ耐力はほとんど変化しない。

R.04 問題　40

ポイント　プレストレストコンクリート工法の基本知識を問う問題。PC 鋼材，プレストレスの導入方法，プレストレストコンクリートの特性を理解することが重要である。

解説

(1) プレストレスは，PC 鋼材のリラクセーション，コンクリートのクリープや乾燥収縮により徐々に低下する。よって，記述は不適当。

(2) プレテンション方式では，最初にアバットの間で PC 鋼材を緊張し，アバットに定着する。その状態で鉄筋を組み立て，型枠をセットした後にコンクリートを打ち込む。その後，アバット間の定着を開放してコンクリートに緊張力を導入する。よって，記述は不適当。

(3) プレストレス導入時に必要なコンクリートの圧縮強度は，土木学会示方書および JASS 5 では，緊張により生じるコンクリートの最大圧縮応力度の 1.7 倍以上としている。よって，記述は不適当。

(4) 記述は適当。

[正解(4)]

〔⑥ /12〕

　プレストレストコンクリートに関する次の一般的な記述のうち，**不適当なものは
どれか。**
- (1) 断面の中立軸より下方に配置された PC 鋼材を緊張してプレストレスを導入
した単純支持梁は，上方向にそり上がる。
- (2) PC 鋼材の緊張力が大きくなるほど，梁の曲げ降伏耐力は増加する。
- (3) PC 鋼材をコンクリート部材断面の外側に配置する方式を外ケーブル方式と
いう。
- (4) ポストテンション方式では，グラウトの充填が十分でないと，PC 鋼材の腐
食を生じる可能性がある。

R.03 問題　36

ポイント　プレストレストコンクリート工法の基本知識を問う問題。PC 鋼材，プレス
トレスの導入方法，プレストレストコンクリートの特性を理解することが重要である。

解　説

- (1) 断面の中立軸より下方を緊張した場合，部材に偏心軸圧縮力が加わるとともに平面
保持力が作用することで部材は上方にそり上がる。よって，記述は適当。
- (2) 梁の曲げ降伏耐力および終局耐力は，プレストレス導入の有無にかかわらずほぼ同
じである。よって，記述は不適当。
- (3) PC 鋼材をコンクリート内部に配置する一般的なプレストレストコンクリート方式
を内ケーブル方式といい，部材断面の外側に PC 鋼材を配置する方式を外ケーブル方
式という。よって，記述は適当。
- (4) ポストテンション方式では，コンクリート硬化後に PC 鋼材にジャッキを取り付け
て緊張した後，PC 鋼材を定着具で固定し，シース内にグラウトを注入して固定される。
グラウトに未充填が存在すると，水，塩分，酸素などの浸入に伴い PC 鋼材に腐食が
発生する事例がある。よって，記述は適当。

〔正解(2)〕

〔⑥ /12〕

プレストレストコンクリートに関する次の一般的な記述のうち，**不適当なものは
どれか**。

(1) ポストテンション方式で用いられる PC 鋼材は，定着具により部材に定着される。

(2) プレストレストコンクリートには，設計基準強度が 35 〜 50 N/mm² 程度のコンクリートが用いられる。

(3) コンクリートに導入されたプレストレスは，PC 鋼材のリラクセーションによって増加する。

(4) 梁の曲げひび割れ発生荷重は，プレストレスを導入することにより増加する。

R.02 問題　36

ポイント　プレストレストコンクリート工法の基本知識を問う問題。PC 鋼材，プレストレスの導入方法，プレストレストコンクリートの特性を理解することが重要である。

解　説

(1) ポストテンション方式では，コンクリート硬化後に PC 鋼材にジャッキを取り付けて緊張した後, PC 鋼材を定着具で固定し，シース内にグラウトを注入して固定される。よって，記述は適当。

(2) プレストレストコンクリートには，設計基準強度 35 〜 50 N/mm² 程度の比較的高強度なコンクリートが用いられる。よって，記述は適当。

(3) PC 鋼材にリラクセーションが生じると，コンクリート中に導入されていたプレストレスは減少する。よって，記述は不適当。

(4) プレストレスを導入することにより，曲げひび割れが生じる下縁部分に圧縮力が導入されることで見かけ上引張応力度が増大し，曲げひび割れ発生荷重が増加する。コンクリートは，引張に弱いコンクリートの弱点を改善できるために，長大橋をはじめ大スパンの構造物に有効利用することができる。よって，記述は適当。

［正解(3)］

━〔⑥ /12〕━━━━━━━━━━━━━━━━━━━━━━━━━━━━

プレストレストコンクリートに関する次の一般的な記述のうち，**不適当なもの**はどれか。

(1) プレストレストコンクリートに用いられる緊張材の降伏強度は，一般の鉄筋よりも高い。

(2) プレテンション方式は，緊張材とコンクリートとの付着力によって，コンクリートにプレストレスを導入する。

(3) コンクリートに導入されたプレストレスは，時間が経過してもその大きさは一定に保たれる。

(4) プレストレストコンクリート桁は，鉄筋コンクリート桁に比べて，大スパン構造に適している。

━━━━━━━━━━━━━━━━━━━━━━━━ R.01 問題　36 ━

ポイント　プレストレストコンクリート工法の基本知識を問う問題。PC 鋼材，プレストレスの導入方法，プレストレストコンクリートの特性を理解することが重要。

解 説

(1) プレストレストコンクリートに用いられる PC 鋼材の降伏強度は一般的な鉄筋の 2 倍以上である。よって，記述は正しい。

(2) プレテンション方式では，アバットの間で PC 鋼材を緊張し，アバットに定着する。その状態で鉄筋を組み立て，コンクリートを打ち込み，コンクリートが所要の強度に達した後，定着していた PC 鋼材を緩め，コンクリートと鋼材の付着によってプレストレスが導入される。よって，記述は正しい。

(3) プレストレス量は，クリープや乾燥収縮，PC 鋼材のリラクセーションによって減少する。よって，記述は不適当。

(4) プレストレストコンクリートは，引張に弱いコンクリートの弱点を改善できるために，長大橋をはじめ大スパンの構造物に有効利用することができる。よって，記述は正しい。

[正解(3)]

〔⑥ /13〕

各種コンクリートに関する次の記述のうち，**不適当なものはどれか。**

(1) 軽量コンクリートの圧送性を確保するために，骨材の事前吸水を行った。

(2) 吹付けコンクリートの施工時のはね返りを防止し，初期強度を高めるために，急結剤を使用した。

(3) 施工性を高めるために，スランプ 8 cm のベースコンクリートに流動化剤を添加し，スランプ 21 cm の流動化コンクリートとした。

(4) 高強度コンクリートの火災時の爆裂を防止するために，ポリプロピレン短繊維を混入した。

R.04 問題　36

ポイント　各種コンクリートの施工上の留意点ならびに高強度コンクリートの火災に対する対策を問う問題。各種コンクリートについて幅広く問うているので十分に理解しておきたい。

解　説

(1) 軽量コンクリートに用いる軽量骨材は通常の骨材よりも吸水率が大きい。そのため，軽量骨材を乾いた状態で製造した軽量コンクリートを圧送すると，ポンプ圧送中に生じる骨材への圧力吸水によりスランプ低下や，輸送管内の抵抗の増大によって閉塞を生じることがあるため，骨材の事前吸水を十分に行う必要がある。よって，記述は適当。

(2) 吹付けコンクリートは，はね返りの低減や付着性の確保を目的に，単位水量，単位セメント量，水セメント比，細骨材率，細骨材の粒度，粗骨材の最大寸法等に留意して配(調)合を定める必要があり，混和剤には急結剤が用いられる。よって，記述は適当。

(3) 流動化コンクリートでは，ベースコンクリートからのスランプの増加量が過大であると，材料分離が生じやすくなるなど，所要のワーカビリティーの確保が難しくなるため，流動化剤添加によるスランプの増加量は 10 cm 以下が原則とされている。よって，記述は不適当。

(4) 組織が緻密な高強度コンクリートは，火災等によりコンクリート表面が加熱されると，コンクリート中の水分が水蒸気に変化し，その水蒸気圧によってコンクリートが爆裂しやすい。この対策としては，ポリプロピレンやビニロンの短繊維をコンクリートに混入し，火災時の高温により混入した短繊維が消失することで形成される空隙を利用して，水分の移動を容易にさせる方法が有効である。よって，記述は適当。

[正解(3)]

〔⑥/13〕

　軽量骨材コンクリートおよび重量コンクリートに関する次の一般的な記述のうち，**不適当なものはどれか。**

(1) 軽量骨材コンクリートの静弾性係数は，一般のコンクリートと同等である。

(2) 軽量骨材のアルカリシリカ反応性は，それを用いたコンクリートによる試験（コンクリートバー法）で評価する必要がある。

(3) 重量コンクリートのX線やγ線に対する遮蔽性能は，一般のコンクリートに比べて高い。

(4) 重量コンクリートには，赤鉄鉱や磁鉄鉱などの密度の大きな骨材が用いられる。

R.01 問題　31

ポイント　軽量骨材や重量骨材を使用した特殊コンクリートの出題頻度は少ないが，実務では多様なコンクリートが求められることが多いため，コンクリート技士としてこれらのコンクリートの特徴を理解しておくのがよい。

解　説

(1) 軽量骨材コンクリートの静弾性係数は，軽量骨材自体のヤング係数が一般の骨材よりも小さい。2017 年制定土木学会示方書 [施工編] (p.375) では，普通骨材コンクリートの 40 〜 80 ％程度とかなり小さくなると記載されている。よって，記述は不適当。

(2) 軽量骨材の焼成過程において骨材の殻表面等にガラス相が形成される場合，これを用いたコンクリートではアルカリシリカ反応が生じる可能性が指摘されている。このため，2017 年制定土木学会示方書 [施工編] (p.374) では，過去の使用実績によりアルカリシリカ反応性を判断するか，実績がない場合あるいは不明の場合にはコンクリートバー法による試験により確認することを定めている。よって，記述は適当。

(3) X線やγ線に対する遮蔽効果は，コンクリートの密度と壁体の厚さに比例して大きくなる。すなわち，コンクリートの密度が大きい重量コンクリートは，一般のコンクリートに比べて，遮蔽効果は大きくなる。よって，記述は適当。

(4) 重量コンクリートには，骨材の比重が 4 〜 5 程度と大きい赤鉄鉱や磁鉄鉱などが用いられる。よって，記述は適当。ただし，近年では，需給逼迫や価格高騰などの問題から入手が困難な状況となっている。

[正解(1)]

問題 41 ～ 60（平成 30 年以降は問題 37 ～ 54）は，「正しい，あるいは適当な」記述であるか，または「誤っている，あるいは不適当な」記述であるかを判断する○×問題である。

「正しい，あるいは適当な」記述は解答用紙の◎欄を，「誤っている，あるいは不適当な」記述は⊗欄を黒く塗りつぶしなさい。

─〔⑥ /13〕─

吹付けコンクリートでは，湿式よりも乾式の方がリバウンド量は少なくなる。

R.01 問題　53

ポイントと解説　吹付けコンクリートとは，圧縮空気によって打込み箇所に吹き付けて施工するコンクリートで，型枠を使用することなく広い面積に比較的薄いコンクリート層を施工するものである。吹付け方式には湿式と乾式がある。

湿式は，プラントであらかじめ製造したフレッシュコンクリートを吹付け機に投入し，圧縮空気やポンプにて搬送して，ノズルから吹き付ける方式である。乾式と比較して，一般に粉じんやリバウンドが少なく，吹き付けられたコンクリートの品質も安定しているが，吹付け機からノズルまでの圧送距離が短く，機械設備の規模も大きくなる。

一方，乾式は，水を含まないドライミックスのコンクリート材料を吹付け機に投入し，圧縮空気によってノズルまで搬送して，ノズル近傍で水を加えて吹き付ける方式である。吹付け機からノズルまでの搬送距離を長くとれる，施工可能な配合に制約がない，コンクリートを練り混ぜてから吹き付けるまでの時間が長くとれるなどの長所に対し，施工能力が小さい，粉じんやリバウンドが多いなどの短所がある。よって，記述は不適当。

［正解(×)］

コンクリート用材料

コンクリートの性質

コンクリートの耐久性

配（調）合設計

製造・品質管理/検査

施工

コンクリート製品

コンクリート構造の設計

〔⑦〕

　コンクリート製品の製造に関する次の一般的な記述のうち，**適当なものはどれか。**

(1) オートクレーブ養生とは，高温高圧の飽和蒸気を用いて養生する方法である。

(2) オートクレーブ養生の後に，二次養生として常圧蒸気養生を行う。

(3) 常圧蒸気養生を行う場合は，昇温前に1日程度の前養生が行われる。

(4) 常圧蒸気養生の最高温度は，105℃程度である。

R.05 問題　39

ポイント　コンクリート製品に関する出題は，成形や養生の方法 (使用する機器，手順，温度・時間などの数値) を問うものが多い。各製品の製造に適したコンクリートの品質や養生方法，成形方法についても整理，確認しておくことが重要である。

解　説

(1) オートクレーブ養生とは，型枠の早期脱型ならびに高強度パイルなど高強度で安定したコンクリート製品の製造を目的とした養生方法で，通常は蒸気養生したコンクリート製品の二次養生として行われる。高温高圧条件下での水和反応 (水熱反応) によってトベルモライトという高強度で安定した水和物を生成させるため，鋼製の大型円筒型圧力容器にコンクリート製品を収納し，これに通常180℃，10気圧程度の高温高圧飽和蒸気を通して行われる。たとえば，高強度パイル等を製造する場合，一般的に**図1**に例示するようなサイクルで行われ，前養生，一次養生 (蒸気養生)，二次養生 (オートクレーブ養生)，徐冷・除圧作業を含め全工程で 1.5 ～ 2 日程度を要する。よって，記述は適当。

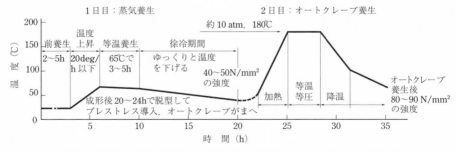

図1　高強度パイル（PHCパイル）の一次養生とオートクレーブ養生 [1]
1) コンクリート技士研修テキスト，平成22年度版，p.267

(2) オートクレーブ養生は，**図1**に示すようにコンクリートの養生効率を上げ，大きな熱変形の繰返しや発錆による型枠の損傷を防止するため，一次養生として常圧蒸気養生を終えた後に，二次養生として行うのが一般的である。よって，記述は不適当。

(3) 常圧蒸気養生は，一般的に**図2**に示すような養生サイクルで行われ，コンクリートを鋼製型枠等に打ち込んだ後，前養生として3時間程度常温状態で養生する。よって，記述は不適当。

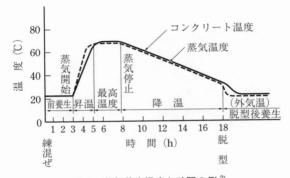

図2　蒸気養生温度と時間の例 [2]
2)　コンクリート技士研修テキスト，平成22年度版，p.266

(4) 常圧蒸気養生の養生温度については，一般に $60 \sim 80$℃程度とされており，土木学会示方書施工編では65℃と定められている。これは，最高温度を80℃以上にした場合に1日強度は増大するが28日強度での伸びが小さくなる（**図3**を参照）ことや，近年80℃〜90℃程度またはそれ以上の高温で蒸気養生した工場製品において，エトリンガイトの遅延生成（DEF）に起因すると考えられる膨張およびひび割れが発生する事例が確認されていることなどによる。よって，記述は不適当。

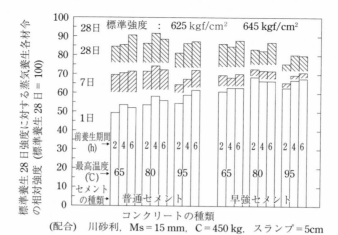

図3 蒸気養生したコンクリートの圧縮強度に及ぼす最高温度と前養生期間の影響 [3]

改訂新版コンクリート工学ハンドブック，朝倉書店

[正解(1)]

〔⑦〕

コンクリート製品の製造に関する次の一般的な記述のうち，**不適当なものはどれか。**

(1) 常圧蒸気養生の前養生時間は，2〜4時間である。

(2) 常圧蒸気養生の温度降下過程においては，できるだけ急速に冷却するのがよい。

(3) 常圧蒸気養生後のオートクレーブ養生は，脱型した後に行う。

(4) 90℃程度の高温で常圧蒸気養生した製品では，エトリンガイトの遅延生成に起因する有害なひび割れが発生する場合がある。

R.04 問題　39

ポイント　コンクリート製品に関する出題は，成形や養生の方法 (使用する機器，手順，温度・時間などの数値) を問うものが多い。各製品の製造に適したコンクリートの品質や養生方法，成形方法についても整理，確認しておくことが重要である。

解説

(1) コンクリート製品の製造においては，製品の早期出荷を目的として各種の促進養生が行われている。促進養生の方法には常圧蒸気養生や高温高圧蒸気養生 (オートクレーブ養生) などがあるが，経済的な面から常圧蒸気養生がもっとも多く採用されている。常圧蒸気養生は，一般的に p.257 図 2 に示すような養生サイクルで行われ，コンクリートを鋼製型枠等に打ち込んだ後，前養生として 3 時間程度常温状態で養生する。よって，記述は適当。

(2) 常圧蒸気養生は，p.257 図 2 に示すような養生サイクルで行われ，コンクリート打込み後，加熱前に常温で 3 時間程度の前養生が行われ，その後 20℃/h 程度の速度で昇温し，数時間最高温度を保持する。さらに半日程度かけて大気温度と大差がなくなるまで徐々に下げる。冷却速度が大きいと製品にひび割れが発生するだけでなく，強度や耐久性に悪影響を及ぼすので十分な温度管理が必要である。よって，記述は不適当。

(3) オートクレーブ養生は，p.256 図 1 に示すようにコンクリートの養生効率を上げ，大きな熱変形の繰返しや発錆による型枠の損傷を防止するため，一次養生として常圧蒸気養生を終えた後に，脱型して二次養生として行うのが一般的である。よって，記述は適当。

(4) 常圧蒸気養生の養生温度については，一般に 60〜80℃程度とされており，土木学会示方書施工編では 65℃と定められている。これは，最高温度を 80℃以上にした場合に 1 日強度は増大するが 28 日強度での伸びが小さくなる (**図 3** を参照) 事や，近年80〜90℃程度またはそれ以上の高温で蒸気養生した工場製品において，エトリンガイトの遅延生成 (DEF) に起因すると考えられる膨張およびひび割れが発生する事例が確認されている事などによる。よって，記述は適当。

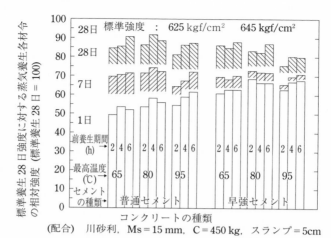

図3　蒸気養生したコンクリートの圧縮強度に及ぼす最高温度と前養生期間の影響[3]

　　　3)　改訂新版コンクリート工学ハンドブック，朝倉書店

［正解(2)］

〔⑦〕

コンクリート製品に関する次の一般的な記述のうち，**不適当なものはどれか。**

(1) 製品そのものを載荷試験や組立試験することで実物に相当する部材や接合部の品質を確認できる。

(2) 即時脱型方式は，ブロックなど小型のコンクリート製品に適している。

(3) 常圧蒸気養生は，コンクリートの打込み後直ちに行われる。

(4) オートクレーブ養生は，常圧蒸気養生後の二次養生として行う。

R.03 問題　35

ポイント　コンクリート工場製品に関する問題の多くは，成形 (製造) 方法と養生方法にかかわるものである。代表的な成形 (製造) 方法としては，振動締固め，遠心力締固め，加圧締固めがある。また，養生方法としては，蒸気養生，オートクレーブ養生 (高温高圧養生) がある。製品の製造方法，養生方法を整理しておくことが重要である。

解　説

(1) コンクリート製品の品質管理の特長として，製造した製品そのものを使用して載荷試験や組立試験を行うことによって，部材そのものや接合部など各種の力学性能を直接確認することで品質管理できることである。主な載荷試験方法として，曲げ試験 (**図 1**)，せん断試験 (**図 2**)，内圧試験などがある。よって，記述は適当。

(2) 即時脱型とは，振動・加圧締固めとも呼ばれ，硬練りコンクリート (スランプ 0 cm のものが多い) を振動させながら鋼製型枠に投入・充てんし，強力な振動と高い圧力で成形した後，即時に脱型する方法である。一般的には，ブロック類や舗装用コンクリート平板，穴あき PC 板，鉄筋コンクリート管，まくら木などの製造に使用されて

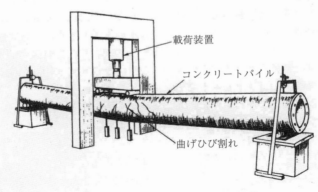

載荷装置

コンクリートパイル

曲げひび割れ

図 1　コンクリートパイルの曲げ試験[1]

1)　日本コンクリート工学協会：コンクリート技術の要点 '07, p.256, 2007

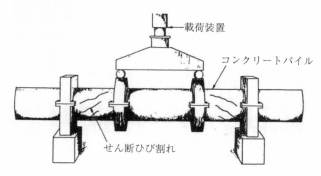

――載荷装置

コンクリートパイル

せん断ひび割れ

図2　コンクリートパイルのせん断試験 [2]
2)　日本コンクリート工学協会：コンクリート技術の要点 '07．p.256，2007

いる。よって，記述は適当。

(3) 蒸気養生とは，コンクリート製品等の型枠の早期脱型を目的とした工場二次製品を製造する際に行う養生方法である。一般的には，セメントの水和反応を促進させて強度の発現を早めるため，ボイラーで発生させた (常圧) 蒸気で養生室 (構造によりピット式，トンネル式，シート式の3種類がある) に静置した型枠内のコンクリートを加湿・加熱する養生方法である。最高温度，定温保持時間等は，製品の種類や必要強度，外気温などによって異なるが，一般的には p.257 図2に例示するようなサイクルで行われ，型枠に打設後，養生室に蒸気を通すまでに数時間程度の前養生が行われる。その後，20℃/h 前後の速度で昇温し，所定の最高温度に達した後に数時間保持する。さらに半日程度かけて大気温度になるまで徐冷するが，この時，冷却速度が速いと温度収縮等の影響によりコンクリートにひび割れが発生し，強度や耐久性に悪影響を及ぼすため十分な温度管理が必要である。よって，記述は不適当。

(4) オートクレーブ養生とは，型枠の早期脱型ならびに高強度パイルなど高強度で安定したコンクリート製品の製造を目的とした養生方法で，通常は蒸気養生したコンクリート製品の二次養生として行われる。高温高圧条件下での水和反応 (水熱反応) によってトベルモライトという高強度で安定した水和物を生成させるため，鋼製の大型円筒型圧力容器にコンクリート製品を収納し，これに通常 180℃，10 気圧程度の高温高圧飽和蒸気を通して行われる。高強度パイル等の製造にあたっては，一般的に p.256 図1に例示するようなサイクルで行われ，前養生，一次養生 (蒸気養生)，二次養生 (オートクレーブ養生)，徐冷・除圧作業を含め全工程で 1.5 ～ 2 日程度を要する方法である。よって，記述は適当。

[正解(3)]

〔⑦〕

コンクリート製品に関する次の一般的な記述のうち,**不適当なものはどれか。**

(1) 遠心力締固めは,筒状の型枠にコンクリートを投入して,その型枠を遠心機で回転させることで成形する方法である。

(2) 加圧締固めは,型枠にコンクリートを投入した後,ふたをして圧力を加えて締め固める方法である。

(3) 蒸気養生は,ボイラーで発生させた蒸気を養生室内に通気し,型枠内のコンクリートを加温加湿して養生する方法である。

(4) オートクレーブ養生は,型枠内にコンクリートを投入して振動により締め固めた後,圧力を加えて常温で養生する方法である。

R.02 問題　35

ポイント　コンクリート製品 (工場二次製品) に関する出題内容としては,成形・締固め方法および養生方法のいずれかに関するものがほとんどである。コンクリート製品の養生方法としては,蒸気養生とオートクレーブ養生の2種類しかないので,養生方法の詳細と利点,対象となる製品を整理しておくことが必要である。また,成形・締固め方法としては,振動締固め,加圧締固め,振動・加圧締固め (即時脱型),遠心力締固め,ロール転圧締固め,無振動・微振動締固め,などが中型製品,大型製品の成形・締固め方法として知られている。その他,小型製品等でも使用される方法として押出し成形,真空脱水,衝撃締固めなどもあり,対象となる製品の性能や形状・寸法等によってどの成形・締固め方法を使用するのか,整理しておくことが必要である。

解説

(1) 遠心力締固めとは,図1に例示するように,筒状の鋼製型枠にフレッシュコンクリートを投入した後,または投入を行いながら,型枠を遠心機で高速回転させ,その遠心力で成形・締固める方法である。これにより,フレッシュコンクリートからの脱水・脱泡が行われ,高強度でかつ表面が滑らかな製品が得られる利点がある。よって,記述は適当。

　なお,本成形方法は,遠心力によってフレッシュコンクリートを筒状型枠の内面側に締固める方法であるため,主に中心部分が空洞になる中空製品 (プレテンション方式遠心力高強度プレストレストコンクリートくい,各種コンクリート管,推進管) の製造に使用されることが多いが,境界ブロックなどの製造にも使用される場合がある。

図1　遠心力締固めによるパイルの製造[1]

1) コンクリート技士研修テキスト，平成22年度版，p.265

(2) 加圧締固めは，図2に示すように，型枠にフレッシュコンクリートを投入した後，蓋をして圧力を加え締固めして成形・製造する方法である。特徴としては，加圧による脱水が行われ水セメント比が低下するため強度や耐久性の増進が得られる。また，圧力を保持した状態で，高温の常圧蒸気を導入して早期脱型を行う方法などもある。よって，記述は適当。

図2　加圧締固めによる矢板の製造[2]

2) コンクリート技士研修テキスト，平成22年度版，p.264

(3) 蒸気養生とは，コンクリート製品等の型枠の早期脱型を目的とした工場二次製品を製造する際に行う養生方法である。一般的には，セメントの水和反応を促進させて強度の発現を早めるため，ボイラーで発生させた（常圧）蒸気で養生室（構造によりピッ

ト式，トンネル式，シート式の3種類がある)に静置した型枠内のコンクリートを加湿・加熱する養生方法である。最高温度，定温保持時間等は，製品の種類や必要強度，外気温などによって異なるが，一般的にはp.257図2に例示するようなサイクルで行われ，型枠に打設後，養生室に蒸気を通すまでに数時間程度の前養生が行われる。その後，20℃/h前後の速度で昇温し，所定の最高温度に達した後に数時間保持する。さらに半日程度かけて大気温度になるまで徐冷するが，この時，冷却速度が速いと温度収縮等の影響によりコンクリートにひび割れが発生し，強度や耐久性に悪影響を及ぼすため十分な温度管理が必要である。よって，記述は適当。

(4) オートクレーブ養生とは，型枠の早期脱型ならびに高強度パイルなど高強度で安定したコンクリート製品の製造を目的とした養生方法で，通常は蒸気養生したコンクリート製品の二次養生として行われる。高温高圧条件下での水和反応(水熱反応)によってトベルモライトという高強度で安定した水和物を生成させるため，鋼製の大型円筒型圧力容器にコンクリート製品を収納し，これに通常180℃，10気圧程度の高温高圧飽和蒸気を通して行われる。高強度パイル等の製造にあたっては，一般的にp.256図1に例示するようなサイクルで行われ，前養生，一次養生(蒸気養生)，二次養生(オートクレーブ養生)，徐冷・除圧作業を含め全工程で1.5～2日程度を要する方法である。よって，記述は不適当。

[正解(4)]

─〔⑦〕

コンクリート製品に関する次の一般的な記述のうち，**不適当なものはどれか**。

(1) 蒸気養生は，コンクリート打込み後，直ちに加温加湿を行う養生方法である。

(2) オートクレーブ養生は，蒸気養生した製品の二次養生として行う。

(3) 遠心力締固めは，高強度と滑らかな表面が容易に得られるが，エントレインドエアの混入は困難である。

(4) 即時脱型方式は，振動加圧成形後，即時に脱型する製造方法で，スランプ0 cm の硬練りコンクリートが用いられる。

── R.01 問題　35 ─

ポイント　コンクリート製品に関する出題項目は，成形・締固め方法または養生方法のいずれかである。養生方法は，蒸気養生とオートクレーブ養生の2種類で，オートクレーブ養生は，蒸気養生を行った後で行う。

解　説

(1) 蒸気養生とは，コンクリート製品等の型枠の早期脱型を目的とした工場二次製品を製造する際に行う養生方法である。一般的には，セメントの水和反応を促進させて強度の発現を早めるため，ボイラーで発生させた(常圧)蒸気で養生室(構造によりピット式，トンネル式，シート式の3種類がある)に静置した型枠内のコンクリートを加湿・加熱する養生方法である。最高温度，定温保持時間等は，製品の種類や必要強度，外気温などによって異なるが，一般的には p.257 図2 に例示するようなサイクルで行われ，型枠に打設後，養生室に蒸気を通すまでに数時間程度の前養生が行われる。その後，20℃/h 前後の速度で昇温し，所定の最高温度に達した後に数時間保持する。さらに半日程度かけて大気温度になるまで徐冷するが，この時，冷却速度が速いと温度収縮等の影響によりコンクリートにひび割れが発生し，強度や耐久性に悪影響を及ぼすため十分な温度管理が必要である。よって，記述は不適当。

(2) オートクレーブ養生とは，型枠の早期脱型ならびに高強度パイルなど高強度で安定したコンクリート製品の製造を目的とした養生方法で，通常は蒸気養生したコンクリート製品の二次養生として行われる。高温高圧条件下での水和反応(水熱反応)によってトベルモライトという高強度で安定した水和物を生成させるため，鋼製の大型円筒型圧力容器にコンクリート製品を収納し，これに通常 180℃，10 気圧程度の高温高圧飽和蒸気を通して行われる。高強度パイル等の製造にあたっては，一般的に p.256 図1 に例示するようなサイクルで行われ，前養生，一次養生(蒸気養生)，二次養生(オートクレーブ養生)，徐冷・除圧作業を含め全工程で 1.5 ～ 2 日程度を要する方法である。よって，記述は適当。

(3) 遠心力締固めとは，p.264 図1 に例示するように，筒状の鋼製型枠にフレッシュコンクリートを投入した後，または投入を行いながら，型枠を遠心機で高速回転させ，その遠心力で成形・締固める方法である。これにより，フレッシュコンクリートから

の脱水・脱泡が行われ，高強度でかつ表面が滑らかな製品が得られる利点がある。よって，記述は適当。

　なお，本成形方法は，遠心力によってフレッシュコンクリートを筒状型枠の内面側に締固める方法であるため，主に中心部分が空洞になる中空製品 (プレテンション方式遠心力高強度プレストレストコンクリートくい，各種コンクリート管，推進管) の製造に使用されることが多いが，境界ブロックなどの製造にも使用される場合がある。

(4)　即時脱型とは，振動・加圧締固めとも呼ばれ，硬練りコンクリート (スランプ 0 cm のものが多い) を振動させながら鋼製型枠に投入・充てんし，強力な振動と高い圧力で成形した後，即時に脱型する方法である。一般的には，ブロック類や舗装用コンクリート平板，穴あき PC 板，鉄筋コンクリート管，まくら木などの製造に使用されている。よって，記述は適当。

[正解(1)]

⑧　コンクリート構造の設計

⑧　コンクリート構造の設計

〔⑧〕

　下図のような荷重 P を受ける単純支持された鉄筋コンクリート梁に生じるひび割れとして，**適当なものはどれか**。ただし，自重は無視する。

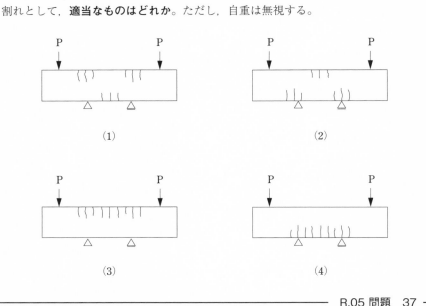

ポイント　曲げモーメント図を描くことができれば，ひび割れの発生位置は予測できる。

解　説

　問題の荷重状態の曲げモーメント図は右図のとおりであり，(3) が適当であることがわかる。なお，曲げモーメント図を描くことができない場合でも，やわらかい材料でできた部材を想定して変形図を描けば，引張応力が生じる位置，すなわちひび割れ発生位置を予測することができる。

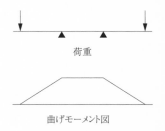

荷重

曲げモーメント図

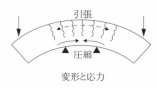

引張

圧縮

変形と応力

[正解(3)]

〔⑧〕

　下図のような荷重Pを受ける鉄筋コンクリート部材の引張主(鉄)筋の配置として，**不適当なものはどれか。**

(1)

(2)

(3)

(4)

R.05 問題　38

ポイント　曲げモーメント図を描くことができれば，引張応力が生じる位置を予測することができ，その引張応力に抵抗できるように鉄筋を配置すればよい。

解説

　各問題の曲げモーメント図は下図のとおりであり，(4)の柱部の配筋が不適当である。

(1)全長にわたり下縁側が引張

(2)全長にわたり上縁側が引張

(3)中央部では下縁側が引張
　　両側では上縁側が引張

(4)梁は全長にわたり上縁側が引張
　柱は全高にわたり右縁側が引張

[正解(4)]

下図に示す鉄筋コンクリート構造物に生じたひび割れの中で，乾燥収縮に起因すると考えられるひび割れとして，**不適当なものはどれか**。

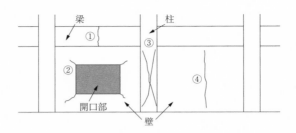

(1) ①
(2) ②
(3) ③
(4) ④

R.04 問題　18

ポイント　乾燥収縮によるひび割れの発生メカニズムを理解しておく。

解説

①：梁は両側の柱と壁により水平方向の縮みが拘束されているため，梁のコンクリートが乾燥収縮により縮もうとしても縮むことができず，図のようなひび割れが発生する。

②，④：周囲が梁，柱，床で拘束された壁が一様に収縮すれば，壁には鉛直，水平いずれの方向にも引張応力が発生する。そのため②の開口部のコーナー部では斜め方向のひび割れが発生する。また④のように両側の柱による鉛直方向の拘束に比べ，床と梁による水平方向の拘束の方が強ければ図のように鉛直方向のひび割れが発生する。

③：柱の x 状のひび割れは，地震によるせん断ひび割れである。

[正解(3)]

〔⑧〕

　鉄筋コンクリート梁の設計に関する次の一般的な記述のうち，**不適当なものはどれか。**

(1) 曲げ破壊よりもせん断破壊が先行して生じるようにする。

(2) 圧縮力は，主にコンクリートに負担させる。

(3) 引張力は，鉄筋に負担させ，コンクリートには負担させない。

(4) せん断力は，コンクリートとせん断補強筋に負担させる。

R.04 問題　38

ポイント　鉄筋コンクリートの設計の基本事項を理解しておく。

解説

(1) せん断破壊は脆性的 (大きな変形を伴わずに急激に耐力を失う) であるため，これを避けるために，せん断破壊する前に曲げ破壊させることは RC 構造の基本的な考え方である。

(2)，(3)，(4) は，いずれも正しい記述である。

[正解(1)]

⑧ コンクリート構造の設計

〔⑧〕

　鉄筋コンクリート梁のひび割れ発生時の曲げひび割れ幅を小さくする方法に関する次の記述のうち，**適当なものはどれか**。ただし，梁の断面の大きさおよび引張主(鉄)筋の総断面積は同じとする。

　(1) 引張主(鉄)筋を異形棒鋼から丸鋼に変更した。
　(2) 引張主(鉄)筋の径を小さくして本数を多くした。
　(3) スターラップ(あばら筋)を降伏点の高いものに変更した。
　(4) 引張主(鉄)筋を降伏点の高いものに変更した。

R.02 問題 33

ポイント　鉄筋コンクリートの曲げひび割れに関する基本的事項を理解しておくことが必要である。

解説

(1) 異形棒鋼に比べ，丸鋼は付着特性が劣る (鉄筋がコンクリートから伸び出しやすくなる) ため，ひび割れ幅は大きくなる。

(2) 総断面積を一定にして細い鉄筋で本数を多くして用いると，鉄筋の総表面積が増えることになり，鉄筋応力が同じであっても付着応力は小さくなる。すなわち，鉄筋がコンクリートから伸び出し難くなるため，ひび割れ幅は小さくなる。よって，この記述は適当である。

(3) スターラップはせん断補強筋であり，曲げひび割れには影響しない。

(4) ひび割れ幅は鉄筋の引張応力に比例するため，降伏点を高くしても，作用する鉄筋応力が等しければひび割れ幅も等しいことになる。

[正解(2)]

〔⑧〕

　　鉄筋コンクリート梁に鉛直下向きの集中荷重 (*P*) が作用しているとき，発生する
曲げひび割れの状況を示した下図(1)～(4)のうち，**適当なものはどれか。**

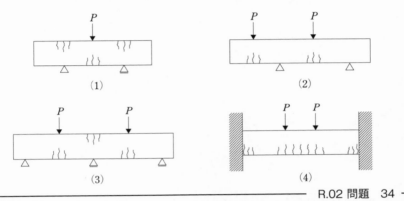

R.02 問題　34

ポイント　梁部材の曲げモーメント，変形形状と曲げひび割れの発生位置の関係を理解
　　しておく。

解説

　　曲げモーメントが正 (梁の下側が引張) であればひび割れは下側に，曲げモーメント
が負であればひび割れが上側に発生する。曲げモーメントが理解できない場合には図1
のように梁の変形形状を誇張して考えればひび割れ位置は予想できる。

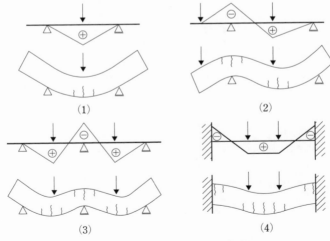

図1　曲げモーメント図と変形形状

[正解(3)]

〔⑧〕

　下図に示す鉄筋コンクリート矩形梁に2点の均等な荷重を加えた場合に生じる断面力とその影響に関する次の記述のうち，**不適当なものはどれか。**

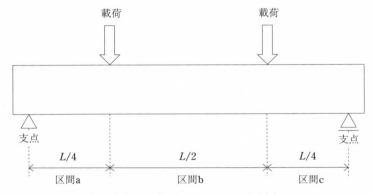

(1) 区間bでは，一定の大きさの曲げモーメントが作用する。

(2) 区間bでは，梁の下側から上側にひび割れが進展する。

(3) 区間aおよびcでは，区間bに近いほど大きなせん断力が作用する。

(4) 区間aおよびcでは，支点と載荷点を結ぶ斜めのひび割れが進展する。

R.01 問題　32

ポイント　棒部材の断面力図，断面力とひび割れ方向の関係を理解しておく。

解　説

　この問題の曲げモーメント図とせん断力図は**図1**のとおりである。

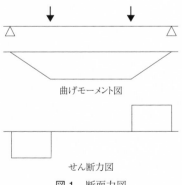

図1　断面力図

(1) 図1のとおり区間 b では曲げモーメントは一定である。
(2) この梁は下に反る。すなわち，梁の下縁側が引張，上縁側が圧縮となる。したがって，ひび割れは下縁から上方へ進展する。
(3) 区間 a と c ではせん断力は一定である。したがって，この記述は不適当である。
(4) せん断力を受ける区間は図2のように平行四辺形のように変形する。平行四辺形の対角線が長くなる方向には引張応力が，対角線が短くなる方向には圧縮応力が生じる。したがって，記述のとおりのひび割れが発生する。

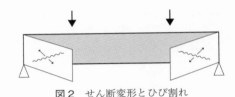

図2　せん断変形とひび割れ

[正解(3)]

〔⑧〕

　柱脚部が固定され，柱頭に片持ち梁を持つ鉄筋コンクリート構造物に，図のような等分布荷重が作用している。この構造物の曲げひび割れの発生状況を示した次の模式図のうち，**適当なものはどれか**。

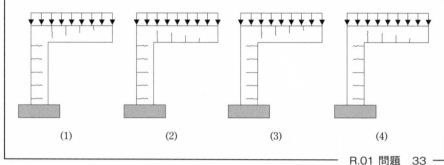

(1)　　　　　　(2)　　　　　　(3)　　　　　　(4)

R.01 問題　33

ポイント　曲げモーメント図を描くことができれば，曲げひび割れのパターンは容易に推測できる。しかし，曲げモーメント図がわからない場合でも変形状態からひび割れパターンを推測することも可能である。

解　説

　曲げモーメント図と変形を誇張した図は**図1**のとおりである。曲げモーメントの方向(符号)は部材全長にわたって同一であり，部材の外側(柱の左側，梁の上側)が引張となる。よって正解は (1) である。また，変形を考えると，柱は右側に倒れ込む(柱の左側が引張となる)ように，梁は下側に垂れる(上側が引張になる)ように変形するので，正解は (1) となる。

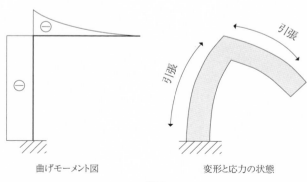

曲げモーメント図　　　　　　変形と応力の状態

図1

[正解(1)]

〔⑧〕

　水平力を受ける鉄筋コンクリート柱に関する次の一般的な記述のうち，**不適当な**
ものはどれか。

(1) 帯(鉄)筋を増すと，曲げ変形能力が大きくなる。

(2) 柱長さが長くなると，せん断破壊型になりやすい。

(3) 主(鉄)筋を増すと，鉄筋が降伏する前にコンクリートが圧壊することがある。

(4) コンクリート強度が高くなると，せん断ひび割れ時の荷重が大きくなる。

R.01　問題　34

ポイント　鉄筋コンクリートの基本を理解しておくことが必要である。

解説

(1) 帯筋を増やすと，帯筋の内部のコンクリートが帯筋によって周りから拘束されることになり，曲げモーメントによる圧縮側のコンクリートが強度に達した後も破壊し難くなる(靭性が増す)。よって柱の曲げ変形は大きくなる。

(2) 柱に作用する曲げモーメントは，水平力と柱の長さの積であり，せん断力は水平力と等しい。柱長さが長くなると，同一水平力(せん断力)に対する曲げモーメントが大きくなる。作用曲げモーメントが大きくなれば，柱は曲げ破壊しやすくなり，せん断破壊しにくくなる。よって，この記述は不適当。

(3) 主鉄筋を増やすと，曲げモーメントによって引張となる鉄筋の量が増え，大きな引張力に抵抗できるようになる。一方，この引張力は圧縮側のコンクリートの圧縮力と釣り合っている必要があり，鉄筋の量を過度に増やすと，鉄筋が降伏する前に圧縮側のコンクリートが圧壊することになる。

(4) せん断ひび割れは，部材軸に対して斜め方向に引張応力が作用することで発生する。通常のコンクリートでは，圧縮強度が高くなると引張強度も高くなるので，ひび割れ荷重も高くなる。

[正解(2)]

問題 41 〜 60（平成 30 年以降は問題 37 〜 54）は，「正しい，あるいは適当な」記述であるか，または「誤っている，あるいは不適当な」記述であるかを判断する○×問題である。

「正しい，あるいは適当な」記述は解答用紙の◎欄を，「誤っている，あるいは不適当な」記述は⊗欄を黒く塗りつぶしなさい。

―〔8〕――――――――――――――――――――――――――――――

　軸圧縮力を受けるコンクリートに発生する軸直角方向のひずみは，引張ひずみとなり，弾性範囲内では，その大きさは軸方向圧縮ひずみの 1/5 〜 1/7 程度である。
――――――――――――――――――――――――――― R.01 問題　51 ―

ポイントと解説　一般に，物質は軸方向力を受けると，軸直角方向にも変形が生じる。これをポアソン効果と呼び，軸方向に引っ張れば横方向は細くなり，すなわち縮み，圧縮すれば太くなる，すなわち伸びることになる。縮むということは圧縮ひずみが生じているということであり，伸びるということは引張ひずみが生じていることになる。このとき，軸方向のひずみに対する軸直角方向のひずみの比率をポアソン比と呼び，通常のコンクリートの場合には 1/5 〜 1/7 である。ちなみに，鋼材の場合には 1/3 程度である。

　なお，軸方向力によって軸直角方向に引張，あるいは圧縮ひずみは生じるが，軸直角方向に応力が生じているわけではないことに注意されたい。

[正解(○)]

平成26 年～30年の全問題と解答

〔問題　1〕

　　JIS R 5210（ポルトランドセメント），JIS R 5211（高炉セメント）および JIS R 5213（フライアッシュセメント）の規定に関する次の記述のうち，**正しいものはどれか**。

- （1）普通ポルトランドセメントに対して，材齢1Bにおける圧縮強さの下限値が規定されている。
- （2）中庸熱ポルトランドセメントに対して，けい酸三カルシウム（C_3S）の上限値が規定されている。
- （3）高炉セメントに対して，全アルカリ量の上限値が規定されている。
- （4）フライアッシュセメントに対して，水和熱の上限値が規定されている。

〔問題　2〕

　　各種スラグ骨材の製造に関する次の記述のうち，**不適当なものはどれか**。

- （1）銅スラグ細骨材は，炉で銅と同時に生成する溶融スラグを水によって急冷し，粒度調整して製造されるものである。
- （2）フェロニッケルスラグ細骨材は，炉でブエロニッケルと同時に生成する溶融スラグを徐冷し，又は水，空気などによって急冷し，粒度調整して製造されるものである。
- （3）溶融スラグ骨材は，溶鉱炉で銑鉄と同時に生成する溶融スラグを冷却し，粒度調整して製造されるものである。
- （4）電気炉酸化スラグ骨材は，電気炉で溶鋼と同時に生成する溶融した酸化スラグを冷却し，鉄分を除去し，粒度調整して製造されるものである。

〔問題　3〕

　　各種混和材料に関する次の一般的な記述のうち，**不適当なものはどれか**。

- （1）高炉スラグ微粉末を用いると，硫酸塩や海水の作用によるコンクリートの劣化に対する抵抗性が高くなる。
- （2）フライアッシュを用いると，その未燃炭素含有量が少ないほど，コンクリートに所要の空気量を連行するのに必要なAE剤の量が多くなる。
- （3）シリカフュームを用いると，高性能AE減水剤を用いた低水結合材比のコン

クリートの流動性が高くなる。

(4) 膨張材を用いると，エトリンガイトあるいは水酸化カルシウムの結晶の成長あるいは生成量の増大により，コンクリートが膨張する。

〔問題 4〕

鉄筋および PC 鋼材に関する次の一般的な記述のうち，**不適当なものはどれか**。

(1) 鉄筋の引張強さは，PC 鋼材の引張強さよりも小さい。

(2) 鉄筋の熱膨張係数は，PC 鋼材の熱膨張係数とほぼ同等である。

(3) 鉄筋の破断時の伸びは，PC 鋼材の破断時の伸びよりも小さい。

(4) 鉄筋の弾性係数（ヤング係数）は，PC 鋼材の弾性係数（ヤング係数）とほぼ同等である。

〔問題 5〕

コンクリート用短繊維を用いたコンクリートに関する次の一般的な記述のうち，**不適当なものはどれか**。

(1) 繊維の混入率が多くなるほど，コンクリート中で繊維が一様に分散しやすくなる。

(2) 繊維を混入すると，同じスランプを得るためには，細骨材率と単位水量が大きくなる。

(3) コンクリートに鋼繊維を用いると，曲げ靱性が改善される。

(4) 高強度コンクリートにポリプロピレン短繊維を用いると，火災時の爆裂防止に効果がある。

〔問題 6〕

JIS A 5308 附属書 C（レディーミクストコンクリートの練混ぜに用いる水）に関する次の記述のうち，**正しいものはどれか**。

(1) 地下水は，水の品質に関する試験を行わなくても用いることができる。

(2) 塩化物イオン（Cl⁻）量の上限値は，上水道水以外の水よりも回収水の方が小さく規定されている。

(3) 2 種類以上の水を混合して用いる場合には，混合した後の水の品質が規格に適合していれば使用できる。

(4) スラッジ固形分率は，配合における単位セメント量に対するスラッジ固形分の質量の割合を分率で表したものである。

〔問題 7〕

コンクリートの配（調）合において，水セメント比を小さくした場合の効果に関する次の一般的な記述のうち，**適当なものはどれか**。

(1) 中性化に対する抵抗性を向上させる効果がある。

(2) アルカリシリカ反応による膨張を抑制する効果がある。

(3) 水和熱による温度応力を低減する効果がある。

(4) 火災による爆裂を防止する効果がある。

〔問題 8〕

下表のコンクリートの配（調）合に関する次の記述のうち，**不適当なものはどれか**。ただし，セメントの密度は $3.16\,\mathrm{g/cm^3}$，細骨材の表乾密度は $2.59\,\mathrm{g/cm^3}$，粗骨材の表乾密度は $2.64\,\mathrm{g/cm^3}$ とする。

水セメント比 (%)	空気量 (%)	細骨材率 (%)	単位量 (kg/m³)			
			水	セメント	細骨材	粗骨材
50.0	4.5	45.9	174			

(1) 単位粗骨材量は，$958\,\mathrm{kg/m^3}$ である。

(2) 単位細骨材量は，$851\,\mathrm{kg/m^3}$ である。

(3) コンクリートの単位容積質量は，$2278\,\mathrm{kg/m^3}$ である。

(4) 単位セメント量は，$348\,\mathrm{kg/m^3}$ である。

〔問題 9〕

コンクリートのブリーディングを低減させるための対策として，**不適当なものはどれか**。

(1) 細骨材を粗粒率の大きいものにした。

(2) 細骨材率を大きくした。

(3) 石灰石微粉末を使用し，単位粉体量を多くした。

(4) 高性能 AE 減水剤を用いて単位水量を少なくした。

〔問題 10〕

コンクリート中の空気に関する次の一般的な記述のうち，**不適当なものはどれか**。

(1) コンクリートの細骨材率が大きくなると，空気量は増大する。

(2) 0.3 ～ 0.6 mm の粒径の細骨材が多くなると，空気は連行されやすくなる。

(3) エントラップトエアは，コンクリートの練混ぜ時に巻き込まれる空気で，耐凍害性の向上には寄与しない。

(4) 硬化コンクリートの気泡間隔係数が大きいほど，耐凍害性は向上する。

〔問題 11〕

一般のコンクリートの各種強度を大きい川買に並べた場合，**適当なものはどれか**。

(1) 圧縮強度 > 支圧強度 > 曲げ強度 > 引張強度

(2) 支圧強度 > 圧縮強度 > 曲げ強度 > 引張強度

(3) 圧縮強度 > 支圧強度 > 引張強度 > 曲げ強度

(4) 支圧強度 > 圧縮強度 > 引張強度 > 曲げ強度

〔問題 12〕

コンクリートの体積変化に関する次の一般的な記述のうち，**適当なものはどれか**。

(1) 乾燥収縮ひずみは，粗骨材の岩種の影響を受けない。

(2) 熱膨張係数は，鋼材の熱膨張係数の約 2 倍である。

(3) 自己収縮ひずみは，水セメント比が小さいと大きくなる。

(4) クリープひずみは，載薄荷重を一定とした場合，載荷開始の材齢が若いほど小さくなる。

〔問題 13〕

コンクリートの中性化に関する次の一般的な記述のうち，**不適当なものはどれか**。

(1) 中性化の進行は，コンクリートが著しく乾燥している場合や濡れている場合には遅くなる。

(2) 中性化の進行は，仕上げの無い場合，屋内側の方が屋外側よりも速い。

(3) 中性化の進行は，経過年数に正比例する。

(4) 中性化の進行は，炭酸ガスの濃度が高いほど速い。

〔問題 14〕

アルカリシリカ反応に関する次の一般的な記述のうち，**不適当なものはどれか**。

(1) コンクリートのアルカリ総量を 3.0 kg/m³ 以下にすることは，アルカリシリカ反応の抑制に有効である。

(2) フライアッシュセメント C 種の使用は，アルカリシリカ反応の抑制に有効

である。

(3) アルカリシリカ反応による膨張は，湿潤状態より乾燥状態にあるコンクリートの方が大きくなる。

(4) アルカリシリカ反応における骨材のペシマム量は，骨材の種類や粒度の影響を受ける。

〔問題 15〕

下表はレディーミクストコンクリート工場において2 m³のコンクリート製造時の各材料の計量結果である。JIS A 5308（レディーミクストコンクリート）の規定に照らして，**量り取られた計量値が計量値の許容差を超えているものはどれか。**

材料の種類	目標とする1回計量分量 (kg)	量り取られた計量値 (kg)
セメント	584	588
水	330	324
細骨材	1 584	1 622
高炉スラグ微粉末	268	266

(1) セメント

(2) 水

(3) 細骨材

(4) 高炉スラグ微粉末

〔問題 16〕

下表は呼び方が「普通24 8 20 N」のレディーミクストコンクリートの圧縮強度の試験結果である。JIS A 5308（レディーミクストコンクリート）の規定に照らして，A，B各ロットの合否判定を示した次の組合せのうち，**正しいものはどれか。**

圧縮強度試験結果 (N/mm²)

ロット	1回目	2回目	3回目
A	22.1	25.3	24.1
B	24.9	20.2	27.0

合否判定の組合せ

	A	B
(1)	合　格	合　格
(2)	合　格	不合格
(3)	不合格	合　格
(4)	不合格	不合格

〔問題　17〕

JIS A 5308（レディーミクストコンクリート）に規定されている普通コンクリートの製造において，使用できないものは，**以下のうちどれか**。

(1) JIS A 5011-3（コンクリート用スラグ骨材―第3部：銅スラグ骨材）に適合した銅スラグ細骨材

(2) JIS A 5021（コンクリート用再生骨材 H）に適合した再生骨材 H

(3) 高強度コンクリートの荷卸しを完了したトラックアジテータのドラム内に付着したモルタル

(4) スラッジ固形分率が3％を超えないように調整したスラッジ水

〔問題　18〕

JIS A 5308（レディーミクストコンクリート）の規定に照らして，回収骨材の使用に関する次の記述のうち，**誤っているものはどれか**。

(1) 回収骨材の微粒分量が，未使用の骨材（新骨材）の微粒分量を超えた場合には，使用することができない。

(2) 専用の設備で貯蔵，運搬，計量して用いる場合は，未使用の骨材（新骨材）への置換率の上限を 20 ％とすることができる。

(3) 軽量コンクリートには回収骨材を使用できない。

(4) 舗装コンクリートから回収した骨材は，回収骨材として使用できない。

〔問題　19〕

コンクリートの圧送に関する次の一般的な記述のうち，**適当なものはどれか**。

(1) ベント管の数を多くすると，圧送負荷が小さくなる。

(2) 圧送距離を長くすると，圧送負荷が小さくなる。

(3) 時間当たりの吐出量を多くすると，圧送負荷が大きくなる。

(4) 輸送管の径を大きくすると，圧送負荷が大きくなる。

〔問題　20〕

　　現場内におけるコンクリートの運搬に関する次の一般的な記述のうち，**不適当な
ものはどれか。**

　(1)　コンクリートバケットをクレーンで運搬する方法は，材料分離を生じにくい。

　(2)　スクイズ式のコンクリートポンプは，ピストン式のコンクリートポンプと比
　　　べて長距離の圧送に適している。

　(3)　ベルトコンベアによる運搬は，スランプの大きなコンクリートには適さない。

　(4)　斜めシュートは，縦シュートよりも材料分離を生じやすい。

〔問題　21〕

　　コンクリートの打込みおよび、締固めに関する次の一般的な記述のうち，**適当な
ものはどれか。**

　(1)　打込み時の材料分離を抑制するには，自由落下高さを小さくするのがよい。

　(2)　壁にコンクリートを打ち込む場合，横に流しながら打ち込むのがよい。

　(3)　棒形振動機の挿入間隔は 2m 程度とするのがよい。

　(4)　振動締固めは一箇所でできるだけ長く行うのがよい。

〔問題　22〕

　　コンクリートの打継ぎに関する次の一般的な記述のうち，**不適当なものはどれか。**

　(1)　鉛直打継目には，水密性が要求される場合，止水板を用いるのがよい。

　(2)　打継ぎ位置は，せん断力の小さい部分に設けるのがよい。

　(3)　打継ぎ面は，レイタンスを取り除いた後，十分に乾燥させてから打ち継ぐの
　　　がよい。

　(4)　打継ぎ面は，部材の圧縮力を受ける方向と直角に設けるのがよい。

〔問題　23〕

　　コンクリートの養生に関する次の記述のうち，**不適当なものはどれか。**

　(1)　高炉セメント B 種を用いたコンクリートの湿潤養生期間を，普通ポルトラ
　　　ンドセメントを用いたコンクリートと同一にした。

　(2)　暑中コンクリートにおいて，脱型後も湿潤養生を継続して行った。

　(3)　寒中コンクリートにおいて，脱型後に水で，濡れない部位の初期養生期間を
　　　5 N/mm² の圧縮強度が得られるまでとした。

　(4)　コンクリート製品の製造における蒸気養生を，コンクリート打込み後 2 〜 3

時間の前養生後に実施した。

〔問題 24〕
　高さ 4.5 m の鉛直部材の型枠に，スランプ 10 cm のコンクリートを打上がり速度 1.5 m/h で打ち込んだ。下図中の実線は打込み終了時の側圧分布を概念的に示したものである。点線は型枠に作用する側圧を液圧と仮定した場合の分布である。コンクリートの側圧分布を示す図として a ～ d のうち，**適当なものはどれか**。なお，コンクリート打込み時の外気温は 20℃とする。

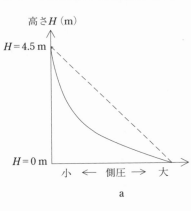

a

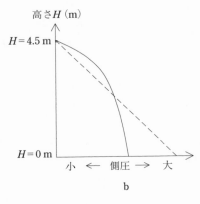

b

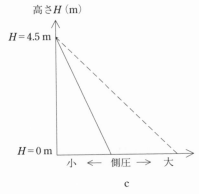

c

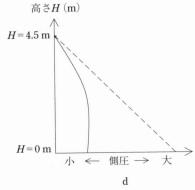

d

(1) a

(2) b

(3) c

(4) d

〔問題 25〕

　　型枠および、支保工の計画に関する次の記述のうち，**不適当なものはどれか。**

(1) 打込み温度，打込み速度が同じ条件において，型枠に作用する側圧は壁に比べて柱の方を小さくした。

(2) 梁における型枠の取外しは，底面よりも側面を先に行うものとした。

(3) 支保工に作用する水平方向荷重を，鉛直方向荷重の 5 ％とした。

(4) 支保工に作用する鉛直方向荷重として，打込み時の衝撃荷重を考慮した。

〔問題 26〕

　　鉄筋の加工および、組立てに関する次の記述のうち，**不適当なものはどれか。**

(1) 鉄筋の交点の要所は，直径 0.8 mm 以上の焼きなまし鉄線またはクリップで緊結する。

(2) 鉄筋の曲げ加工は，常温で行うのが原則である。

(3) 鉄筋のあきの最小寸法は，粗骨材の最大寸法および，鉄筋径によって異なる。

(4) かぶり（厚さ）は，鉄筋芯からコンクリート表面までの距離である。

〔問題 27〕

　　舗装コンクリートに関する次の記述のうち，**不適当なものはどれか。**

(1) スランプ 2.5 cm のコンクリートのダンプトラックでの運搬時間の限度を 1 時間とした。

(2) 粗骨材のすりへり減量の限度を 35 ％とした。

(3) 材齢 28 日における圧縮強度を設計の基準とした。

(4) 凍結融解がしばしば繰り返される環境において，水セメント比を 50 ％とした。

〔問題 28〕

　　暑中コンクリートに関する次の記述のうち，**適当なものはどれか。**

(1) 運搬中のスランプ低下を防ぐために，促進形の AE 減水剤を用いた。

(2) 空気が連行されやすいので，AE 剤の使用量を減らした。

(3) コンクワート温度を下げるために，練り混ぜたコンクリートに氷を投入して冷却した。

(4) コンクリートの打込みにおいて，練り混ぜてから打ち終わるまでの時間が 90 分以内となるように計画した。

〔問題 29〕

寒中コンクリートに関する次の記述のうち，**適当なものはどれか。**

(1) 5℃で28日間養生した場合と，20℃で7日間養生した場合のコンクリートの積算温度は同じである。

(2) コンクリートの練上がり温度を高くするには，セメントを加熱することが効果的である。

(3) JASS 5 では，荷卸し時のコンクリート温度は10℃から20℃が原則である。

(4) 初期凍害を受けても，その後適切な温度で養生を行えば，当初設定した強度が確保される。

〔問題 30〕

マスコンクリートの温度ひび割れに関する次の記述において，空欄に入る用語の組合せのうち，**正しいものはどれか。**

温度ひび割れは，その発生メカニズムにより二つのタイプに分けられる。一つは，コンクリートの表面と内部の温度差に起因して生じる ____(ア)____ ひび割れと，もう一方は，新たに打ち込まれたコンクリート全体の温度が降下するときの収縮変形が，既設コンクリートや岩盤などに拘束されることによって生じる ____(イ)____ ひび割れである。

また，____(ウ)____ ひび割れは，材齢がある程度進んだ段階で発生し，部材断面を貫通することが多く，____(エ)____ ひび割れは，打込み後の初期の段階で部材表面に生じることが多い。

	(ア)	(イ)	(ウ)	(エ)
(1)	外部拘束	内部拘束	内部拘束	外部拘束
(2)	外部拘束	内部拘束	外部拘束	内部拘束
(3)	内部拘束	外部拘束	内部拘束	外部拘束
(4)	内部拘束	外部拘束	外部拘束	内部拘束

〔問題 31〕

海水中のコンクリート構造物の劣化現象とその主な原因となる海水中に含まれる塩類の組合せのうち，**適当なものはどれか。**

	劣化現象	コンクリート中の鋼材腐食	コンクリートの体積膨張によるひび割れ
(1)		硫酸カリウム (K₂SO₄)	硫酸マグネシウム (MgSO₄)
(2)		塩化ナトリウム (NaCl)	硫酸マグネシウム (MgSO₄)
(3)		硫酸カリウム (K₂SO₄)	塩化マグネシウム (MgCl₂)
(4)		塩化ナトリウム (NaCl)	塩化マグネシウム (MgCl₂)

〔問題 32〕

JIS A 5308（レディーミクストコンクリート）における呼び方「高強度 60 60 20 N」のコンクリートの製造および、施工に関する次の記述のうち，**不適当なものはどれか。**

(1) 製造時における細骨材の表面水率の測定は，一般のコンクリートよりも頻度を多くする計画とした。

(2) 圧送時の管内圧力損失は，一般のコンクリートより小さいものとしてコンクリートポンプ車を選定した。

(3) 型枠に作用する側圧は，一般のコンクリートより大きいものとして型枠を設計した。

(4) 受入れ検査の項目としてスランプフローを用いた。

〔問題 33〕

鉄筋コンクリート梁の設計に関する次の一般的な記述のうち，**不適当なものはどれか。**

(1) せん断耐力を高めるために，スターラップ（あばら筋）を多く配置する。

(2) 曲げ耐力を高めるために，引張主（鉄）筋量を多くする。

(3) 曲げ耐力の算定において，コンクリートは引張力を負担しないものと考える。

(4) 引張主（鉄）筋の継手は，曲げモーメントが最大となる位置に設けるのが良い。

〔問題 34〕

柱と梁からなる鉄筋コンクリートラーメン構造において，下図の曲げひび割れを発生させる荷重の位置および方向を示した a ～ d のうち，**適当なものはどれか。**

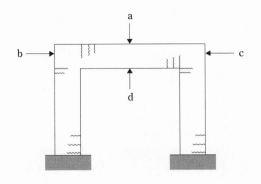

(1) a

(2) b

(3) c

(4) d

〔問題　35〕

工場製品に関する次の一般的な記述のうち，**適当なものはどれか**。

(1) 即時脱型を行う工場製品には，スランプ 2.5 cm のコンクリートが用いられる。

(2) 促進養生を行う工場製品のコンクリート強度の管理は，20 ℃封かん養生の試験値が用いられる。

(3) 蒸気養生における昇温開始までの前養生の時間は，水セメント比が大きいほど短くできる。

(4) 部材厚が大きい工場製品では，蒸気養生における最高温度保持後の降温勾配を小さくするのがよい。

〔問題　36〕

プレストレストコンクリートに関する次の一般的な記述のうち，**不適当なものはどれか**。

(1) プレテンション方式は，プレキャストコンクリート工場で同一種類の部材を大量に製造する場合に用いられることが多い。

(2) ポストテンション方式は，現場でプレストレスを導入する場合に用いられることが多い。

（3）導入されたプレストレスは，コンクリートの乾燥収縮によって，時間の経過
　　とともに増加する。

（4）プレストレスを導入することにより，曲げひび割れの発生荷重を大きくする
　　ことができる。

　　問題 37 ～ 54 は，「正しい，あるいは適当な」記述であるか，または「誤っている，
あるいは不適当な」記述であるかを判断する○×問題である。
　　「正しい，あるいは適当な」記述は解答用紙の◎欄を，「誤っている，あるいは不
適当な」記述は⊗欄を黒く塗りつぶしなさい。**間違った解答は減点（マイナス点）
になる。**

〔問題　37〕

　　JIS A 5308（レディーミクストコンクリート）に規定される高強度コンクリート
に JIS R 5214（エコセメント）に適合した普通エコセメントを使用した。

〔問題　38〕

　　JIS A 5308（レディーミクストコンクリート）の規定においては，再生細骨材 M
の使用が認められている。

〔問題　39〕

　　混和材として用いる石灰石微粉末は，一般に配（調）合設計では結合材とはみな
さない。

〔問題　40〕

　　JIS A 5308 附属書 C（レディーミクストコンクリートの練混ぜに用いる水）によ
れば，スラッジ水中のスラッジ固形分率が 1 ％未満の場合，スラッジ固形分を水の
質量に含めてもよい。

〔問題　41〕

　　ワーカビリティーとは，材料分離を生じることなく，運搬，打込み，締固め，仕
上げなどの作業が容易にできる程度を表すフレッシュコンクリートの性質のことで
ある。

〔問題　42〕

　　コンクリート円柱供試体の圧縮強度は，キャッピング面の凹凸の影響を受け，凸の場合は見かけの圧縮強度が上昇する。

〔問題　43〕

　　コンクリートの動弾性係数は，静弾性係数よりも一般に 10 ～ 40 ％種度小さい値を示す。

〔問題　44〕

　　石灰岩を骨材に用いたコンクリートの熱膨張係数は，硬質砂岩を骨材に用いたコンクリートの熱膨張係数よりも一般的に小さい。

〔問題　45〕

　　同一水セメント比の場合，粗骨材の最大寸法が大きいほどコンクリートの透水係数は大きくなる。

〔問題　46〕

　　高流動コンクリートの練混ぜ時間は，普通コンクリートより短くできる。

〔問題　47〕

　　レディーミクストコンクリートの塩化物含有量の検査を工場出荷時に行った。

〔問題　48〕

　　J1SA5308（レディーミクストコンクリート）では，軽量コンクリートの荷卸し時点における空気量を 4.5 ％とし，その許容差を± 1.5 ％と規定している。

〔問題　49〕

　　鉄骨鉄筋コンクリート梁において，鉄骨のフランジ下端へコンクリートを確実に充填させるために，鉄骨のフランジ下端へ両側から同時に打ち込んだ。

〔問題　50〕

　　外気温が 30 ℃になると予想されたので，打重ね時間間隔を 90 分以内になるように計画した。

〔問題　51〕
　　一般に，型枠振動機は棒形振動機より締固め効果が大きい。

〔問題　52〕
　　鉄筋径が同一の場合，SD 490 の鉄筋の重ね継手の長さは，SD 345 の鉄筋の重ね
継手の長さよりも長くなる。

〔問題　53〕
　　場所打ち杭に用いる水中コンクリートの単位セメント量を 300 kg/m³ とした。

〔問題　54〕
　　鉄筋コンクリート柱部材の設計において，せん断破壊よりも曲げ破壊が先行する
ようにした。

[解　答]（出題当時）

〔問題 1〕 2	〔問題16〕 4	〔問題31〕 2	〔問題46〕 ×
〔問題 2〕 3	〔問題17〕 3	〔問題32〕 2	〔問題47〕 ○
〔問題 3〕 2	〔問題18〕 4	〔問題33〕 4	〔問題48〕 ×
〔問題 4〕 3	〔問題19〕 3	〔問題34〕 3	〔問題49〕 ×
〔問題 5〕 1	〔問題20〕 2	〔問題35〕 4	〔問題50〕 ○
〔問題 6〕 4	〔問題21〕 1	〔問題36〕 3	〔問題51〕 ×
〔問題 7〕 1	〔問題22〕 3	〔問題37〕 ×	〔問題52〕 ○
〔問題 8〕 2	〔問題23〕 1	〔問題38〕 ×	〔問題53〕 ×
〔問題 9〕 1	〔問題24〕 4	〔問題39〕 ○	〔問題54〕 ○
〔問題10〕 4	〔問題25〕 1	〔問題40〕 ○	
〔問題11〕 2	〔問題26〕 4	〔問題41〕 ○	
〔問題12〕 3	〔問題27〕 3	〔問題42〕 ×	
〔問題13〕 3	〔問題28〕 4	〔問題43〕 ×	
〔問題14〕 3	〔問題29〕 3	〔問題44〕 ○	
〔問題15〕 2	〔問題30〕 4	〔問題45〕 ○	

平成 29 年度 (2017)

〔問題　1〕

　　下図は普通，早強，中庸熱，低熱ポルトランドセメントについて，JIS R 5201（セメントの物理試験方法）によって求めた圧縮強さの試験結果の一例を示したものである。試験結果 C のセメントとして，**適当なものはどれか**。

- (1)　普通ポルトランドセメント
- (2)　早強ポルトランドセメント
- (3)　中庸熱ポルトランドセメント
- (4)　低熱ポルトランドセメント

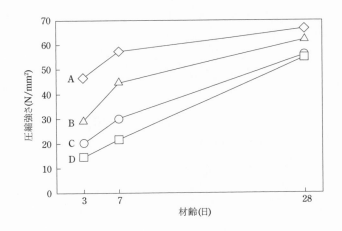

〔問題　2〕

　　JIS R 5210（ポルトランドセメント）の規定に関する次の記述のうち，**正しいものはどれか**。

- (1)　早強ポルトランドセメントは，普通ポルトランドセメントよりも比表面積の下限値が小さく規定されている。
- (2)　中庸熱ポルトランドセメントは，けい酸三カルシウム（C_3S）の下限値が規定されている。
- (3)　低熱ポルトランドセメントは，材齢 91 日の圧縮強さの下限値が規定されている。

(4) 耐硫酸塩ポルトランドセメントは，けい酸二カルシウム（C₂S）の上限値が
規定されている。

〔問題　3〕

下表は，粗骨材のふるい分け試験の結果である。この粗骨材の最大寸法と粗粒率
の組合せとして，**正しいものはどれか。**

ふるいの呼び寸法(mm)	30	25	20	15	10	5	2.5	1.2	0.6	0.3	0.15
各ふるいにとどまる質量分率(%)	0	2	11	47	70	94	99	100	100	100	100

	粗骨材の最大寸法 （mm）	粗粒率
(1)	20	6.74
(2)	20	7.21
(3)	25	6.74
(4)	25	7.23

〔問題　4〕

下表は，混和材の種類，主な作用機構および付与される性能の例を示している。
混和材の種類A～Dに関する次の組合せのうち，**適当なものはどれか。**

混和材の種類	主な作用機構	付与される性能の例
A	ポゾラン反応	・長期強度の増進 ・アルカリシリカ反応の抑制
B	エトリンガイトや水酸化カルシウムの生成	・収縮補償 ・ケミカルプレストレス導入
C	潜在水硬性	・硫酸塩に対する抵抗性の向上 ・アルカリシリカ反応の抑制
D	マイクロフィラー効果	・高強度化 ・水密性の向上

	A	B	C	D
(1)	フライアッシュ	膨張材	高炉スラグ微粉末	シリカフューム
(2)	高炉スラグ微粉末	石灰石微粉末	シリカフューム	フライアッシュ
(3)	高炉スラグ微粉末	膨張材	フライアッシュ	シリカフューム
(4)	シリカフューム	フライアッシュ	高炉スラグ微粉末	石灰石微粉末

〔問題　5〕

　　各種混和材料の品質規格に関する次の記述のうち，**誤っているものはどれか**。

(1) 高性能 AE 減水剤は，JIS A 6204（コンクリート用化学混和剤）において，スランプの経時変化量の上限値が規定されている。

(2) 高性能減水剤は，JIS A 6204（コンクリート用化学混和剤）において，凍結融解に対する抵抗性が規定されている。

(3) フライアッシュは，JIS A 6201（コンクリート用フライアッシュ）において，未燃炭素含有量の目安となる強熱減量の上限値が規定されている。

(4) 高炉スラグ微粉末は，JIS A 6206（コンクリート用高炉スラグ微粉末）において，比表面積の大きさにより 4 つに区分されている。

〔問題　6〕

　　下図は，鉄筋，PC 鋼材および炭素繊維補強材の引張試験で得られる応力 − ひずみ関係を模式的に示したものである。図中の A ～ C に対する材料の組合せとして，**適当なものはどれか**。

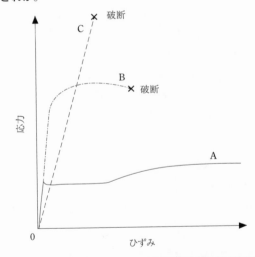

	A	B	C
(1)	炭素繊維補強材	鉄筋	PC 鋼材
(2)	鉄筋	PC 鋼材	炭素繊維補強材
(3)	PC 鋼材	鉄筋	炭素繊維補強材
(4)	鉄筋	炭素繊維補強材	PC 鋼材

〔問題 7〕

コンクリートの練混ぜ水に関する次の記述のうち，JIS A 5308（レディーミクストコンクリート）ならびに JIS A 5308 附属書 C（レディーミクストコンクリートの練混ぜに用いる水）の規定に照らして，**誤っているものはどれか。**

(1) スラッジ固形分率が 3 ％を超えないように調整したスラッジ水を，高強度コンクリートに使用した。

(2) スラッジ固形分率が 1 ％未満のスラッジ水を使用する場合，スラッジ固形分を水の質量に含めて計量した。

(3) 塩化物イオン（Cl⁻）量，セメントの凝結時間の差，およびモルタルの圧縮強さの比が上水道水以外の水の品質に規定される値を満足する回収水を普通コンクリートに使用した。

(4) 上水道水以外の水の品質に関する規定に適合した地下水を，上水道水に混合して使用した。

〔問題 8〕

同一のスランプを得るためのコンクリートの配（調）合修正に関する次の一般的な記述のうち，**不適当なものはどれか。**

(1) 細骨材が微粒分の多いものに変わると，単位水量は大きくなる。

(2) 粗骨材が実積率の大きいものに変わると，単位水量は小さくなる。

(3) 粗骨材が川砂利から砕石に変わると，細骨材率は小さくなる。

(4) 粗骨材が最大寸法の大きいものに変わると，単位水量は小さくなる。

〔問題 9〕

下表に示すコンクリートの配（調）合条件が与えられているとき，次の記述のうち，**不適当なものはどれか。**ただし，セメントの密度は 3.15 g/cm³，細骨材の表乾密度は 2.60 g/cm³，粗骨材の表乾密度は 2.65 g/cm³，粗骨材の実積率は 58.0 ％とする。

水セメント比 (%)	単位水量 (kg/m³)	空気量 (%)	単位粗骨材かさ容積 (m³/m³)
50.0	170	4.5	0.60

(1) 細骨材率は，48.0 ～ 49.0 ％である。

(2) 単位細骨材量は，855 ～ 856 kg/m³ である。

(3) 単位粗骨材量は，922 ～ 923 kg/m³ である。

(4) コンクリートの単位容積質量は，2 330 ～ 2 340 kg/m³ である。

〔問題　10〕

コンクリートのワーカビリティーに関する次の一般的な記述のうち，**不適当なも
のはどれか。**

(1) エントラップトエアは，コンクリートのワーカビリティーを改善する。

(2) セメントの粉末度が大きくなると，セメントペーストの粘性は高くなり，流
動性は低下する。

(3) スランプ試験の測定後に平板の端部を軽くたたいて振動を与えたときのコン
クリートの変形状況は，材料分離抵抗性を評価する目安になる。

(4) 加圧ブリーディング試験は，コンクリートの圧送性を評価する目安になる。

〔問題　11〕

フレッシュコンクリートの材料分離に関する次の一般的な記述のうち，**不適当な
ものはどれか。**

(1) 粗骨材の最大寸法が大きいほど，粗骨材の材料分離は生じにくくなる。

(2) 細骨材率が大きいほど，粗骨材の材料分離は生じにくくなる。

(3) 細骨材の粗粒率が小さいほど，ブリーディングは減少する。

(4) 水セメント比が小さいほど，ブリーディングは減少する。

〔問題　12〕

コンクリート 1 m³ あたりの AE 剤の使用量を一定とした場合の空気量の変化に
関する次の一般的な記述のうち，**適当なものはどれか。**

(1) セメント量が多くなると，空気量は多くなる。

(2) 比表面積の大きいセメントを使用すると，空気量は多くなる。

(3) セメントの一部をフライアッシュで置換すると，空気量は多くなる。

(4) コンクリートの温度が低いと，空気量は多くなる。

〔問題　13〕

コンクリートの力学特性に関する次の一般的な記述のうち，**不適当なものはどれ
か。**

(1) 引張強度と圧縮強度の比（引張強度／圧縮強度）は，圧縮強度が高いほど大

きくなる。

(2) 長期材齢における圧縮強度の伸びは，初期の養生温度が高いほど小さくなる。

(3) 割線弾性係数は，供試体に縦振動を与えて得られる動弾性係数よりも小さい。

(4) 高強度コンクリートでは，圧縮強度に及ぼす粗骨材の影響は一般のコンクリートよりも大きい。

〔問題 14〕

一般の鉄筋コンクリートの各種部材に発生するひび割れに関する次の記述のうち，**不適当なものはどれか。**

(1) 床スラブにおいて，コンクリート打込み後の沈下によるひび割れは，鉄筋の上部に生じやすい。

(2) 開口部を有する壁において，乾燥収縮によるひび割れは，開口部の隅角部から斜めに生じやすい。

(3) 部材によらず，鉄筋腐食によるひび割れは，鉄筋に沿って生じやすい。

(4) 両端が強く拘束されている部材において，アルカリシリカ反応によるひび割れは，亀甲状に生じやすい。

〔問題 15〕

アルカリシリカ反応の抑制方法に関する次の記述のうち，JIS A 5308 附属書 B（アルカリシリカ反応抑制対策の方法）に照らして，**誤っているものはどれか。**

(1) コンクリートの水セメント比を 55 % 以下とする。

(2) コンクリート中のアルカリ総量を $3.0 \, kg/m^3$ 以下とする。

(3) フライアッシュの分量が 15 % 以上のフライアッシュセメント B 種を使用する。

(4) アルカリシリカ反応性試験（モルタルバー法）で無害と判定された骨材を使用する。

〔問題 16〕

海水の作用を受けるコンクリートに関する次の記述のうち，**適当なものはどれか。**

(1) 物理的な侵食は，飛沫帯や干満帯よりも海中部の方が生じやすい。

(2) 化学的抵抗性は，高炉セメント B 種よりも普通ポルトランドセメントの方が高い。

(3) 海水中の硫酸マグネシウム（$MgSO_4$）は，水和生成物との反応により体積

膨張してコンクリートを劣化させる。

(4) 海水中の塩化マグネシウム（$MgCl_2$）は，コンクリート中の水酸化カルシウムと反応して組織を緻密にする。

〔問題　17〕

下表に示す各種コンクリートの用途・部材とセメント以外の主な材料の組合せに対応する単位容積質量の概略値のうち，**適当なものはどれか**。

	用途・部材	セメント以外の主な材料	単位容積質量の概略値 (t/m^3)
(1)	鉄骨造床スラブ	人工軽量骨材	1.8
(2)	放射線遮へい壁	磁鉄鉱，重晶石，鉄片	2.0
(3)	建築用の軽量パネル	生石灰，発泡剤	2.3
(4)	鉄筋コンクリート造柱	川砂，川砂利，砕石	3.0

〔問題　18〕

コンクリート材料の計量に関する次の記述のうち，JIS A 5308（レディーミクストコンクリート）の規定に照らして，**正しいものはどれか**。

(1) 袋詰めされたセメントを使用する場合，袋の数で量って使用した。

(2) セメントを，あらかじめ計量してある混和材に累加して計量した。

(3) 粒度の異なる2種類の粗骨材を累加して計量した。

(4) 高炉スラグ微粉末の計量値と目標値との差が＋2％だったので許容した。

〔問題　19〕

下図に示すような JIS Z 9021：1998（シューハート管理図）及び JIS Z 9020－2：2016（管理図―第2部：シューハート管理図）に基づくコンクリートの圧縮強度の管理図に関する次の一般的な記述のうち，**適当なものはどれか**。なお，$\bar{X}$ は平均値を，σ は標準偏差を示す。

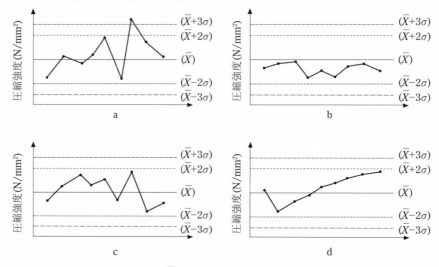

$(\bar{X}+3\sigma)$ ：上方管理限界

$(\bar{X}+2\sigma)$ ：内側限界

$(\bar{X})$ ：中心線

$(\bar{X}-2\sigma)$ ：内側限界

$(\bar{X}-3\sigma)$ ：下方管理限界

(1) a図では，強度が $(\bar{X}+3\sigma)$ の外側に1点打点されていたが，その他は $(\bar{X}\pm2\sigma)$ の内側に打点されていたので，良好な管理状態にあると判断した。

(2) b図では，強度が中心線に対して同じ側に連続して打点されていたが，$(\bar{X}-2\sigma)$ の内側に打点されていたので，良好な管理状態にあると判断した。

(3) c図では，強度が中心線を中心に不規則に打点されていたが，$(\bar{X}\pm2\sigma)$ の内側に打点されていたので，良好な管理状態にあると判断した。

(4) d図では，強度が連続して上昇していたが，$(\bar{X}\pm2\sigma)$ の内側に打点されていたので，良好な管理状態にあると判断した。

〔問題 20〕

コンクリートの製造と品質管理に関する次の記述のうち，JIS A 5308（レディーミクストコンクリート）の規定に照らして，**誤っているものはどれか。**

(1) トラックアジデータのドラム内に付着した普通コンクリートのフレッシュモルタルを，付着モルタル安定剤によって処理し，翌朝の普通コンクリートに

混合して再利用した。

(2) 呼び強度 27，スランプ 21 cm で高性能 AE 減水剤を用いたコンクリートの荷卸し地点のスランプが 23.5 cm であったので，合格と判定した。

(3) 呼び強度 50 の高強度コンクリートの強度試験を，100 m³ に 1 回の頻度で行った。

(4) 呼び強度 27 のコンクリートにおいて，圧縮強度の 3 回の試験結果が 22.5 N/mm²，27.2 N/mm²，31.3 N/mm² であったので不合格と判定した。

〔問題 21〕

コンクリートポンプによる圧送に関する次の一般的な記述のうち，**不適当なものはどれか。**

(1) コンクリートの単位セメント量が少ない方が，圧送性が低下する。

(2) コンクリートの細骨材率が高い方が，圧送性が低下する。

(3) コンクリートのスランプが小さい方が，圧送性が低下する。

(4) 事前吸水（プレウエッティング）を行っていない軽量骨材を用いたコンクリートは，閉塞が生じやすい。

〔問題 22〕

コンクリートの運搬に関する次の記述のうち，**不適当なものはどれか。**

(1) コンクリートを下向きに圧送する方が，上向きに圧送するより配管内での閉塞が生じやすい。

(2) JIS A 5308（レディーミクストコンクリート）では，練混ぜ開始から荷卸し地点に到着するまでの時間が規定されている。

(3) 土木学会示方書および JASS 5 では，練混ぜから打込み終了までの時間が規定されている。

(4) コンクリートの圧送に先立って用いる先送りモルタルは，型枠内に打ち込むことができる。

〔問題 23〕

コンクリートの打込みおよび締固めに関する次の記述のうち，**適当なものはどれか。**

(1) 均一で密実なコンクリートにするため，同一箇所で振動機を用いて出来るだけ長時間締め固めるのがよい。

(2) 型枠に作用する側圧を小さくするため，打込み速度はできるだけ速くするのがよい。

(3) 柱と梁にコンクリートを打ち込む場合，沈下ひび割れを防ぐため，連続して一度に打ち込むのがよい。

(4) 壁にコンクリートを打ち込む場合，材料分離を防ぐため，振動機によるコンクリートの横移動を避けるのがよい。

〔問題　24〕

下図に示すような柱と梁のコンクリートの打込みに際して，施工上の打継目を設ける計画とした。

柱および梁の打継目の位置の組合せとして，**適当なものはどれか**。ただし，柱の高さは3m程度とする。

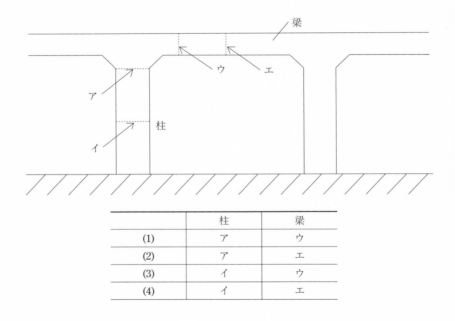

	柱	梁
(1)	ア	ウ
(2)	ア	エ
(3)	イ	ウ
(4)	イ	エ

〔問題　25〕

各種コンクリートの養生に関する次の記述のうち，**適当なものはどれか**。

(1) 寒中コンクリートにおいて，保温のための型枠には熱伝導率の大きな材料を用いるのが良い。

(2) 暑中コンクリートにおいて，打込み上面からの水分の急激な蒸発を防ぐために，散水養生を行うのが良い。

(3) マスコンクリートにおいて，内部拘束による温度ひび割れを抑制する場合は，打込み翌日から表面に冷水を散布するのが良い。

(4) プレキャストコンクリートにおいて，早期強度を確保するための常圧蒸気養生は，コンクリート打込み後直ちに行うのが良い。

〔問題　26〕

コンクリートの表面仕上げおよび養生に関する次の記述のうち，**適当なものはどれか**。

(1) コンクリート構造物の耐久性を高めるために，ブリーディング水を処理する前に表面仕上げを行った。

(2) コンクリート表面の収縮ひび割れを発生させないために，金ごて仕上げを幾度も繰返し行った。

(3) 鉄筋位置の沈下ひび割れを取り除くために，コンクリートの凝結の終結を待ってタンピングを行った。

(4) コンクリート上面からの水分蒸発を防ぐために，膜養生剤を表面仕上げの終了直後に散布した。

〔問題　27〕

夏季に高さ6 mの柱にスランプ12 cmのコンクリートを2 m/hの速度で連続的に打ち込んだとき，型枠の最下部における側圧の経時変化を概念的に示した曲線として，A〜Dのうち，**適当なものはどれか**。

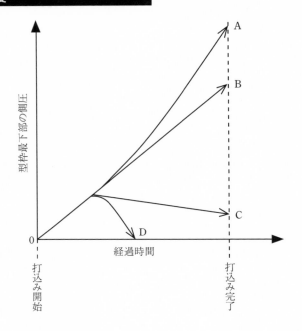

（1）A

（2）B

（3）C

（4）D

〔問題　28〕

　　現場における鉄筋の加工・組立ておよび継手に関する次の記述のうち，**不適当な**
ものはどれか。

　　（1）帯（鉄）筋やあばら筋（スターラップ）を加工する場合に，その末端部に
　　　　135°フックを設けた。

　　（2）疲労を受ける部位の主（鉄）筋と帯（鉄）筋を組み立てる場合に，疲労強度
　　　　を確保するため，鉄筋の交点の要所を溶接して組み立てた。

　　（3）鉄筋をガス圧接により接合する場合に，曲げ加工部の近傍を避けて行った。

　　（4）ガス圧接を行った場合に，超音波探傷によりガス圧接部の検査を行った。

〔問題 29〕

　舗装コンクリートに関する次の記述のうち，**不適当なものはどれか**。

(1) 材齢 28 日における曲げ強度を設計の基準とした。

(2) 粗骨材の最大寸法が 40 mm のコンクリートを用いた。

(3) スランプ 2.5 cm のコンクリートをダンプトラックで運搬した。

(4) 転圧コンクリート舗装（RCCP）の施工において，単位水量を通常の舗装コンクリートよりも大きくした。

〔問題 30〕

　暑中コンクリートに関する次の記述のうち，**不適当なものはどれか**。

(1) コンクリート温度を下げるため，粗骨材に冷水を散布して骨材温度を下げた。

(2) コンクリート温度を 1 ℃ 程度下げるため，練混ぜ水の温度を約 4 ℃ 下げた。

(3) プラスティック収縮ひび割れの発生を防止するため，仮設上屋を設置して直射日光を防いだ。

(4) コールドジョイントの発生を防止するため，打重ね時間間隔の上限を 150 分として打ち込んだ。

〔問題 31〕

　寒中コンクリートに関する次の記述のうち，**不適当なものはどれか**。

(1) 緻密な組織のコンクリートとし，凍結融解抵抗性を確保するために，空気量を 3 ％ と指定した。

(2) 初期凍害防止のために，単位水量をできるだけ少なくした。

(3) 配管したスチームにより，貯蔵中の粗骨材を 50 ℃ に加熱した。

(4) 打込み時のコンクリート温度が，15 ℃ となるように計画した。

〔問題 32〕

　マスコンクリートの温度ひび割れ抑制対策に関する次の記述のうち，**不適当なものはどれか**。

(1) 混和剤を AE 減水剤から高性能 AE 減水剤に変更した。

(2) 粗骨材の最大寸法を小さくした。

(3) 膨張材を使用した。

(4) 熱膨張係数の小さい骨材を使用した。

〔問題 33〕

水中コンクリートに関する次の記述のうち，**適当なものはどれか**。

(1) 一般の水中コンクリートの水中落下高さを，1 m 以下として打ち込んだ。

(2) 地下連続壁（地中壁）に用いる水中コンクリートの水セメント比を，60 % とした。

(3) 地下連続壁（地中壁）に用いる水中コンクリートのスランプを，21 cm とした。

(4) 水中不分離性コンクリートの圧送負荷を，一般のコンクリートの 1/2 ～ 1/3 として計画した。

〔問題 34〕

流動化コンクリートに関する次の記述のうち，**適当なものはどれか**。

(1) ベースコンクリートのスランプを 8 cm，流動化後のスランプを 21 cm とした。

(2) 流動化コンクリートの単位水量を，流動化後と同じスランプの一般のコンクリートと同等とした。

(3) 流動化コンクリートの細骨材率を，ベースコンクリートと同じスランプの一般のコンクリートと同等とした。

(4) 打込みが完了するまでの時間を，現場において流動化した後 20 分以内とした。

〔問題 35〕

高流動コンクリートの施工計画に関する次の記述のうち，**不適当なものはどれか**。

(1) 土木学会示方書に従って，打込み時の自由落下高さを 8 m として計画した。

(2) JASS 5 に従って，自由流動距離を 8 m として計画した。

(3) 型枠に作用する側圧を液圧として型枠を設計した。

(4) 圧送時の管内圧力損失を一般のコンクリートよりも大きく設定した。

〔問題 36〕

鉄筋コンクリート部材の設計に関する次の一般的な記述のうち，**不適当なものはどれか**。

(1) 柱の脆性的な破壊を防止するために，曲げ耐力がせん断耐力よりも大きくなるようにする。

(2) 柱の軸耐力を高めるために，コンクリートの圧縮強度を高くする。

(3) 梁のせん断耐力を高めるために，スターラップ（あばら筋）の配置間隔を小さくする。

(4) 梁の曲げ耐力を高めるために，引張主（鉄）筋量を多くする。

〔問題　37〕

　　鉄筋コンクリート柱に一方向の水平力が作用した場合について，下図のaとbは曲げひび割れの発生状況を，cとdはせん断ひび割れの発生状況を模式的に示したものである。ひび割れの発生状況の組合せとして，**適当なものはどれか。**

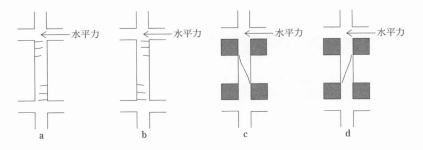

	曲げひび割れ	せん断ひび割れ
(1)	a	c
(2)	a	d
(3)	b	c
(4)	b	d

〔問題　38〕

　　下図のような鉄筋コンクリート梁の曲げ載荷試験を行ったとき，降伏荷重が増加する条件として，**不適当なものはどれか。**

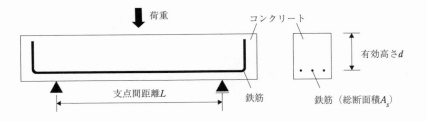

(1) 鉄筋の総断面積 A_s が大きくなったとき

(2) 支点間距離 L が大きくなったとき

(3) 有効高さ d が大きくなったとき

(4) 鉄筋の降伏強度が高くなったとき

〔問題　39〕

コンクリート製品の成形・締固めに関する次の一般的な記述のうち, **不適当なものはどれか。**

(1) プレストレストコンクリートパイルなどに適用される遠心力締固めは, 型枠を遠心機で回転して成形する方法で, コンクリート中の水分が容易に円筒外側に脱水される。

(2) 高流動コンクリートを適用することにより, 複雑な形状や狭あい部をもつ部位にもコンクリートを行き渡らせることができ, また充填・締固めに伴う騒音・振動を低減できる。

(3) インターロッキングブロックなどに適用される即時脱型は, 硬練りコンクリートを型枠内に振動をかけながら投入し, 振動と加圧による成形後に脱型する方法である。

(4) コンクリート矢板などに適用される加圧締固めは, 圧力を加えて締め固める方法で, コンクリートの脱水により水セメント比が小さくなり, 強度や耐久性の増進が図られる。

〔問題　40〕

プレストレストコンクリートに関する次の一般的な記述のうち, **不適当なものはどれか。**

(1) プレテンション方式で導入するプレストレスは, PC鋼材とコンクリートの付着によって導入される。

(2) ポストテンション方式で導入するプレストレスは, コンクリートが硬化した後にシース内のPC鋼材を緊張することによって導入される。

(3) 導入したプレストレスは, コンクリートのクリープやPC鋼材のリラクセーションによって増加する。

(4) プレストレスを導入する材齢が若いほど, コンクリートのクリープ変形が大きくなる。

問題 41 〜 60 は,「正しい,あるいは適当な」記述であるか,または「誤っている,あるいは不適当な」記述であるかを判断する○×問題である。
　「正しい,あるいは適当な」記述は解答用紙の◎欄を,「誤っている,あるいは不適当な」記述は⊗欄を黒く塗りつぶしなさい。**間違った解答は減点（マイナス点）になる。**

〔問題　41〕
　　ポルトランドセメントの焼成工程では,粉砕した石灰石他の原料を 1 450 ℃程度の高温で焼成する。

〔問題　42〕
　　戻りコンクリートを洗浄して得られた回収骨材を用いて,JIS A 5308（レディーミクストコンクリート）の規定に従って「高強度 55 50 20 M」を製造出荷した。

〔問題　43〕
　　ケミカルプレストレスを導入するため,膨張材をコンクリートの結合材として単位量 50 kg/m^3 で使用した。

〔問題　44〕
　　鉄筋コンクリート用棒鋼の弾性係数（ヤング率）は,降伏点が大きいほど大きくなる。

〔問題　45〕
　　スラッジ固形分率は,単位セメント量に対するスラッジ固形分の質量の割合を分率で表したものである。

〔問題　46〕
　　JIS A 1101（コンクリートのスランプ試験方法）によれば,スランプコーンにコンクリートを 3 層に分けて詰める際に,各層を 25 回突くと材料の分離を生じるおそれのあるときは,分離を生じない程度に突き数を減らして良い。

〔問題　47〕
　　JIS A 5308（レディーミクストコンクリート）によれば,「高強度 50 60 20 L」の

コンクリートのスランプフローの許容差は ± 10 cm である。

〔問題 48〕

JIS A 5308（レディーミクストコンクリート）によれば，異なる種類の骨材を混合して用いる場合，骨材に含まれる塩化物量については，混合後とともに，混合前の各骨材の塩化物含有量がそれぞれの骨材の規定を満たしていなければならない。

〔問題 49〕

JIS A 1147（コンクリートの凝結時間試験方法）に基づいて試験を行う場合，粗骨材が貫入針の障害となるので，コンクリートから粗骨材を取り除いた配合条件のモルタルを練り混ぜて，これを試料として用いる。

〔問題 50〕

鉄筋を曲げ加工する場合，鉄筋の降伏強度が高い方が，曲げ内半径（または折曲げ内法直径）を小さくできる。

〔問題 51〕

水平部材について，側面の型枠を底面の型枠よりも早く取り外すようにした。

〔問題 52〕

暑中コンクリートにおいて，同一のスランプを得るための単位水量は，一般のコンクリートよりも多くなる。

〔問題 53〕

マスコンクリートの外部拘束によるひび割れは，打ち込んだコンクリートの材齢がある程度進み，全体の温度が降下する段階で発生する。

〔問題 54〕

スクイズ式コンクリートポンプは，高強度コンクリートの圧送に適している。

〔問題 55〕

コンクリート表面のプラスティック収縮ひび割れは，普通コンクリートより水セメント比の小さい高強度コンクリートで生じやすい。

〔問題　56〕

　　下図は，セメントペースト，モルタル，コンクリート，および骨材の圧縮応力－
ひずみ曲線の概念図である。このうち，コンクリートに相当する曲線は，イである。

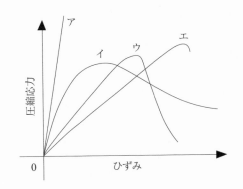

〔問題　57〕

　　コンクリートのクリープひずみは，水セメント比が同じ場合，セメントペースト
の量が多いほど大きい。

〔問題　58〕

　　コンクリートの透水係数は，一般に粗骨材の最大寸法が大きいほど大きい。

〔問題　59〕

　　JIS A 1145（骨材のアルカリシリカ反応性試験方法（化学法））では，反応により
消費された水酸化ナトリウムの量と溶出したシリカの量の大小関係から骨材の反応
性を判定する。

〔問題　60〕

　　鉄筋コンクリート梁の設計において，スターラップ（あばら筋）の降伏強度を増
加させると，せん断力によって生じる斜め引張ひび割れの発生を遅らせることがで
きる。

[解　答] (出題当時)

〔問題 1〕	3	〔問題16〕	3	〔問題31〕	1	〔問題46〕	○
〔問題 2〕	3	〔問題17〕	1	〔問題32〕	2	〔問題47〕	○
〔問題 3〕	3	〔問題18〕	3	〔問題33〕	3	〔問題48〕	×
〔問題 4〕	1	〔問題19〕	3	〔問題34〕	4	〔問題49〕	×
〔問題 5〕	2	〔問題20〕	2	〔問題35〕	1	〔問題50〕	×
〔問題 6〕	2	〔問題21〕	2	〔問題36〕	1	〔問題51〕	○
〔問題 7〕	1	〔問題22〕	4	〔問題37〕	2	〔問題52〕	○
〔問題 8〕	3	〔問題23〕	4	〔問題38〕	2	〔問題53〕	○
〔問題 9〕	4	〔問題24〕	2	〔問題39〕	1	〔問題54〕	×
〔問題10〕	1	〔問題25〕	2	〔問題40〕	3	〔問題55〕	○
〔問題11〕	1	〔問題26〕	4	〔問題41〕	○	〔問題56〕	○
〔問題12〕	4	〔問題27〕	3	〔問題42〕	×	〔問題57〕	○
〔問題13〕	1	〔問題28〕	2	〔問題43〕	○	〔問題58〕	○
〔問題14〕	4	〔問題29〕	4	〔問題44〕	×	〔問題59〕	○
〔問題15〕	1	〔問題30〕	4	〔問題45〕	○	〔問題60〕	×

平成 28 年度 (2016)

〔問題　1〕

　　下表は，普通，早強，中庸熱，低熱の各ポルトランドセメントおよび高炉セメント B 種について，JIS R 5201（セメントの物理試験方法）によって求めた密度，比表面積および圧縮強さの試験結果を示したものである。表中に示す C のセメントとして，**適当なものはどれか**。なお，圧縮強さは，JIS R 5210（ポルトランドセメント）または JIS R 5211（高炉セメント）に規定されている材齢に対応した試験値を示している。

セメントの種類	密度 (g/cm³)	比表面積 (cm²/g)	圧縮強さ (N/mm²)				
			1日	3日	7日	28日	91日
普通ポルトランドセメント	3.16	3 400	—	29.5	45.2	62.6	—
A	3.03	3 880	—	22.4	36.2	62.8	—
B	3.21	3 280	—	20.4	30.1	59.6	—
C	3.21	3 440	—	—	21.6	55.3	81.7
D	3.14	4 630	26.5	46.6	57.3	66.6	—

　(1)　早強ポルトランドセメント
　(2)　中庸熱ポルトランドセメント
　(3)　低熱ポルトランドセメント
　(4)　高炉セメント B 種

〔問題　2〕

　　各種セメントの用途に関する次の一般的な記述のうち，**不適当なものはどれか**。
　(1)　早強ポルトランドセメントは，プレストレストコンクリートに適している。
　(2)　中庸熱ポルトランドセメントは，高流動コンクリートに適している。
　(3)　フライアッシュセメントは，寒中コンクリートに適している。
　(4)　高炉セメントは，海水の作用を受けるコンクリートに適している。

〔問題　3〕

　　湿潤状態の細骨材 500.0 g を表面乾燥飽水状態（表乾状態）に調整し，その質量を測定したところ 491.2 g であった。表乾状態の細骨材を 105 ℃で一定の質量にな

るまで乾燥させた後，デシケータ内で室温まで冷やし，その質量を測定したところ479.3 g であった。この細骨材の吸水率と表面水率の組合せとして，**正しいものはどれか。**

(1) 吸水率：2.48 %，表面水率：1.8 %

(2) 吸水率：2.48 %，表面水率：4.3 %

(3) 吸水率：2.42 %，表面水率：1.8 %

(4) 吸水率：2.42 %，表面水率：4.3 %

〔問題 4〕

　下表は，高炉スラグ微粉末，フライアッシュおよびシリカフュームのうちのいずれか 2 つの混和材の電子顕微鏡写真，密度ならびに比表面積を示したものである。A および B の混和材の組合せとして，**適当なものはどれか。**

混和材の種類	A	B
電子顕微鏡写真	5 μm	0.3 μm
密度（g/cm³）	2.90	2.15
比表面積（cm²/g）	4 500	200 000

	A	B
(1)	高炉スラグ微粉末	シリカフューム
(2)	高炉スラグ微粉末	フライアッシュ
(3)	シリカフューム	フライアッシュ
(4)	フライアッシュ	高炉スラグ微粉末

〔問題 5〕

　下表は，減水剤，AE 減水剤および高性能 AE 減水剤（いずれも標準形）の品質の一部を示したものである。JIS A 6204（コンクリート用化学混和剤）の規定に照

らし，表中のA，B，Cに当てはまる数値の組合せとして，**正しいものはどれか。**

項目	減水剤	AE減水剤	高性能 AE減水剤
減水率%	4 以上	10 以上	A
ブリーディング量の比%	規定なし	70 以下	60 以下
長さ変化比%	120 以下	B	110 以下
凍結融解に対する抵抗性 （相対動弾性係数%）	C	60 以上	60 以上
スランプの経時変化量 cm	規定なし	規定なし	6.0 以下

	A	B	C
(1)	12 以上	120 以下	60 以上
(2)	12 以上	130 以下	規定なし
(3)	18 以上	120 以下	規定なし
(4)	18 以上	130 以下	60 以上

〔問題　6〕

次の品質のうち，JIS A 5308 附属書C（レディーミクストコンクリートの練混ぜに用いる水）の規定に照らして，回収水の品質の項目に**含まれていないものはどれか。**

(1) 懸濁物質の量

(2) 塩化物イオン（Cl⁻）量

(3) セメントの凝結時間の差

(4) モルタルの圧縮強さの比

〔問題　7〕

同一スランプのコンクリートを得るための配（調）合の補正に関する次の記述のうち，**適当なものはどれか。**

(1) 細骨材率を大きくする場合，単位水量を大きくする。

(2) 細骨材を粗粒率が大きいものに変更する場合，細骨材率を小さくし，単位水量を大きくする。

(3) 単位水量を一定に保ったままで，水セメント比を小さくする場合，細骨材率を大きくする。

(4) 粗骨材を砕石から川砂利に変更する場合，単位水量を一定とし，細骨材率を小さくする。

〔問題　8〕

　　下表に示すコンクリートの計画配（調）合に関する次の記述のうち，**不適当なものはどれか**。ただし，セメントの密度は 3.15 g/cm³，細骨材の表乾密度は 2.60 g/cm³，粗骨材の表乾密度は 2.68 g/cm³ とする。

水セメント比 (%)	細骨材率 (%)	空気量 (%)	単位水量 (kg/m³)	絶対容積 (L/m³)			質量 (kg/m³)		
				セメント	細骨材	粗骨材	セメント	細骨材※	粗骨材※
	47.3		175	101	321				

※表面乾燥飽水状態

(1)　水セメント比は，55.0 % である。

(2)　空気量は，4.5 % である。

(3)　単位粗骨材量は，955 〜 960 kg/m³ の範囲にある。

(4)　コンクリートの単位容積質量は，2 250 〜 2 260 kg/m³ の範囲にある。

〔問題　9〕

　　フレッシュコンクリートの試験方法に関する次の記述のうち，**不適当なものはどれか**。

(1)　JIS A 1101（コンクリートのスランプ試験方法）による試験において，コンクリートの中央部分の下がりを測定し，スランプとした。

(2)　J1S A 1128（フレッシュコンクリートの空気量の圧力による試験方法―空気室圧力方法）による試験において，コンクリートの見掛けの空気量から骨材修正係数を差し引いてコンクリートの空気量とした。

(3)　J1S A 1150（コンクリートのスランプフロー試験方法）による試験において，コンクリートの広がりの最大と思われる直径とその直角方向の広がりを測り，それらの平均値をスランプフローとした。

(4)　J1S A 1156（フレッシュコンクリートの温度測定方法）による試験において，スランプを測定した状態のコンクリート試料に温度計を挿入し，その示度を読み取った。

〔問題　10〕

　　一般のコンクリートの凝結が遅れる要因として，**不適当なものはどれか**。

(1)　高温や直射日光にさらされる。

(2)　水セメント比を大きくする。

(3) 化学混和剤を標準形から遅延形に変更する。

(4) 糖類，腐植土が骨材や練混ぜ水に混入する。

〔問題 11〕

AE剤の使用量を一定とした場合，AEコンクリートの空気量が減少する要因として，**適当なものはどれか。**

(1) コンクリートの練上がり温度が低くなる。

(2) 細骨材率を大きくする。

(3) 単位セメント量を小さくする。

(4) 練混ぜ水に含まれるスラッジ固形分が多くなる。

〔問題 12〕

コンクリートの圧縮強度に関する次の一般的な記述のうち，**不適当なものはどれか。**

(1) 空気量が少ないと，高くなる。

(2) 練混ぜ時間が長いと，高くなる。

(3) 供試体が乾燥していると，濡れている場合より高くなる。

(4) 円柱供試体の直径に対する高さの比が大きいと，高くなる。

〔問題 13〕

温度20℃，相対湿度60％の恒温恒湿環境下でコンクリートのクリープ試験を行った場合のクリープひずみに関する次の一般的な記述のうち，**不適当なものはどれか。**

(1) 同一水セメント比でセメントペースト量が多いほど，小さくなる。

(2) 載荷開始時の材齢が若いほど，大きくなる。

(3) 載荷応力度が小さいほど，小さくなる。

(4) 部材の断面寸法が小さいほど，大きくなる。

〔問題 14〕

下図は，塩害による鉄筋コンクリート構造物の劣化の進行，およびそれに伴う構造物の性能低下の概念を模式的に表したものである。図中のA～Dに当てはまる語句の組合せとして，**適当なものはどれか。**

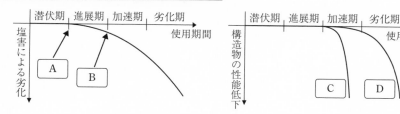

	A	B	C	D
(1)	鋼材の腐食開始	コンクリートに腐食ひび割れ発生	耐力・剛性の低下	第三者影響度・美観の低下
(2)	コンクリートに腐食ひび割れ発生	鋼材の腐食開始	第三者影響度・美観の低下	耐力・剛性の低下
(3)	鋼材の腐食開始	コンクリートに腐食ひび割れ発生	第三者影響度・美観の低下	耐力・剛性の低下
(4)	コンクリートに腐食ひび割れ発生	鋼材の腐食開始	耐力・剛性の低下	第三者影響度・美観の低下

〔問題 15〕

鉄筋コンクリート構造物の耐久性に関する次の一般的な記述のうち，**適当なもの
はどれか。**

(1) 硫酸塩は，コンクリート中でアルミン酸カルシウム水和物を生成し，著しい
膨張を引き起こす。

(2) 中性化深さは，経過年数にほぼ比例する。

(3) 耐凍害性は，同一空気量では気泡間隔係数が小さいほど向上する。

(4) アルカリシリカ反応は，雨掛かりの部分よりも，乾燥している部分の方が生
じ易い。

〔問題 16〕

コンクリートの耐火性に関する次の一般的な記述のうち，**不適当なものはどれか。**

(1) コンクリートの含水率が低いと，爆裂を生じにくい。

(2) 骨材に石灰質の骨材を用いると，耐火性が低下することがある。

(3) 500 ℃ 程度の高温加熱を受けると，コンクリートの圧縮強度は 50 ～ 60 ％ 程
度まで低下する。

(4) 500 ℃ 程度の高温加熱を受けたコンクリートの弾性係数の低下率は，圧縮強
度の低下率とほぼ同じである。

〔問題　17〕

　　下表は，レディーミクストコンクリート製造時の目標とする1回計量分量と量り取られた計量値である。次の記述のうち，JIS A 5308（レディーミクストコンクリート）に規定される計量値の許容差に照らして，**適当なものはどれか**。

材料の種類	水	セメント	混和材 （フライアッシュ）	細骨材	粗骨材	混和剤
目標とする計量分量(kg)	382	698	113	1 685	2 194	6.98
量り取られた計量値(kg)	385	686	116	1 701	2 129	7.24

(1) セメントの計量値は合格である。

(2) 混和材（フライアッシュ）の計量値は合格である。

(3) 粗骨材の計量値は合格である。

(4) 混和剤の計量値は合格である。

〔問題　18〕

　　JIS A 5308（レディーミクストコンクリート）の品質および検査で規定している強度の品質および検査に関する次の記述のうち，**誤っているものはどれか**。

(1) 試験頻度は，高強度コンクリートにあっては，100 m³ について1回を標準とする。

(2) 1回の試験結果は，異なる3台の運搬車から1個ずつ採取した合計3個の供試体の試験値の平均値で表す。

(3) 1回の試験結果は，購入者が指定した呼び強度の強度値の 85 % 以上でなければならない。

(4) 3回の試験結果の平均値は，購入者が指定した呼び強度の強度値以上でなければならない。

〔問題　19〕

　　JIS A 5308（レディーミクストコンクリート）の規定に照らして，**誤っているものはどれか**。

(1) 購入者は，必要に応じて生産者と協議のうえ，寒中施工時のコンクリートの最低温度を指定することができる。

(2) 生産者は，購入者の承認を受けた場合には，塩化物含有量の上限を 0.75 kg/

m³ とすることができる。

(3) 生産者は，普通コンクリートの製造において，置換率 20 ％を上限として回収骨材を使用することができる。

(4) 生産者は，購入者との協議により，運搬時間の限度を 2.0 時間とすることができる。

〔問題　20〕

コンクリートの運搬，荷卸しに関する次の記述のうち，JIS A 5308（レディーミクストコンクリート）の規定に照らして，**誤っているものはどれか。**

(1) 生産者は，トラックアジテータの性能試験として，積荷のおよそ 1/4 および 3/4 のところからそれぞれ個々に試料を採取してスランプ試験を行い，両者のスランプの差が 3 cm 以内であることを確認した。

(2) 生産者は，購入者との協議によらず，ダンプトラックによる運搬時間の限度を 1.0 時間とした。

(3) 購入者は，納入書に記載される納入時刻の発着の差により，運搬時間を管理した。

(4) 購入者は，ポンプ圧送による空気量の変化を見込んで，空気量の許容差を 0 ～＋ 2.0 ％と指定した。

〔問題　21〕

コンクリートのポンプ圧送に関する次の一般的な記述のうち，**不適当なものはどれか。**

(1) ポンプの吸込み性能は，スランプが小さくなると向上する。

(2) 管内圧力損失は，スランプが小さくなると大きくなる。

(3) 高所への圧送は，スクイズ式ポンプより，ピストン式ポンプの方が適している。

(4) 下向き配管によるポンプ圧送は，上向き配管に比べて，配管内の閉塞が生じやすい。

〔問題　22〕

コンクリートの打込み，締固めおよび打継ぎに関する次の記述のうち，**不適当なものはどれか。**

(1) 柱・壁にコンクリートを打ち込んだ後，直ちに梁・スラブのコンクリートを

打ち込んだ。
(2) 薄い壁部材において，棒形振動機が挿入できなかったので，型枠振動機を使用した。
(3) 直径 50 mm の棒形振動機から直径 40 mm のものに変更したので，振動機の挿入間隔を 10 cm 程度小さくした。
(4) コンクリート表面に凝結遅延剤を散布して，打込み翌日に高圧水により水平打継目処理を行った。

〔問題　23〕
コンクリートの打込みに関する次の記述のうち，**不適当なものはどれか。**
(1) 充填状況を確認するため，透明型枠を用いた。
(2) 型枠の変形を防ぐため，片押しにより打上がり速度を大きくした。
(3) コールドジョイントの発生を防ぐため，外気温 20 ℃ で 120 分以内を目安として打ち重ねた。
(4) 振動機で十分に締め固めるため，1 層の打込み高さを 50 cm とした。

〔問題　24〕
コンクリートの養生に関する次の一般的な記述のうち，**不適当なものはどれか。**
(1) 養生温度が高いと，初期の強度の発現は早いが，長期強度の伸びが小さくなる。
(2) 低熱ポルトランドセメントを用いたコンクリートは，普通ポルトランドセメントを用いたコンクリートよりも，湿潤養生期間を短くできる。
(3) JASS 5 によれば，コンクリートの圧縮強度が所定の値に達すれば，規定の湿潤養生日数にかかわらず，湿潤養生を打ち切ることができる。
(4) 土木学会示方書によれば，セメント種類のほかに日平均気温によって湿潤養生期間の標準値が異なる。

〔問題　25〕
支保工に関する次の記述のうち，**不適当なものはどれか。**
(1) 支保工の設計に用いる鉛直方向荷重のひとつとして，コンクリートの打込み時の衝撃荷重を考慮した。
(2) 支保工に作用する水平方向荷重を，鉛直方向荷重の 1 ％ として計画した。
(3) 水平部材を支える支柱の位置を，建物の各階の上下で揃えるように計画した。

（4）支保工の取外し時期を，現場養生を行ったコンクリート供試体の圧縮強度か
ら判定した。

〔問題　26〕

下図は，打込み時期（気温 15 ℃と 30 ℃）および打上がり速度（打込み速さ）（1
m/h と 10 m/h）が異なる四つの条件で，高さ 4 m の壁部材にコンクリートを打ち
込んだ場合について，それぞれの打上がり直後の側圧分布を模式的に示したもので
ある。側圧分布 a および d に対応する気温と打上がり速度（打込み速さ）の組合せ
として，**適当なものはどれか**。ただし，スランプ 18 cm で同一のコンクリートを
打ち込んだものとする。

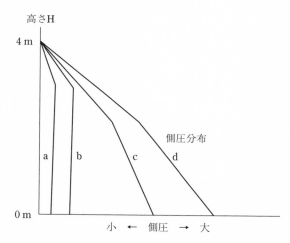

	側圧分布 a		側圧分布 d	
	気温	打上がり速度 （打込み速さ）	気温	打上がり速度 （打込み速さ）
(1)	15 ℃	10 m/h	30 ℃	1 m/h
(2)	15 ℃	1 m/h	30 ℃	10 m/h
(3)	30 ℃	10 m/h	15 ℃	1 m/h
(4)	30 ℃	1 m/h	15 ℃	10 m/h

〔問題　27〕

鉄筋の重ね継手に関する次の一般的な記述のうち，**不適当なものはどれか**。

（1）D 32 を超える太径の鉄筋は，重ね継手には適していない。

(2) 継手の長さは，コンクリート強度が高いほど長くする。

(3) 継手の長さは，鉄筋の強度が高いほど長くする。

(4) フック付き重ね継手の長さは，直線重ね継手の長さより短くできる。

〔問題 28〕

舗装コンクリートに関する次の記述のうち，**誤っているものはどれか**。

(1) 材齢 28 日における曲げ強度を，設計の基準とした。

(2) 粗骨材のすりへり減量の限度を，ダムコンクリートと同じ 40 ％とした。

(3) スランプ 6.5 cm のコンクリートを，トラックアジテータを用いて運搬した。

(4) コンクリートの表面仕上げを，荒仕上げ，平坦仕上げ，粗面仕上げの順で行った。

〔問題 29〕

寒中でコンクリート橋脚を施工する場合に関する次の記述のうち，**正しいものはどれか**。

(1) 水和熱の低いセメントを用いるので，セメントを加熱する計画とした。

(2) コンクリート製造時の練混ぜ水と骨材の混合物の温度は，50℃になるように計画した。

(3) 加熱養生を行う場合に，コンクリート表面の乾燥を防ぐために，散水する計画とした。

(4) 型枠の取外し直後から，コンクリート表面が水で飽和される頻度が高い部位では，水で飽和される頻度が低い部位より，養生期間を短くする計画とした。

〔問題 30〕

暑中でコンクリート建物を施工する場合に関する次の記述のうち，**誤っているものはどれか**。

(1) コールドジョイントの発生を抑制するため，AE 減水剤を標準形から遅延形に変更した。

(2) スランプの低下が予想されたため，現場において遅延形の流動化剤を使用する計画とした。

(3) 練上がり時のコンクリート温度を 2℃下げるため，練混ぜ水の温度を 4℃下げる計画とした。

(4) プラスティック収縮ひび割れを抑制するため，仮設上屋を設けて直射日光を

防ぐとともに，打込み後に膜養生剤を用いる計画とした。

〔問題 31〕

　マスコンクリートの温度ひび割れ対策に関する次の記述のうち，**誤っているもの はどれか**。

(1) 外部拘束によるひび割れを抑制するため，コンクリートの打込みブロック（区画）を小さくした。

(2) 中庸熱ポルトランドセメントを使用し，設計基準強度の管理材齢を28日から56日に変更した。

(3) 暑中期間であったので，トラックアジテータ内に液体窒素を噴入し，コンクリートを冷却する方法を採用した。

(4) パイプクーリングにおいて，コンクリートが最高温度に達した直後から通水を開始するよう計画した。

〔問題 32〕

　一般のコンクリートと比較した場合の水中不分離性コンクリートの特徴に関する次の一般的な記述のうち，**不適当なものはどれか**。

(1) 単位水量が大きい。

(2) ブリーディング量が大きい。

(3) 凝結時間が長い。

(4) ポンプ圧送負荷が大きい。

〔問題 33〕

　海水の作用を受けるコンクリート構造物に関する次の一般的な記述のうち，**不適当なものはどれか**。

(1) 凍結融解作用による劣化は，淡水が作用する場合より激しい。

(2) コンクリート中の鋼材の腐食は，飛沫帯よりも海中の方が激しい。

(3) コンクリートの塩化物イオンの侵入量は，海上大気中よりも干満帯の方が大きい。

(4) 硫酸塩の化学的作用による劣化は，海上大気中よりも干満帯の方が激しい。

〔問題 34〕

　高流動コンクリートに関する次の一般的な記述のうち，**不適当なものはどれか**。

(1) スランプフローの保持性能に優れた配（調）合にすると，凝結時間は長くなる。

(2) 材料分離抵抗性を付与する方法によって，粉体系，増粘剤系および併用系に分類される。

(3) 自己充填性を高めるには，実積率の小さい粗骨材を用いることが有効である。

(4) 増粘剤は，セメントペーストや水の粘性を高めて材料分離抵抗性を付与する。

〔問題 35〕

一般のコンクリートと比較した場合の高強度コンクリートの特徴に関する次の一般的な記述のうち，**適当なものはどれか。**

(1) コンクリート製造時における練混ぜ時間は，短くなる。

(2) コンクリートのポンプ圧送時における管内圧力損失は，小さくなる。

(3) コンクリートの締固め時における内部振動機の振動が伝わる範囲は，広くなる。

(4) コンクリート上面のプラスティック収縮ひび割れは，生じやすくなる。

〔問題 36〕

鉄筋コンクリート部材の設計に関する次の一般的な記述のうち，**不適当なものはどれか。**

(1) 曲げ耐力の算定において，コンクリートの引張応力は無視する。

(2) 曲げ耐力の算定において，断面に生じるひずみは中立軸からの距離に比例するものとする。

(3) コンクリートに加えて軸方向鉄筋にも圧縮力を分担させる。

(4) 曲げ耐力がせん断耐力よりも大きくなるようにする。

〔問題 37〕

下図に示すように，柱の脚部もしくは梁の両端が固定されたコンクリート部材に鉛直下向きの集中荷重が作用しているとき，発生するひび割れの状況として**適当なものはどれか。**

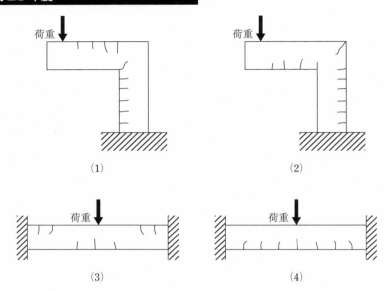

(1)   (2)

(3)   (4)

〔問題 38〕

鉄筋コンクリート梁の設計に関する次の一般的な記述のうち，**不適当なものはど
れか**。

(1) かぶりコンクリートには，鉄筋とコンクリートの付着を確保する役割がある。

(2) 梁の変形能力を高めるためには，降伏強度の高い主（鉄）筋を使用する。

(3) 梁に作用するせん断力は，主にコンクリートとスターラップ（あばら筋）が
分担する。

(4) 梁の曲げ耐力を高めるためには，引張主（鉄）筋量を多くする。

〔問題 39〕

コンクリート製品の製造に関する次の一般的な記述のうち，**不適当なものはどれ
か**。

(1) 加圧締固めは，型枠にコンクリートを投入した後にコンクリートに圧力を加
えて余剰水を脱水し，締固めを行う方法である。

(2) 遠心力締固めは，コンクリートを投入した型枠を，遠心力成形機を用いて高
速回転させ，脱水，締固めを行う方法である。

(3) 常圧蒸気養生は，コンクリートの打込み後，直ちに加温加湿して養生を行う
方法である。

（4）オートクレーブ養生は，鋼製で大型の円筒状圧力容器内を高温高圧の飽和蒸気環境とし，その中で養生を行う方法である。

〔問題　40〕
　　プレストレストコンクリートに関する次の一般的な記述のうち，**適当なものはどれか。**
（1）梁部材よりも柱部材に多く用いられる。
（2）プレテンション方式は，定着具により PC 鋼材を部材端部に定着する工法である。
（3）ポストテンション方式は，鋼材とコンクリートの付着により定着する工法である。
（4）コンクリートのクリープが大きいほど，プレストレスの低下量は大きい。

　　問題 41 ～ 60 は，「正しい，あるいは適当な」記述であるか，または「誤っている，あるいは不適当な」記述であるかを判断する○×問題である。
　　「正しい，あるいは適当な」記述は解答用紙の◯欄を，「誤っている，あるいは不適当な」記述は⊗欄を黒く塗りつぶしなさい。**間違った解答は減点（マイナス点）になる。**

〔問題　41〕
　　エコセメントは，高強度コンクリートを用いる鉄筋コンクリートに適している。

〔問題　42〕
　　粗骨材の最大寸法が大きいほど，単位水量は小さくなる。

〔問題　43〕
　　フライアッシュをセメントの一部に置換して用いると，水和熱による温度上昇を低減できる。

〔問題　44〕
　　JIS R 5210（ポルトランドセメント）において，早強ポルトランドセメントの強熱減量は 5.0 ％以下と規定されている。

平成30年度
平成29年度
平成28年度
平成27年度
平成26年度

〔問題 45〕

　JIS A 1123（コンクリートのブリーディング試験方法）による試験において、コンクリート上面に浸み出した水の体積を量り、試料上面の面積で割った値をブリーディング率とした。

〔問題 46〕

　高流動コンクリートは、一般のコンクリートに比べてフレッシュコンクリートの降伏値が小さい。

〔問題 47〕

　JIS A 5308 附属書 A（レディーミクストコンクリート用骨材）によれば、アルカリシリカ反応性試験において "無害" と判定された細骨材と "無害でない" と判定された細骨材を、9:1 の質量比で混合して用いる場合、細骨材全体は区分 A として取り扱うことができる。

〔問題 48〕

　JIS A 5308 附属書 D（トラックアジテータのドラム内に付着したモルタルの使用方法）によれば、付着モルタル安定剤を添加してトラックアジテータのドラム内に付着したモルタルを再利用する場合、源となるコンクリートは普通コンクリートもしくは高強度コンクリートに限定される。

〔問題 49〕

　JIS A 5308（レディーミクストコンクリート）によれば、納入書にメビウスループを表示できるコンクリートに使用されるリサイクル材の一つとして、再生骨材 H が含まれる。

〔問題 50〕

　JIS A 5308 附属書 C（レディーミクストコンクリートの練混ぜに用いる水）によれば、スラッジ固形分率とは、スラッジ水中に含まれるスラッジ固形分の質量濃度のことである。

〔問題 51〕

　コンクリートの締固めに使用する棒形振動機の振動効果は、振動棒の振動体の加

速度に反比例する。

〔問題　52〕
　　梁部材の型枠支保工の組立てに際し，打ち込まれたコンクリートの自重などで型枠がたわむことを考慮して，上げ越し（むくり）を設けた。

〔問題　53〕
　　鉄筋を曲げ加工する場合の折曲げ内法直径（または曲げ内半径）は，コンクリートの設計基準強度と粗骨材の最大寸法をもとに定められている。

〔問題　54〕
　　場所打ち杭の施工において，水中での材料分離を防止するため，単位セメント量が 270 kg/m³ の配合とした。

〔問題　55〕
　　海水に含まれる硫酸マグネシウム（$MgSO_4$）は，コンクリート中の水酸化カルシウム（$Ca(OH)_2$）と反応して膨張性の物質を生成し，コンクリートの劣化を促進させる。

〔問題　56〕
　　コンクリートの圧縮強度が高くなるほど，引張強度の圧縮強度に対する比（引張強度／圧縮強度）は小さくなる。

〔問題　57〕
　　骨材の弾性係数が小さいほど，コンクリートの乾燥収縮ひずみが小さくなる。

〔問題　58〕
　　高強度コンクリートの火災時の爆裂防止対策として，ポリプロピレンの短繊維を混入する方法は有効である。

〔問題　59〕
　　帯（鉄）筋の腐食に伴う体積膨張が原因となり，鉄筋コンクリート柱部材のかぶり部分に，帯（鉄）筋に直角方向のひび割れが発生することがある。

〔問題　60〕

　　プレテンション方式のプレストレストコンクリートポールの製造において，コンクリートの凝結の終結直後にプレストレスを導入した。

[解　答] (出題当時)

〔問題 1 〕 3	〔問題16〕 4	〔問題31〕 4	〔問題46〕 ○
〔問題 2 〕 3	〔問題17〕 3	〔問題32〕 2	〔問題47〕 ×
〔問題 3 〕 1	〔問題18〕 2	〔問題33〕 2	〔問題48〕 ×
〔問題 4 〕 1	〔問題19〕 2	〔問題34〕 3	〔問題49〕 ○
〔問題 5 〕 3	〔問題20〕 4	〔問題35〕 4	〔問題50〕 ×
〔問題 6 〕 1	〔問題21〕 1	〔問題36〕 4	〔問題51〕 ×
〔問題 7 〕 1	〔問題22〕 1	〔問題37〕 3	〔問題52〕 ○
〔問題 8 〕 4	〔問題23〕 2	〔問題38〕 2	〔問題53〕 ×
〔問題 9 〕 4	〔問題24〕 2	〔問題39〕 3	〔問題54〕 ×
〔問題10〕 1	〔問題25〕 2	〔問題40〕 4	〔問題55〕 ○
〔問題11〕 4	〔問題26〕 4	〔問題41〕 ×	〔問題56〕 ○
〔問題12〕 4	〔問題27〕 2	〔問題42〕 ○	〔問題57〕 ×
〔問題13〕 1	〔問題28〕 2	〔問題43〕 ○	〔問題58〕 ○
〔問題14〕 3	〔問題29〕 3	〔問題44〕 ○	〔問題59〕 ×
〔問題15〕 3	〔問題30〕 3	〔問題45〕 ×	〔問題60〕 ×

〔問題 1〕

混合セメントの規定に関する次の記述のうち，**誤っているものはどれか。**

(1) JIS R 5211（高炉セメント）では，高炉セメントB種の高炉スラグの分量を質量で30％を超え，60％以下と規定している。

(2) JIS R 5211（高炉セメント）では，混合材として使用する高炉スラグの塩基度の下限値を規定している。

(3) JIS R 5213（フライアッシュセメント）では，フライアッシュセメントB種のフライアッシュの分量を質量で10％を超え，20％以下と規定している。

(4) JIS R 5213（フライアッシュセメント）では，全アルカリ量の上限値を規定している。

〔問題 2〕

JIS R 5210（ポルトランドセメント）に規定されている普通・早強・中庸熱・低熱ポルトランドセメントは，けい酸二カルシウム（C_2S）と呼ばれる化合物を含んでいる。C_2S 含有量を多い順に並べた次の組合せのうち，**正しいものはどれか。**

(1) 早 強 > 普 通 > 中庸熱 > 低 熱

(2) 中庸熱 > 早 強 > 低 熱 > 普 通

(3) 普 通 > 低 熱 > 早 強 > 中庸熱

(4) 低 熱 > 中庸熱 > 普 通 > 早 強

〔問題 3〕

表乾状態の砂 500.0 g を 105℃で一定質量となるまで乾燥させた後，デシケータ内で室温まで冷やし，その質量を測定したところ 487.5 g であった。次に示す値のうち，この砂の吸水率として，**正しいものはどれか。**

(1) 2.44 ％

(2) 2.50 ％

(3) 2.56 ％

(4) 2.69 ％

〔問題 4〕

混和材の使用に関する次の記述のうち，**不適当なものはどれか。**

(1) 高炉スラグ微粉末を，硬化コンクリートへの塩化物イオンの浸透を抑制するために用いた。

(2) フライアッシュを，コンクリートのアルカリシリカ反応を抑制するために用いた。

(3) シリカフュームを，高強度コンクリートの自己収縮を低減するために用いた。

(4) 膨張材を，コンクリートにケミカルプレストレスを導入するために用いた。

〔問題 5〕

JIS A 6204（コンクリート用化学混和剤）の規定に関する次の記述のうち，**誤っているものはどれか。**

(1) 化学混和剤からもたらされるコンクリート中の全アルカリ量（Na_2O_{eq}）は，0.30 kg/m^3 以下とされている。

(2) 化学混和剤の形式評価試験は製品を開発した当初に行う試験であり，性能確認試験はその後に定期的に行う試験である。

(3) AE減水剤を用いたコンクリートの凍結融解に対する抵抗性は，凍結融解の繰返し300サイクルにおける相対動弾性係数で60％以上とされている。

(4) 高性能AE減水剤は，標準形，遅延形および促進形に区分されている。

〔問題 6〕

JIS G 3112（鉄筋コンクリート用棒鋼）に規定されている SD 345 と SD 490 について，これらの性質を比較した次の一般的な記述のうち，**不適当なものはどれか。**

(1) 弾性係数（ヤング係数）は，SD 345 と SD 490 ではほぼ同じである。

(2) 熱膨張係数（線膨張係数）は，SD 345 と SD 490 ではほぼ同じである。

(3) 降伏点の下限値は，SD 345 のほうが SD 490 よりも大きい。

(4) 破断伸びの下限値は，SD 345 のほうが SD 490 よりも大きい。

〔問題 7〕

呼び強度が27のコンクリートに使用する練混ぜ水に関する次の記述のうち，JIS A 5308 附属書 C（レディーミクストコンクリートの練混ぜに用いる水）の規定に照らして，**正しいものはどれか。**

(1) 工業用水を，品質試験を行わずに練混ぜ水として使用した。

(2) 地下水を，品質試験を行わずに練混ぜ水として使用した。

(3) 上澄水を，品質試験を行わずに上水道水と混合して練混ぜ水として使用した。

(4) スラッジ固形分率が 1.0 ％であったスラッジ水を，購入者と協議せずに練混ぜ水として使用した。

〔問題　8〕

コンクリートの配（調）合における同一のスランプを得るための単位水量の補正に関する次の記述のうち，**適当なものはどれか**。

(1) 最大寸法の大きい粗骨材を用いることになったので，単位水量を大きくした。

(2) 実積率の小さい粗骨材を用いることになったので，単位水量を小さくした。

(3) 微粒分量の多い細骨材を用いることになったので，単位水量を大きくした。

(4) 粗粒率の小さい細骨材を用いることになったので，単位水量を小さくした。

〔問題　9〕

下表に示す配（調）合条件のコンクリートを 1 m³ 製造する場合，水および細骨材の計量値として，**正しいものはどれか**。ただし，細骨材は表面水率 2.0 ％の湿潤状態，粗骨材は表乾状態で使用する。また，セメントの密度は 3.15 g/cm³，細骨材および粗骨材の表乾密度は，それぞれ 2.60 g/cm³ および 2.65 g/cm³ とする。

水セメント比 （％）	空気量 （％）	細骨材率 （％）	単位セメント量 （kg/m³）
50.0	4.5	49.0	340

(1) 水の計量値は 170 kg，細骨材の計量値は 863 kg である。

(2) 水の計量値は 153 kg，細骨材の計量値は 863 kg である。

(3) 水の計量値は 153 kg，細骨材の計量値は 880 kg である。

(4) 水の計量値は 170 kg，細骨材の計量値は 880 kg である。

〔問題　10〕

下表の条件で配（調）合設計を行ったコンクリートの単位容積質量として，**正しいものはどれか**。ただし，セメントの密度は 3.15 g/cm³，細骨材および粗骨材の表乾密度は，それぞれ 2.60 g/cm³ および 2.65 g/cm³ とする。

水セメント比 （%）	空気量 （%）	細骨材率 （%）	単位水量 （kg/m³）
50.0	5.0	45.0	165

(1) 2 370 ～ 2 375 kg/m³ の範囲にある。

(2) 2 340 ～ 2 345 kg/m³ の範囲にある。

(3) 2 310 ～ 2 315 kg/m³ の範囲にある。

(4) 2 280 ～ 2 285 kg/m³ の範囲にある。

〔問題　11〕

　　フレッシュコンクリートの粗骨材とモルタルの分離に関する次の一般的な記述の
うち，**不適当なものはどれか。**

　(1) 細骨材率を大きくすると，分離しやすくなる。

　(2) 粗骨材の最大寸法を大きくすると，分離しやすくなる。

　(3) 細骨材中の粗粒分の割合を大きくすると，分離しやすくなる。

　(4) 水セメント比を大きくすると，分離しやすくなる。

〔問題　12〕

　　1 m³ 当たりの AE 剤使用量を一定とした場合の，コンクリートへの空気連行性に
関する次の一般的な記述のうち，**不適当なものはどれか。**

　(1) 単位セメント量が大きくなると，空気は連行されにくくなる。

　(2) セメントの比表面積が大きくなると，空気は連行されにくくなる。

　(3) 細骨材率が大きくなると，空気は連行されにくくなる。

　(4) 細骨材中の 0.15 mm 以下の微粒分量が多くなると，空気は連行されにくく
　　　なる。

〔問題　13〕

　　コンクリートの力学特性に関する次の一般的な記述のうち，**不適当なものはどれ
か。**

　(1) 圧縮強度が高くなると，圧縮強度に対する引張強度の比は大きくなる。

　(2) 圧縮強度が高くなると，同一応力におけるクリープひずみは小さくなる。

　(3) 圧縮強度が高くなると，鉄筋との付着強度は高くなる。

　(4) 圧縮強度が高くなると，静弾性係数は大きくなる。

〔問題　14〕

　硬化コンクリートの体積変化に関する次の一般的な記述のうち，**不適当なものは**

どれか。

(1) 乾燥収縮ひずみは，コンクリート部材の断面寸法が大きいほど小さくなる。

(2) 乾燥収縮ひずみは，骨材の弾性係数が大きいほど大きくなる。

(3) 熱膨張係数（線膨張係数）は，骨材の岩種により異なり，石灰岩を用いると
硬質砂岩を用いた場合に比べて小さくなる。

(4) 熱膨張係数（線膨張係数）は，水セメント比にほとんど影響されない。

〔問題　15〕

　鉄筋コンクリート中の鋼材の腐食に関する次の記述のうち，**不適当なものはどれ**

か。

(1) 中性化によって鋼材位置のコンクリートのアルカリ性が低下すると，鋼材表
面の不動態被膜が部分的に破壊され，腐食が発生しやすい状態となる。

(2) 鋼材位置のコンクリートに一定量以上の塩化物イオンが含まれると，鋼材表
面の不動態被膜が部分的に破壊され，腐食が発生しやすい状態となる。

(3) 不動態被膜が部分的に破壊され，鋼材表面にアノード部（陽極）とカソード
部（陰極）が形成されると，腐食電流が生じる。

(4) コンクリートが乾燥していると，腐食電流が極めて流れやすく，鋼材の腐食
が進行しやすくなる。

〔問題　16〕

　コンクリートの耐久性に関する次の一般的な記述のうち，**適当なものはどれか。**

(1) 常時湿潤環境下にあるコンクリートは，乾燥環境下にあるコンクリートに比
べて中性化速度が大きくなる。

(2) 凍害で生じるポップアウトは，吸水率が高い骨材を用いることで防止できる。

(3) アルカリシリカ反応における反応性骨材のペシマム量は，骨材の種類や粒度
の影響を受ける。

(4) 塩酸は，セメント水和物と反応してコンクリートに著しい膨張を生じさせる。

〔問題　17〕

　硬化コンクリートの性質に関する次の一般的な記述のうち，**不適当なものはどれ**

か。

(1) 水密性は，粗骨材の最大寸法が大きいほど低下する。

(2) 耐火性は，石灰質骨材を用いると向上する。

(3) 単位容積質量の大きいコンクリートは，X線に対する遮へい効果が大きい。

(4) 気泡コンクリートの単位容積質量は，$1.0\,\mathrm{t/m^3}$ より小さい。

〔問題　18〕

コンクリートの練混ぜ時間を決定するために，JIS A 1119（ミキサで練り混ぜたコンクリート中のモルタルの差及び粗骨材量の差の試験方法）によって試験を行ったところ，図Aおよび図Bの結果が得られた。両図の縦軸が示す試験項目と決定した練混ぜ時間の組合せとして，**適当なものはどれか。**

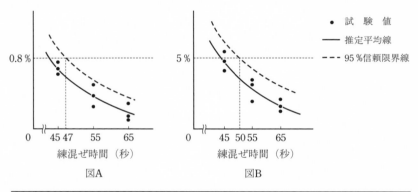

	図Aの縦軸	図Bの縦軸	練混ぜ時間（秒）
(1)	モルタルの単位容積質量の差	単位粗骨材量の差	47
(2)	モルタルの単位容積質量の差	単位粗骨材量の差	50
(3)	単位粗骨材量の差	モルタルの単位容積質量の差	47
(4)	単位粗骨材量の差	モルタルの単位容積質量の差	50

〔問題　19〕

コンクリート材料の計量に関する次の記述のうち，JIS A 5308（レディーミクストコンクリート）の規定に照らして，**不適当なものはどれか。**

(1) 水を，あらかじめ計量してある混和剤に累加して計量した。

(2) 粒度の異なる粗骨材を，累加して計量した。

(3) 袋詰めの膨張材を，購入者の承認を得て袋の数で計量し，端数は質量で計量した。

(4) 石灰石微粉末を，あらかじめ計量してあるセメントに累加して計量した。

〔問題　20〕

　JIS A 5308（レディーミクストコンクリート）に規定されるコンクリートの検査に関する次の記述のうち，**正しいものはどれか**。
　(1) 圧縮強度の試験頻度は，コンクリートの種類にかかわらず 150 m³ につき 1 回を標準とする。
　(2) 1 回の圧縮強度試験に用いる 3 個の供試体は，異なる運搬車から 1 個ずつ採取する。
　(3) 荷卸し地点での空気量の許容差は，指定された空気量によって異なる。
　(4) 荷卸し地点でのスランプの許容差は，指定されたスランプによって異なる。

〔問題　21〕

　下表は，呼び強度 21 のレディーミクストコンクリートに対する圧縮強度の試験結果である。JIS A 5308（レディーミクストコンクリート）の規定に照らして，ロット A とロット B の合否判定の組合せとして，**正しいものはどれか**。

ロット	圧縮強度(N/mm²)		
	1回目	2回目	3回目
A	22.5	18.2	21.4
B	24.5	22.0	17.1

	A	B
(1)	合　格	合　格
(2)	合　格	不合格
(3)	不合格	合　格
(4)	不合格	不合格

〔問題　22〕

　コンクリートの場内運搬に関する次の記述のうち，**不適当なものはどれか**。
　(1) コンクリートバケットを，硬練りコンクリートの運搬に用いた。
　(2) ベルトコンベアを，軟練りコンクリートの運搬に用いた。
　(3) ダンプトラックを，硬練りコンクリートの運搬に用いた。
　(4) コンクリートポンプを，軟練りコンクリートの運搬に用いた。

〔問題　23〕

　　ポンプ施工時のコンクリートの圧送性に関する次の一般的な記述のうち，**不適当なものはどれか。**

　（1）ベント管の数が多いほど，圧送性は低下する。

　（2）輸送管の径が大きいほど，圧送性は低下する。

　（3）スランプが小さいほど，圧送性は低下する。

　（4）単位セメント量が小さいほど，圧送性は低下する。

〔問題　24〕

　　コンクリートの打継ぎに関する次の記述のうち，**適当なものはどれか。**

　（1）旧コンクリートの鉛直打継ぎ面に湿潤面用エポキシ樹脂を塗布し，新しいコンクリートを打ち込んだ。

　（2）旧コンクリートの打込み時に入念な再振動締固めを行い，水平打継ぎ面のレイタンス処理をせずに，新しいコンクリートを打ち込んだ。

　（3）旧コンクリートの水平打継ぎ面の埃を，低圧で空気を吹き付けて取り除き，新しいコンクリートを打ち込んだ。

　（4）旧コンクリートの鉛直打継ぎ面を十分に乾燥させた後に，新しいコンクリートを打ち込んだ。

〔問題　25〕

　　コンクリートの打込みおよび締固めに関する次の記述のうち，**不適当なものはどれか。**

　（1）外気温が 30 ℃だったので，打重ね時間間隔の限度を 150 分とした。

　（2）十分に締固めを行うために，打込みの 1 層の高さを 50 cm とした。

　（3）振動機の挿入跡が残らないように，棒形振動機を徐々に引き抜いた。

　（4）直径 50 mm の棒形振動機を用いたので，振動機の挿入間隔を 50 cm とした。

〔問題　26〕

　　コンクリートの養生・表面仕上げに関する次の一般的な記述のうち，**適当なものはどれか。**

　（1）高炉セメント B 種を用いたコンクリートの湿潤養生期間は，普通ポルトランドセメントを用いた場合と同じである。

　（2）膨張材を用いたコンクリートの湿潤養生期間は，膨張材を用いない一般のコ

ンクリートよりも短縮できる。

(3) 表面仕上げは，コンクリートを打ち込んだ後，速やかに行うのがよい。

(4) 沈下ひび割れを取り除くためには，コンクリートの凝結が始まる前にタンピングを行うのがよい。

〔問題 27〕

型枠に作用する側圧に関する次の一般的な記述のうち，**不適当なものはどれか**。

(1) 側圧は，打込みの初期では，液圧として作用するものと見なして設計する。

(2) 側圧は，ある打込み高さで最大となり，それ以上コンクリートの高さが増加しても最大値は変わらないものと見なして設計する。

(3) 側圧の最大値は，打上がり速度が小さいほど大きくなる。

(4) 側圧の最大値は，コンクリート温度が高いほど小さくなる。

〔問題 28〕

支保工の設計に関する次の一般的な記述のうち，**不適当なものはどれか**。

(1) 型枠に作用するコンクリートの側圧は，型枠と支保工で支持するように設計する。

(2) スパンの大きいスラブや梁を設計図通りに造るには，コンクリートの自重による変形量を考慮し，支保工に上げ越し（むくり）をつけるとよい。

(3) 支保工の倒壊事故は，水平方向荷重に起因することが多い。

(4) 支保工の水平方向荷重として，厚生労働省産業安全研究所では，支保工の鉛直方向荷重の 2.5 ％もしくは 5 ％を用いることを推奨している。

〔問題 29〕

鉄筋の組立てに関する次の一般的な記述のうち，**不適当なものはどれか**。

(1) 鉄筋のかぶり（厚さ）の最小値は，基礎のフーチングより地上のスラブのほうが小さい。

(2) 鉄筋のあきの最小値は，粗骨材の最大寸法と定められている。

(3) 鉄筋のガス圧接継手の個所は，鉄筋の直線部とし，曲げ加工部およびその近傍は避ける。

(4) 鉄筋の機械式継手は，D 51 のような太径鉄筋の継手に用いることができる。

〔問題 30〕

舗装コンクリートに関する次の記述のうち，**不適当なものはどれか**。

(1) スランプ 6.5 cm のコンクリートの運搬にダンプトラックを用いた。

(2) 凍結融解がしばしば繰り返される環境において，水セメント比の最大値を 45 % とした。

(3) 一般的な交通量であることを考慮して，材齢 28 日における設計基準曲げ強度を 4.5 N/mm² とした。

(4) 養生期間は，現場養生供試体の曲げ強度が配合強度の 7 割に達するまでとした。

〔問題 31〕

寒中コンクリートの製造で，加熱した材料を用いる場合の次の記述のうち，**不適当なものはどれか**。

(1) 骨材と水の混合物の温度を 50 ℃ とした後，セメントを投入して練り混ぜた。

(2) 骨材は，スチーム配管を用いて 50 ℃ まで加熱して用いた。

(3) 荷卸し時のコンクリート温度は，15 ℃ を目標とした。

(4) 打込みまでの 1 時間当たりの温度低下を，コンクリートの練上がり温度と気温の差の 15 % として，コンクリートの練上がり温度を管理した。

〔問題 32〕

マスコンクリートに発生した次の温度ひび割れのうち，内部拘束によるひび割れとして，**適当なものはどれか**。

(1) 図 A に示す，杭頭部に打ち込んだ厚さ 2 m のフーチング

(2) 図 B に示す，底版コンクリート上に打ち込んだ厚さ 80 cm の壁

(3) 図 C に示す，先打ちコンクリートに打ち継いだ厚さ 1 m のスラブ

(4) 図 D に示す，岩盤上に打ち込んだ厚さ 1 m のスラブ

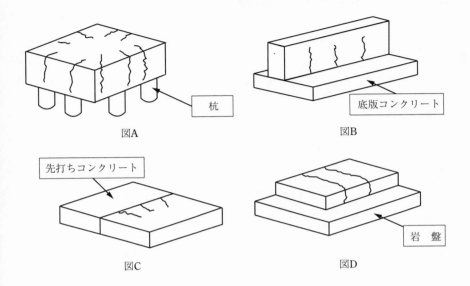

杭

図A

底版コンクリート

図B

先打ちコンクリート

図C

岩　盤

図D

〔問題　33〕

マスコンクリートの温度ひび割れ抑制対策に関する次の記述のうち，**不適当なものはどれか。**

(1) 内部拘束によるひび割れの対策として，保温性の高い型枠を使用した。

(2) 内部拘束によるひび割れの対策として，早期に型枠を取り外して散水し冷却した。

(3) 外部拘束によるひび割れの対策として，コンクリートの打込み温度を低くした。

(4) 外部拘束によるひび割れの対策として，ひび割れ誘発目地を設置した。

〔問題　34〕

地下連続壁（地中壁）の施工において，ベントナイト安定液中に打ち込む水中コンクリートの配（調）合と施工に関する次の記述のうち，**不適当なものはどれか。**

(1) 単位セメント量を 370 kg/m^3 とした。

(2) 鉄筋のかぶり（厚さ）を 4 cm とした。

(3) トレミー管の先端のコンクリート中への挿入深さを 2.5 m とした。

(4) 余盛り高さを 100 cm とした。

〔問題 35〕

海水の作用を受けるコンクリートに関する次の記述のうち，**不適当なものはどれか。**

(1) 海水に対する化学的抵抗性の向上を期待して，フライアッシュセメントを使用した。

(2) 飛沫帯に用いることを考慮して，水セメント比を 55 ％とした。

(3) 打継目は弱点となりやすいことを考慮して，水平打継目は干満部を避けて計画した。

(4) 鉄筋と型枠との間のスペーサに，本体コンクリートと同等以上の品質を有するコンクリート製のものを用いた。

〔問題 36〕

流動化コンクリートに関する次の一般的な記述のうち，**不適当なものはどれか。**

(1) 流動化によるスランプの増加量は，10 cm 以下となるように計画する。

(2) 細骨材率は，ベースコンクリートと同じスランプの一般のコンクリートより小さくする。

(3) 流動化したコンクリートのスランプの経時変化は，同一スランプの一般のコンクリートの場合より大きくなる。

(4) 流動化したコンクリートの圧縮強度は，ベースコンクリートと同程度である。

〔問題 37〕

鉄筋コンクリート梁の設計に関する次の一般的な記述のうち，**適当なものはどれか。**

(1) せん断力は，あばら筋（スターラップ）のみが負担する。

(2) 引張主（鉄）筋の継手は，曲げモーメントが最大となる位置に設ける。

(3) 曲げひび割れは，引張主（鉄）筋が降伏すると発生する。

(4) かぶりコンクリートは，鉄筋との付着を確保する役割を有する。

〔問題 38〕

脚部が固定された逆 L 形の鉄筋コンクリート部材に，下図に示すように鉛直下向きの集中荷重が作用している。このとき，発生する曲げモーメントに対する引張鉄筋の配置として，**適当なものはどれか。**

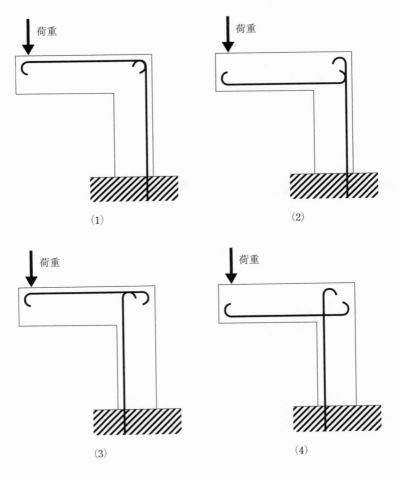

荷重

(1)

荷重

(2)

荷重

(3)

荷重

(4)

〔問題　39〕

コンクリート製品に関する次の一般的な記述のうち，**適当なものはどれか**。

(1) 遠心力締固めを行う高強度プレストレストコンクリートくいは，ポストテンション方式によって製造される。

(2) オートクレーブ養生するコンクリート製品では，オートクレーブ養生後に蒸気養生が行われる。

(3) 常圧蒸気養生を行うコンクリート製品では，昇温前に3時間程度の前養生が行われる。

(4) 振動・加圧締固めを行う即時脱型製品では，スランプ5cm程度のコンクリー

トが用いられる。

〔問題　40〕

　プレストレストコンクリートに関する次の一般的な記述のうち，**不適当なものは
どれか。**

（1）プレテンション方式は，プレキャストコンクリート工場で同一種類の製品を
大量に製造する場合に採用されることが多い。

（2）導入されたプレストレスは，コンクリートのクリープに伴い増大する。

（3）ポストテンション方式のアンボンド工法では，シース内にグリースを注入す
るなどして，PC 鋼材とコンクリートの間に付着応力を発生させないように
する。

（4）ポストテンション方式のボンド工法では，シースと PC 鋼材の隙間にグラウ
ト（セメントミルク）を注入することで，コンクリートと PC 鋼材の付着を
確保する。

　問題 41 〜 60 は，「正しい，あるいは適当な」記述であるか，または「誤っている，
あるいは不適当な」記述であるかを判断する○×問題である。
　「正しい，あるいは適当な」記述は解答用紙の◎欄を，「誤っている，あるいは不
適当な」記述は⊗欄を黒く塗りつぶしなさい。**間違った解答は減点（マイナス点）
になる。**

〔問題　41〕

　セメントと化学的に結合し得る水量は，セメント質量の約 40 ％である。

〔問題　42〕

　JIS A 6204（コンクリート用化学混和剤）の規定では，化学混和剤の性能として，
長さ変化比が規定されている。

〔問題　43〕

　品質検査を行った上で，スラッジ水を高強度コンクリートの練混ぜ水に用いるこ
とができる。

〔問題　44〕
　　鋼材中の炭素量が増加すると，引張強さが増加し，破断伸びは低下する。

〔問題　45〕
　　エントレインドエアを増加させると，フレッシュコンクリートのスランプは大き
　くなる。

〔問題　46〕
　　高流動コンクリートの降伏値が小さいと，スランプフローは小さくなる。

〔問題　47〕
　　コンクリートの凝結時間は，塩分を含む骨材を用いると遅くなる。

〔問題　48〕
　　直径が等しいコンクリート供試体の圧縮強度の試験結果は，直径に対する高さの
　比が小さくなるほど低くなる。

〔問題　49〕
　　硬化コンクリートのクリープひずみは，載荷開始時の材齢が若いほど大きくなる。

〔問題　50〕
　　コンクリートの中性化範囲は，フェノールフタレインの1％エタノール溶液をコ
　ンクリートのはつり部分などに噴霧し，赤紫色に着色しない範囲として判定する。

〔問題　51〕
　　化学法で"無害でない"と判定された骨材をモルタルバー法で試験したところ
　"無害"と判定されたので，JIS A 5308 附属書A（レディーミクストコンクリート
　用骨材）の規定に照らして，「区分A」と判定した。

〔問題　52〕
　　圧縮強度のX管理図において，3σ限界線を上方に超える点が1点存在したが，
　強度が高い側であるため，原因の究明や特別な対策は不要と判断した。

〔問題 53〕

　　コンクリート橋脚の打込みに際し，透水性型枠を使用することにより，コンクリート表層の品質を向上させた。

〔問題 54〕

　　夏期に打ち込んだコンクリートは，冬期に打ち込んだ同じ配（調）合のコンクリートよりも，長期強度が高くなる。

〔問題 55〕

　　曲げ加工した鉄筋の曲げ戻しは，1 回に限り行うことができる。

〔問題 56〕

　　水中不分離性コンクリートの配（調）合強度は，水中施工による強度低下を考慮して割り増す。

〔問題 57〕

　　高強度コンクリートは，高性能 AE 減水剤が比較的多く使用されており，冬期などの温度が低い時期には凝結が遅れ，仕上げ時期も遅くなる。

〔問題 58〕

　　乾式吹付けコンクリートは，湿式吹付けコンクリートと比較して，圧送距離を長くとれるが，リバウンド（はね返り）の量は多い。

〔問題 59〕

　　鉄筋コンクリート柱の水平変形能力は，柱に作用する軸圧縮力が大きいほど小さくなる。

〔問題 60〕

　　オートクレーブ養生を行ったコンクリート製品の養生終了直後の圧縮強度は，水中養生を行った場合の材齢 7 日の圧縮強度と同程度になる。

[解　答] (出題当時)

〔問題 1 〕	4	〔問題16〕	3	〔問題31〕	1	〔問題46〕	×
〔問題 2 〕	4	〔問題17〕	2	〔問題32〕	1	〔問題47〕	×
〔問題 3 〕	3	〔問題18〕	2	〔問題33〕	2	〔問題48〕	×
〔問題 4 〕	3	〔問題19〕	4	〔問題34〕	2	〔問題49〕	○
〔問題 5 〕	4	〔問題20〕	4	〔問題35〕	2	〔問題50〕	○
〔問題 6 〕	3	〔問題21〕	4	〔問題36〕	2	〔問題51〕	○
〔問題 7 〕	4	〔問題22〕	2	〔問題37〕	4	〔問題52〕	×
〔問題 8 〕	3	〔問題23〕	2	〔問題38〕	1	〔問題53〕	○
〔問題 9 〕	3	〔問題24〕	1	〔問題39〕	3	〔問題54〕	×
〔問題10〕	4	〔問題25〕	1	〔問題40〕	2	〔問題55〕	×
〔問題11〕	1	〔問題26〕	4	〔問題41〕	×	〔問題56〕	○
〔問題12〕	3	〔問題27〕	3	〔問題42〕	○	〔問題57〕	○
〔問題13〕	1	〔問題28〕	1	〔問題43〕	×	〔問題58〕	○
〔問題14〕	2	〔問題29〕	2	〔問題44〕	○	〔問題59〕	○
〔問題15〕	4	〔問題30〕	1	〔問題45〕	○	〔問題60〕	×

〔問題　1〕

　　JIS R 5201（セメントの物理試験方法）に関する次の記述のうち，**誤っているも
のはどれか。**

　（1）セメントの密度試験には，ルシャテリエフラスコとイオン交換水を使用する。

　（2）セメントの比表面積試験には，ブレーン空気透過装置を使用する。

　（3）セメントの凝結試験には，ビカー針装置を使用する。

　（4）セメントの安定性試験には，パット法とルシャテリエ法の 2 種類の方法があ
　　　る。

〔問題　2〕

　　セメントの性質に関する次の一般的な記述のうち，**不適当なものはどれか。**

　（1）セメントの比表面積が大きいほど，早期の強度発現は大きくなる。

　（2）セメントの比表面積が大きいほど，早期の収縮は大きくなる。

　（3）けい酸三カルシウム（C_3S）が多いほど，早期の強度発現は大きくなる。

　（4）けい酸二カルシウム（C_2S）が多いほど，早期の収縮は大きくなる。

〔問題　3〕

　　骨材の品質とコンクリートの性状に関する次の一般的な記述のうち，**不適当なも
のはどれか。**

　（1）細骨材の微粒分量が多いと，コンクリートのブリーディング量は増加する。

　（2）細骨材の有機不純物量が多いと，コンクリートの凝結時間は長くなる。

　（3）粗骨材の弾性係数が小さいと，コンクリートの乾燥収縮は大きくなる。

　（4）粗骨材の安定性試験の損失質量分率が高いと，コンクリートの耐凍害性は低
　　　下する。

〔問題　4〕

　　下表は，粗骨材のふるい分け試験結果を示したものである。この粗骨材の粗粒率
として，**正しいものはどれか。**

ふるいの呼び寸法 (mm)	25	20	15	10	5	2.5	1.2
各ふるいを通過する質量分率 (%)	100	95	70	35	5	3	0

(1) 5.62

(2) 5.92

(3) 6.62

(4) 6.92

〔問題　5〕

混和材の使用に関する次の一般的な記述のうち，**不適当なものはどれか**。

(1) フライアッシュは，アルカリシリカ反応の抑制に適している。

(2) 高炉スラグ微粉末は，塩化物イオンの浸透抑制に適している。

(3) 膨張材は，収縮ひび割れ抵抗性の向上に適している。

(4) 石灰石微粉末は，長期強度発現性の向上に適している。

〔問題　6〕

下図は，鋼材の引張試験で求めた応力-ひずみ関係である。次の記述のうち，**誤っているものはどれか**。

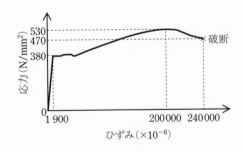

(1) 降伏点は，380 N/mm² である。

(2) 弾性係数（ヤング係数）は，200 kN/mm² である。

(3) 引張強さは，530 N/mm² である。

(4) 破断伸びは，4.0 ％ である。

〔問題 7〕

　コンクリートの練混ぜ水に関する次の記述のうち，JIS A 5308（レディーミクストコンクリート）および JIS A 5308 附属書 C（レディーミクストコンクリートの練混ぜに用いる水）の規定に照らして，**誤っているものはどれか。**

(1) スラッジ水は，高強度コンクリートの練混ぜ水として使用できる。

(2) 回収水の品質には，モルタルの圧縮強さの比の下限値が規定されている。

(3) 上水道水以外の水の品質には，懸濁物質の量の上限値が規定されている。

(4) 回収水と井戸水を混合して使用する場合，それぞれの水の品質規定に適合していなければならない。

〔問題 8〕

　コンクリートの配（調）合設計に関する次の一般的な記述のうち，**適当なものはどれか。**

(1) 骨材量を多くすると，コンクリートの乾燥収縮量は増加する。

(2) 水セメント比を大きくすると，コンクリートの水密性は向上する。

(3) スランプを大きくすると，コンクリートの材料分離抵抗性は向上する。

(4) エントレインドエアの量を多くすると，コンクリートのワーカビリティーは改善する。

〔問題 9〕

　フライアッシュを用いたコンクリートの配（調）合が下表のように与えられているとき，コンクリートの単位容積質量の計算値として，**正しいものはどれか。**ただし，表中の空欄は計算して求めるものとする。また，各材料の密度には，以下の値を用いる。

　セメントの密度　　　　：3.15 g/cm³

　フライアッシュの密度：2.25 g/cm³

　細骨材の表乾密度　　：2.55 g/cm³

　粗骨材の表乾密度　　：2.70 g/cm³

水結合材比 W/（C＋FA）（%）	空気量（%）	単位 量（kg/m³）				
		水 W	セメント C	フライアッシュ FA	細骨材 S	粗骨材 G
47.5	4.5	171		45		972

(1) 2 265 ～ 2 270 kg/m³ の範囲にある。

(2) 2 275 ～ 2 280 kg/m³ の範囲にある。

(3) 2 285 ～ 2 290 kg/m³ の範囲にある。

(4) 2 295 kg/m³ 以上である。

〔問題 10〕

コンクリートのブリーディングに関する次の一般的な記述のうち，**適当なものは
どれか**。

(1) 水セメント比を小さくすると，ブリーディング量は増加する。

(2) セメントの比表面積が大きいと，ブリーディング量は増加する。

(3) 打込み速度が速く，1回の打込み高さが高いと，ブリーディング量は増加する。
る。

(4) コンクリート温度が高くなると，ブリーディング量は増加する。

〔問題 11〕

コンクリートの凝結に関する次の一般的な記述のうち，**不適当なものはどれか**。

(1) 水セメント比が小さいほど，凝結が早くなる。

(2) 塩化物イオンが含まれていると，凝結が早くなる。

(3) コンクリートの凝結時間は，粗骨材を除去したモルタルを用いて，貫入抵抗
試験によって求める。

(4) コールドジョイントの発生を防ぐためには，凝結の始発から終結の間にコン
クリートを打ち重ねる。

〔問題 12〕

コンクリートの力学的性質に関する次の一般的な記述のうち，**不適当なものはど
れか**。

(1) 静的圧縮試験によって得られる割線弾性係数は，共鳴振動によって得られる
動弾性係数よりも小さい。

(2) 長期材齢における圧縮強度は，初期の養生温度が 50 ℃ の場合の方が 20 ℃ の
場合よりも小さい。

(3) 圧縮強度の試験値は，一辺が 100 mm の立方体供試体を用いた場合の方が，
直径が 100 mm で高さが 200 mm の円柱供試体を用いた場合よりも小さい。

(4) 曲げ強度の試験値は，3 等分点載荷の曲げ試験より得られる値の方が，中央

点載荷の曲げ試験より得られる値よりも小さい。

〔問題 13〕

下表は，コンクリートのひび割れの原因，発生時期，ひび割れパターン（例）の一般的な組合せを示したものである。これらのうち，**不適当なもの**はどれか。

	原　因	発生時期(打込み後)	ひび割れパターン（例）
(1)	乾燥収縮	2〜3か月	開口隅角部の斜めひび割れ
(2)	塩害による鉄筋腐食	数年〜数十年	鉄筋に沿った ひび割れ
(3)	表面と内部の温度差から生じる内部拘束	2〜3週間	部材断面を貫通するひび割れ
(4)	コンクリートの沈降	数時間	鉄筋に沿った部材上面のひび割れ

〔問題 14〕

コンクリートのひび割れの抑制に関する次の一般的な記述のうち，**不適当なもの**はどれか。

(1) 沈降に伴うひび割れの抑制には，単位水量を少なくして，コンクリートを十分に締め固めることが有効である。

(2) 打込み後の急速な乾燥に伴うひび割れの抑制には，膜養生を行うことが有効である。

(3) 自己収縮によるひび割れの抑制には，水セメント比を小さくすることが有効である。

(4) 乾燥収縮によるひび割れの抑制には，単位水量を少なくして，十分な湿潤養生を行うことが有効である。

〔問題 15〕

コンクリートの耐久性の向上を目的とした混合セメントの使用に関する次の記述のうち，**不適当なもの**はどれか。

(1) アルカリシリカ反応を抑制するため，高炉セメントB種を用いた。

(2) 中性化速度を遅くするため，高炉セメントC種を用いた。

(3) 海水に対する化学的抵抗性を向上させるため，フライアッシュセメントB種を用いた。

(4) 温度ひび割れを抑制するため，フライアッシュセメントC種を用いた。

〔問題　16〕

　　コンクリートの水セメント比を 60 ％から 40 ％にした場合の耐久性に関する次の一般的な記述のうち，**適当なものはどれか**。

　　(1)　中性化速度は，速くなる。

　　(2)　耐凍害性は，低下する。

　　(3)　塩化物イオンの拡散係数は，小さくなる。

　　(4)　アルカリシリカ反応の抑制効果は，向上する。

〔問題　17〕

　　硬化コンクリートの性質に関する次の一般的な記述のうち，**不適当なものはどれか**。

　　(1)　粗骨材の最大寸法が大きいコンクリートは，透水係数が大きくなる。

　　(2)　緻密なコンクリートは，急激な加熱による爆裂が生じにくくなる。

　　(3)　吸水性が高いコンクリートは，表面が汚れやすくなる。

　　(4)　多量の気泡を導入したコンクリートは，熱伝導率が小さくなる。

〔問題　18〕

　　JIS A 5308（レディーミクストコンクリート）に規定されるコンクリートの品質検査および報告に関する次の記述のうち，**誤っているものはどれか**。

　　(1)　同一の配合であれば，複数の運搬車から採取したコンクリートを混ぜて，圧縮強度試験の 3 個の供試体を採取してもよい。

　　(2)　圧縮強度の試験頻度は，高強度コンクリートでは 100 m^3 につき 1 回，軽量コンクリートでは 150 m^3 につき 1 回を標準としている。

　　(3)　生産者は，運搬の都度，購入者に使用材料の単位量を記載した納入書を提出する。

　　(4)　生産者は，レディーミクストコンクリートの配達に先立ち，購入者に配合計画書を提出する。

〔問題　19〕

　　下図は，圧縮強度の管理図の一例である。工程の状態を判断した次の記述のうち，**適当なものはどれか**。ただし，σ は標準偏差を表すものとする。

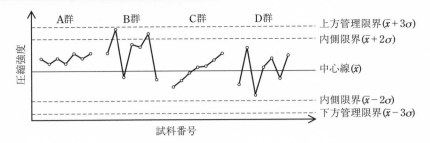

(1) A群は中心線より上に連続して現れたが，安全側にあるので正常である。

(2) B群は内側限界を超えているものが見られるが，上方管理限界を超えていないので正常である。

(3) C群は継続して増加傾向にあるが，管理限界内にあるので正常である。

(4) D群は中心線の上下にランダムに現れているが，管理限界内にあるので正常である。

〔問題 20〕

JIS A 5308（レディーミクストコンクリート）に関する次の記述のうち，**正しいものはどれか**。

(1) 呼び強度を保証する材齢は，購入者から指定があれば，材齢 56 日とすることができる。

(2) 配合計画書に記入するポルトランドセメントの全アルカリの値は，直近 6 か月間における試験成績書の値にばらつきが少なければ，全アルカリの最大値の平均値としてもよい。

(3) 荷卸し地点での空気量の許容差は，購入者の承認が得られれば，任意の範囲とすることができる。

(4) 標準配合または修正標準配合の別は，納入書に記載すれば，配合計画書には記載しなくてもよい。

〔問題 21〕

JIS A 5308（レディーミクストコンクリート）に規定される製品の呼び方が「高強度　50　60　20　L」であるコンクリートに関する次の記述のうち，**正しいものはどれか**。ただし，購入者との協議はないものとする。

(1) セメントは，普通ポルトランドセメントである。

(2) 粗骨材は，高炉スラグ粗骨材である。

(3) 荷卸し地点におけるスランプフローの許容範囲は，50 cm 以上，70 cm 以下
である。

(4) 荷卸し地点における空気量の許容範囲は，3.5 ％以上，5.5 ％以下である。

〔問題 22〕

下表は，コンクリートの運搬機械 (a)〜(d) について，運搬方法の目安と特徴
を示したものである。(a)〜(d) の組合せとして，**適当なものはどれか**。

運搬機械	最大運搬距離の目安	最大運搬量の目安	特　徴
(a)	500 m	70 m³/h	硬練り・軟練りともに使われる。
(b)	100 m	20 m³/h	分離傾向にあり，軟練りには適さない。
(c)	20 m	50 m³/h	分離に注意する必要がある。
(d)	50 m	20 m³/h	分離が少ない。

	(a)	(b)	(c)	(d)
(1)	コンクリートポンプ	シュート	ベルトコンベア	コンクリートバケット
(2)	コンクリートポンプ	コンクリートバケット	シュート	ベルトコンベア
(3)	コンクリートポンプ	ベルトコンベア	シュート	コンクリートバケット
(4)	コンクリートポンプ	コンクリートバケット	ベルトコンベア	シュート

〔問題 23〕

コンクリートポンプによる圧送に関する次の一般的な記述のうち，**不適当なもの
はどれか**。

(1) ベント管の数が多い場合，圧送負荷が大きくなる。

(2) 上向きの配管で圧送する場合，下向きの配管の場合に比べて閉塞することが
多い。

(3) 時間当たりの吐出量が多い場合，水平管 1 m 当たりの管内圧力損失は大き
くなる。

(4) スランプの小さいコンクリートを圧送する場合，スクイズ式ポンプより，ピ
ストン式ポンプの方が適している。

〔問題　24〕

コンクリートの締固めおよび許容打重ね時間間隔（打重ね時間間隔の限度）に関する次の一般的な記述のうち，**不適当なものはどれか。**

(1) 棒形振動機の挿入間隔は，1 m 程度とするのがよい。

(2) 層状に打ち込む場合，棒形振動機を下層に 10 cm 程度挿入するのがよい。

(3) コンクリート温度が高い場合，許容打重ね時間間隔を短くするのがよい。

(4) コンクリート表面に風が当たる場合，許容打重ね時間間隔を短くするのがよい。

〔問題　25〕

型枠に作用する側圧が大きくなる要因に関する次の一般的な記述のうち，**適当なものはどれか。**

(1) コンクリートの凝結の終結が早い。

(2) コンクリートの打込み時の気温が低い。

(3) コンクリートのスランプが小さい。

(4) コンクリートの打込み速度が遅い。

〔問題　26〕

型枠を取り外してよい時期に関する次の記述のうち，**適当なものはどれか。**

(1) JASS 5 によれば，平均気温が 25 ℃の場合は，15 ℃の場合よりも型枠を早く取り外すことができる。

(2) JASS 5 によれば，混合セメント B 種を用いる場合は，普通ポルトランドセメントを用いる場合よりも型枠を早く取り外すことができる。

(3) 土木学会示方書によれば，梁の底面の型枠は，梁の側面の型枠よりも低いコンクリート強度で取り外すことができる。

(4) 土木学会示方書によれば，壁の側面の型枠は，フーチングの側面の型枠よりも低いコンクリート強度で取り外すことができる。

〔問題　27〕

鉄筋の加工・組立てに関する次の記述のうち，**不適当なものはどれか。**

(1) 主（鉄）筋の折曲げ内法直径（曲げ内半径）を，鉄筋の種類と径をもとに定めた。

(2) 曲げ加工した角度が大きくなったので，鉄筋を加熱しながら曲げ戻した。

(3) 隣り合う鉄筋の重ね継手の位置を，互いにずらした。

(4) コンクリート製スペーサの品質を，打ち込むコンクリートと同等以上とした。

〔問題 28〕

舗装コンクリートに関する次の記述のうち，**不適当なものはどれか**。

(1) 凍結融解がしばしば繰り返されることが予想されたので，水セメント比が 45 ％の AE コンクリートとした。

(2) スランプが 2.5 cm のコンクリートを，トラックアジテータで運搬した。

(3) 振動台式コンシステンシー試験によるコンクリートの沈下度を，コンシステンシーの指標とした。

(4) 湿潤養生期間は，現場養生供試体の曲げ強度が配合強度の 7 割に達するまでとした。

〔問題 29〕

寒中コンクリートに関する次の記述のうち，**不適当なものはどれか**。

(1) 初期強度を確保するために，早強ポルトランドセメントを用いた。

(2) 型枠の取外し後のコンクリート表面に雨が頻繁にかかるので，かからない場合に比べて養生期間を長くした。

(3) 打ち込む部材が薄いため，荷卸し時のコンクリート温度を 30 ℃にした。

(4) 旧コンクリートの表面が凍結していたので，それを融かして水分を取り除き新コンクリートを打ち継いだ。

〔問題 30〕

暑中コンクリートに関する次の記述のうち，**不適当なものはどれか**。

(1) 運搬中のスランプの低下が大きくなることが予想されたため，トラックアジテータにフレークアイスを投入し，コンクリートと撹拌しながら運搬した。

(2) 運搬中のスランプの低下が大きくなることが予想されたため，流動化コンクリートを用いることとした。

(3) 運搬中のコンクリートの温度上昇を抑制するため，遮熱塗装された運搬車を用いた。

(4) プラスティック収縮ひび割れを抑制するため，打込み後，速やかにポリエチレンシートで覆った。

〔問題 31〕

　　下図は，単位セメント量 300 kg/m³ のコンクリートで，打込み温度 20 ℃ にて断熱温度上昇試験を行った結果を示したものである。使用したセメントは，普通ポルトランドセメント，早強ポルトランドセメント，低熱ポルトランドセメント，高炉セメントB種，フライアッシュセメントB種である。図中のAの曲線を示すセメントとして，**適当なもの**はどれか。

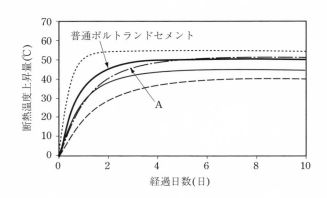

(1) 早強ポルトランドセメント
(2) 低熱ポルトランドセメント
(3) 高炉セメントB種
(4) フライアッシュセメントB種

〔問題 32〕

　　マスコンクリートの温度ひび割れ制御対策に関する次の記述のうち，**不適当なもの**はどれか。

(1) 単位セメント量を低減するために，粗骨材の最大寸法を小さくした。
(2) ひび割れ幅を低減するために，予測されるひび割れと直交する方向の鉄筋量を増やした。
(3) 壁状構造物の外部拘束によるひび割れ発生位置を制御するために，ひび割れ誘発目地を壁高さとほぼ同じ間隔で設けた。
(4) ひび割れの発生を抑制するために，保温性の高い型枠の存置期間を長くした。

〔問題　33〕

　一般の水中コンクリートに関する次の記述のうち, **不適当なものはどれか。**

(1) 打込みに, コンクリートポンプを使用した。

(2) 水面上まで, 連続的に打ち込んだ。

(3) 気中で打ち込まれる場合の配合強度（調合強度）を割り増したコンクリートを用いた。

(4) 流速が 20 cm/s の水中で, コンクリートを打ち込んだ。

〔問題　34〕

　海水の作用を受ける鉄筋コンクリート構造物の耐久性に関する次の一般的な記述のうち, **適当なものはどれか。**

(1) 中庸熱ポルトランドセメントを用いると, 海水に対するコンクリートの化学的抵抗性は低下する。

(2) 海水中の硫酸マグネシウムは, セメントの水和生成物と反応して体積膨張を生じさせる。

(3) 海水中に位置する鉄筋コンクリートでは, 飛沫帯に比べて鉄筋の腐食速度は大きい。

(4) 海水中に位置するコンクリートでは, 海上大気中に比べて中性化速度は大きい。

〔問題　35〕

　下図は, 一般のコンクリート, 水中不分離性コンクリート, 高強度コンクリート, 転圧コンクリート舗装（RCCP）の配（調）合を容積百分率で示したものである。下図の (1)〜(4) のうち, 高強度コンクリートの配（調）合として, **適当なものはどれか。**

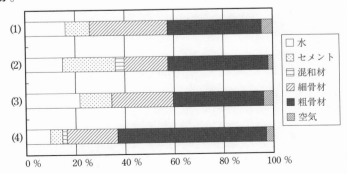

〔問題 36〕

　一般のコンクリートと比較した，高流動コンクリートの特徴に関する次の一般的な記述のうち，**適当なものはどれか**。

　(1) 単位粗骨材量は少ない。

　(2) 圧送時の圧力損失は小さい。

　(3) ブリーディング量は多い。

　(4) 凝結時間は短い。

〔問題 37〕

　下図のような断面を有する鉄筋コンクリート梁の設計に関する次の記述のうち，**不適当なものはどれか**。

　(1) 曲げ耐力の算定で，コンクリートの引張抵抗を無視した。

　(2) せん断破壊よりも曲げ破壊が先行して生じるように設計した。

　(3) 曲げ耐力を増大させるために，引張鉄筋量を多くした。

　(4) 変形能力を増大させるために，引張鉄筋量を多くした。

〔問題 38〕

　下図のように，軸方向鉄筋およびせん断補強（鉄）筋が適切に配置された鉄筋コンクリート梁の中央に荷重を加える。このときの荷重および載荷点直下の変位に関する次の一般的な記述のうち，**誤っているものはどれか**。

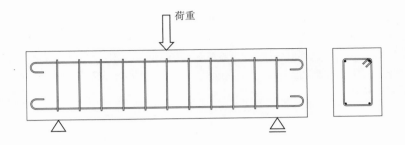

(1) 荷重を加えた直後は，荷重に比例して変位が増大する。

(2) さらに載荷を続け，梁の下面の応力がコンクリートの引張強度を超えると，曲げひび割れが発生する。

(3) 曲げひび割れ発生後，さらに載荷を続けていくと，荷重の増加にほぼ比例して変位が増大する。

(4) さらに載荷を続け，引張側の鉄筋が降伏すると，荷重は急激に低下する。

〔問題 39〕

コンクリート製品に関する次の一般的な記述のうち，**不適当なものはどれか。**

(1) 現場施工のコンクリートに比べ，かぶり（厚さ）を小さくすることができる。

(2) コンクリートまくら木は，遠心力締固めにより製造する。

(3) 常圧蒸気養生の温度降下過程では，急速な冷却は行わない。

(4) オートクレーブ養生は，常圧蒸気養生を終えたコンクリートの二次養生として行う。

〔問題 40〕

プレストレストコンクリートに関する次の一般的な記述のうち，**適当なものはどれか。**

(1) 低熱ポルトランドセメントを用いた高強度コンクリートを用いることが多い。

(2) プレストレスは，PC 鋼材のリラクセーションにより時間の経過にともなって増大する。

(3) 若材齢でプレストレスを与えると，部材のクリープ変形は小さくなる。

(4) プレテンション方式によるプレストレスは，コンクリートと PC 鋼材の付着によって導入される。

問題 41 〜 60 は，「正しい，あるいは適当な」記述であるか，または「誤っている，あるいは不適当な」記述であるかを判断する◯×問題である。

「正しい，あるいは適当な」記述は解答用紙の◎欄を，「誤っている，あるいは不適当な」記述は⊗欄を黒く塗りつぶしなさい。なお，**間違った解答は減点（マイナス点）になる。**

〔問題 41〕

　JIS R 5201（セメントの物理試験方法）に規定されるセメントの強さ試験に用いるモルタルの配合は，セメントと標準砂の質量比を 1：3 とし水セメント比は 50 ％とする。

〔問題 42〕

　混合セメントでは，混合材の分量が多くなるほど密度は小さくなる。

〔問題 43〕

　細骨材の吸水率が低いと，コンクリートのスランプの経時変化は大きくなる。

〔問題 44〕

　流動化剤のスランプ保持性能は，高性能 AE 減水剤と同等である。

〔問題 45〕

　振動数の大きい棒形振動機は，振動が伝わりにくいため，コンクリートの締固め効果が低い。

〔問題 46〕

　高流動コンクリートは，こて均しを行う際に水を噴霧しながら仕上げるなどの工夫が必要である。

〔問題 47〕

　寒中コンクリートでは，凍結によって強度や耐久性が損なわれないように，少なくとも 5 N/mm² 以上の強度が発現するまで初期養生を行わなければならない。

〔問題　48〕
　　高炉セメントB種またはフライアッシュセメントB種を用いるコンクリートは，普通ポルトランドセメントを用いるコンクリートより湿潤養生期間を長くするのがよい。

〔問題　49〕
　　断面の大きな部材において，コンクリートの内部温度が最大となったことを確認した後，速やかに型枠を取り外して散水した。

〔問題　50〕
　　粗粒率の大きい細骨材を用いると，ブリーディング量は増加する。

〔問題　51〕
　　粗骨材の粒形判定実積率が低くなると，スランプは大きくなる。

〔問題　52〕
　　コンクリートの空気量は，練混ぜ後，トラックアジテータで長時間攪拌すると減少する傾向にある。

〔問題　53〕
　　ミキサの練混ぜ性能を，圧縮強度とスランプの2つの試験結果から評価した。

〔問題　54〕
　　粗骨材を川砂利から砕石に変えたので，細骨材率を小さくし単位水量を減らした。

〔問題　55〕
　　コンクリートの弾性係数（ヤング係数）は，圧縮強度に比例する。

〔問題　56〕
　　コンクリートのクリープひずみは，セメントペースト量が多いほど大きい。

〔問題　57〕
　　コンクリート中の鋼材腐食は，鋼材の不動態皮膜が破壊され，水と酸素が供給さ

平成30年度

平成29年度

平成28年度

平成27年度

平成26年度

— 365 —

れると進行する。

〔問題 58〕

　　コンクリートの熱膨張係数は，骨材種類の影響を受け，石灰岩を用いた場合は硬質砂岩を用いた場合よりも大きい。

〔問題 59〕

　　鉄筋コンクリート梁の圧縮鉄筋は，クリープ変形の低減に効果がある。

〔問題 60〕

　　プレストレストコンクリート製品には，再生骨材を使用できない。

[解　答] (出題当時)

〔問題1〕	1	〔問題16〕	3	〔問題31〕	3	〔問題46〕	○
〔問題2〕	4	〔問題17〕	2	〔問題32〕	1	〔問題47〕	○
〔問題3〕	1	〔問題18〕	1	〔問題33〕	4	〔問題48〕	○
〔問題4〕	3	〔問題19〕	4	〔問題34〕	2	〔問題49〕	×
〔問題5〕	4	〔問題20〕	1	〔問題35〕	2	〔問題50〕	○
〔問題6〕	4	〔問題21〕	3	〔問題36〕	1	〔問題51〕	×
〔問題7〕	1	〔問題22〕	3	〔問題37〕	4	〔問題52〕	○
〔問題8〕	4	〔問題23〕	2	〔問題38〕	4	〔問題53〕	×
〔問題9〕	2	〔問題24〕	1	〔問題39〕	2	〔問題54〕	×
〔問題10〕	3	〔問題25〕	2	〔問題40〕	4	〔問題55〕	×
〔問題11〕	4	〔問題26〕	1	〔問題41〕	○	〔問題56〕	○
〔問題12〕	3	〔問題27〕	2	〔問題42〕	○	〔問題57〕	○
〔問題13〕	3	〔問題28〕	2	〔問題43〕	×	〔問題58〕	×
〔問題14〕	3	〔問題29〕	3	〔問題44〕	×	〔問題59〕	○
〔問題15〕	2	〔問題30〕	1	〔問題45〕	×	〔問題60〕	○

コンクリート技士試験問題と解説
2024 年版
―― 付・「試験概要」と「傾向と対策」――

定価はカバーに表示してあります.

2024 年 6 月 10 日　1 版 1 刷　発行

ISBN 978-4-7655-1896-3 C 3051

編　者　　大　即　信　明
　　　　　桝　田　佳　寛

発行者　　長　　　滋　彦

発行所　　技報堂出版株式会社

〒101-0051　東京都千代田区神田神保町 1-2-5

日本書籍出版協会会員
自然科学書協会会員
土木・建築書協会会員

電話営業　　（03）（5217）0885
　　編集　　（03）（5217）0881
FAX　　　　（03）（5217）0886
振替口座　　00140-4-10
http://gihodobooks.jp/

Printed in Japan

印刷・製本 昭和情報プロセス